수리 강의록 시리즈 3

경영 · 경제학도를 위한

선형계획법과 미분적분학

경북대학교 기초교육원

KM 경문사

머리말

대부분의 전공분야에서는 효율적인 교수/학습/연구를 위해 어느 정도의 수학적 지식을 요구하며, 대학에서는 이러한 수학적 지식에 대한 요구를 충족하고자 영역에 따라 적절한 교재를 채택하여 대학수학을 지도해 오고 있다. 그러나 일반적으로 많이 사용되는 미국을 중심으로 개발된 많은 대학수학 교재들은 상당 부분이 우리나라 고등학교 교육과정과 중복이 되어 있어 효율적인 교육을 어렵게 하고 있다.

본 강의록에서는 고등학교와 중복부분을 가능한 한 제외하고 대학수학에서 반드시 필요한(실제 강의에서 반드시 다루어야만 하는) 핵심 내용만을 정선하고자 시도하였으나, 이에 따라 풍부한 설명이나 예시가 부족하여 학생들의 지적인 호기심을 충분히 해소할 수 없는 한계를 가지고 있다. 따라서 본 강의록시리즈를 강의에 사용할 때에는 적절한 부교재를 선택하여 학생들이 참고할 수 있도록 하는 것을 권장한다.

강의록시리즈는 2009년에 발간한 **강의록시리즈1 이공학도를 위한 수학의 기초**와 **강의록시리즈2 이공학도를 위한 대학수학**을 수정, 보완하여 개정판을 발간하게 되었고, 2010년에 발간한 **강의록시리즈3 경영 · 경제학도를 위한 선형계획법과 미분적분학도** 수정 · 보완하여 개정판을 발간하게 되었으며, **생명과학도를 위한 대학수학, 수리적사고** 등의 강의록은 개발되는 대로 출간할 예정이다.

강의록시리즈1 이공학도를 위한 수학의 기초는 **이공학도를 위한 대학수학**을 수강하는데 필요한 수학의 기초지식을 다루고 있으며, **강의록시리즈2 이공학도를 위한 대학수학**은 이공계 전공에 꼭 필요한 미적분학 및 기초선형대수를 다루고 있고, **강의록시리즈3 경영 · 경제학도를 위한 선형계획법과 미분적분학**은 선형모델, 선형계획법, 복리법 그리고 기초 미분적분학 등 경제/경영학 분야에서 요구되는 수학적 지식을 다루고 있다. **생명과학도를 위한 대학수학**은 미분적분학보다는 BT분야에서 직접적으로 활용될 수 있는 수학적 기법들을 주로 다루며, **수리적사고**는 생활 속에서 다양하게 이용되는 수학적 원리들을 직접 경험하게 함으로써, 수학의 아름다움을 이해하고 생활 속에서 수학을 활용할 수 있도록 개발 중이다.

교재의 개발이 완벽하지 못하여 수정 및 개선이 필요한 부분이 많아 깊은 유감을 느끼며 다음 판에서는 좀 더 개선된 모습으로 바뀔 수 있도록 최선의 노력을 다하고자 한다. 독자들의 넓은 이해를 구하며, 고쳐야할 부분과 부족한 부분에 대한 기탄없는 지적과 질타를 구한다.

2015년 3월

경북대학교 기초교육원 수리

차례

제 1 장

함수와 선형모델

1.1 함수

1.2 선형함수와 선형모델

1.3 선형회귀

1.1 함수

두 개의 변수 사이의 관계에서 한 변수의 값이 다른 변수의 값에 따라 결정되는 경우가 많이 있다. 예를 들면, 물건을 판매할 때 부과되는 세금은 판매가격에 의해서 결정되고 우편물의 요금은 우편물의 무게에 의해서 결정되는 것과 같은 경우이다. 또한 원의 면적은 원의 반지름에 의해서 결정된다. 원의 면적과 반지름의 관계는 A를 원의 면적, r을 원의 반지름이라고 하면

$$A = \pi r^2$$

인 식으로 표현할 수 있다. 이 식에서 A는 r의 값에 의해서 결정되는 것이다. 그러므로 r을 독립변수, A를 종속변수라 하는 것이 자연스럽다. 이 식에서는 r의 값이 하나 주어질 때마다 A의 값이 하나 결정되기 때문이다. 이런 관계를 함수(function)라 한다.

정의 1.1.1 [함수]

(1) 실수의 집합 $\mathbb{R}$의 두 부분집합 X, Y에 대하여, X의 각 원소 x를 Y의 오직 하나의 원소 y에 대응시키는 대응규칙 f을 X에서 Y로의 **함수**(function)라고 하고 다음과 같이 나타낸다.

$$f : X \to Y \text{(간단히 } f \text{ 또는 } f(x))$$

(2) 이때, y를 함수 f에 의한 x의 **상**(image), 또는 x에서 f의 **함숫값**(function value)이라고 하고

$$y = f(x)$$

라고 쓴다. 또한 x를 **독립변수**(independent variable), y를 **종속변수**(dependent variable)라 한다.

(3) 여기서, 집합 X를 f의 **정의역**(domain), 집합 Y를 f의 **공역**(co-domain), $f(X) = \{f(x) \mid x \in X\}$를 f의 **치역**(range)이라고 부른다.

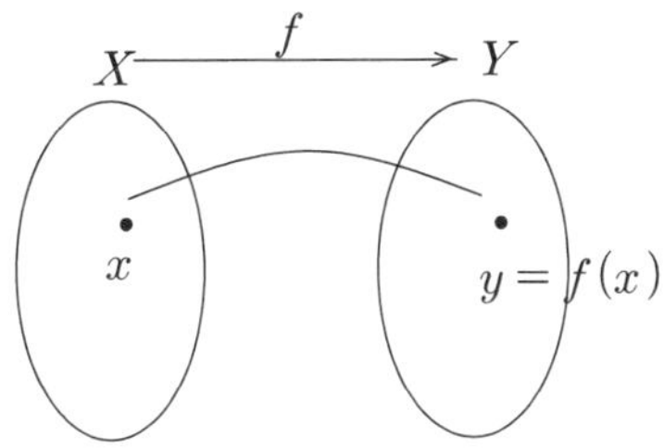

예제 1 함수 $f(x)=2x+3$의 정의역이 $\{x \mid 1 \le x \le 6\}$일 때, 함수 f의 치역을 구하여라.

풀이 $1 \le x \le 6$에서 부등식의 모든 변에 2를 곱하면 $2 \le 2x \le 12$이 되고 3을 더하면

$$5 \le 2x+3 \le 15$$

이다. 따라서 함수 f의 치역은 $\{y \mid 5 \le y \le 15\}$이다.

예제 2 다음 함수들의 정의역과 치역을 구하여라.

(1) $f(x)=x^2$

(2) $g(x)=\dfrac{1}{x}$

(3) $h(x)=\sqrt{x}$

(4) $p(x)=\dfrac{3x}{x^2-4}$

(5) $q(x)=\sqrt{4-3x}$

풀이

(1) f의 정의역은 실수의 집합 $\mathbb{R}$이고 치역은 음이 아닌 실수의 집합이다.

(2) g의 정의역과 치역은 0을 제외한 실수의 집합이다.

(3) h의 정의역과 치역은 음이 아닌 실수의 집합이다.

(4) p의 정의역은 $\{x \mid x \ne \pm 2\}$이고 치역은 실수의 집합 $\mathbb{R}$이다.

(5) q의 정의역은 $\left\{x \mid x \le \dfrac{4}{3}\right\}$이고 치역은 음이 아닌 실수의 집합이다.

[함수의 표현 형태]

(1) 함수를 표현하는 형태에는 한 변수가 다른 변수에 대하여 명백하게 표현되는 경우(일반적으로, $y=f(x)$)가 있는데 이를 함수의 **명백한 형태(explicit form)**라고 한다. 예를 들면, $y=2x^2+1$, $y=a^x+\ln x$이다.

(2) 때로는 주어진 변수들 사이의 관계를 명백한 형태로 표현하지 못하는 경우도 있는데, 이를 함수의 **암시적 형태(implicit form)** (또는 **음함수(implicit function)**)라고 한다. 예를 들면, $x+2y=1$, $3x^2+y^2=1$, $xy=1$이다.

예제 3 다음 표는 1984년부터 1994년까지 매년 유럽을 여행한 미국인의 어림수(백만 명)이며, $t=0$는 1984년을 나타낸다.

t	0	1	2	3	4	5	6	7	8	9	10
$N(t)$	5.5	6.3	6.4	5.0	6.0	6.5	6.8	6.3	7.3	7.5	8.0

N을 t의 함수로 보고 정의역을 말하고 $N(0)$, $N(3)$과 $N(10)$의 값을 구하여라. 그리고 $N(3.5)$의 값을 어림하고 해석하라.

풀이 N의 정의역은 $\{t \mid 0 \le t \le 10\}$이다. 표에서

$$N(0)=5.5,\ N(3)=5.0 \text{ 그리고 } N(10)=8.0$$

이다. $N(3)=5.0$이고 $N(4)=6.0$이므로

$$N(3.5)=5.5$$

로 어림할 수 있다.

예제 4 함수 f가 다음과 같이 정의 되었다고 하자.

$$f(x)=0.03x^2-0.06x+6, \quad \text{정의역 } (-2, 10]$$

위 식을 사용하여 $f(0)$, $f(10)$, $f(-1)$, $f(a)$과 $f(x+h)$를 계산하라. $f(-2)$는 정의되는가?

풀이　　정의역이 $(-2, 10]$이므로 함숫값

$$f(0) = 0.03(0)^2 - 0.06(0) + 6 = 6$$
$$f(10) = 0.03(10)^2 - 0.06(10) + 6 = 8.4$$
$$f(-1) = 0.03(-1)^2 - 0.06(-1) + 6 = 6.09$$

이고 -2가 정의역내의 값이 아니므로 $f(-2)$는 정의되지 않는다. a와 $x+h$가 정의역 $(-2, 10]$에 속한다면 다음과 같이 쓸 수 있다.

$$f(a) = 0.03a^2 - 0.06a + 6$$

$$\begin{aligned} f(x+h) &= 0.03(x+h)^2 - 0.06(x+h) + 6 \\ &= 0.03x^2 + 0.06xh + 0.03h^2 - 0.06x - 0.06h + 6 \end{aligned}$$

위의 예제 3과 예제 4에서 몇 개의 함숫값을 비교해보면 다음 표와 같다.

x	0	5	10
$N(x)$	5.5	6.5	8.0
$f(x)$	6.0	6.45	8.4

표를 보면, 예제 4에서 주어진 함수 $f(x)$는 예제 3의 여행자 함수 N의 근삿값으로 주어졌다고 말할 수 있다. 여행자의 수를 대수적인 식

$$f(x) = 0.03x^2 - 0.06x + 6$$

으로 표현한 함수 f를 여행자 함수의 **대수적 모델**(algebraic model)이라고 한다. 특히, 위의 예처럼 최고차항이 x에 관한 이차식일 때 **이차형 모델**(quadratic model)이라고 한다.

[수학적 모델링]

어떤 상황을 수학적 용어로 표현하는 것을 **수학적 모델링**(mathematical modeling)이라 하고 수학적으로 표현된 것을 **수학적 모델**(mathematical model)이라 한다. 수학적 모델은 어떤 상황을 완전하거나 완벽하게 표현하지는 못하지만 근사적으로 표현하거나 일부분만을 표현하기도 한다.

[수학적 모델링의 보기]

상황	모델
A은행의 잔액은 B은행 잔액의 2배이다.	$a=2b$ (a:A은행의 잔액, b:B은행의 잔액)
현재의 온도는 10 ° C이며 매시간 마다 5 ° C씩 증가한다.	$T(t)=10+5t$ (t:시간, T:온도)
밑면이 정사각형인 직육면체의 부피는 밑면의 넓이에 높이를 곱한다.	$V=x^2h$ (V:부피, h:높이, x:밑면의 변의 길이)
유럽을 방문한 미국인 여행자	예제 3의 표는 여행자 수의 수치적 모델이고 예제 4의 함수는 여행자 수의 대수적 모델이다.

정의 1.1.2 [함수의 그래프]

함수 $f:X\to Y$에 대하여, 다음에 주어진 집합을 f의 **그래프**(graph)라 한다.

$$\{(x,f(x))\mid x\in X\}$$

정의 1.1.3 [함수의 연산]

두 함수 $f : X_1 \to \mathbb{R}$, $g : X_2 \to \mathbb{R}$ 와 상수 c에 대하여 cf, $f+g$, $f-g$, fg, f/g 을 다음과 같이 정의한다.

(1) $(cf)(x) = cf(x)$

(2) $(f+g)(x) = f(x) + g(x)$

(3) $(f-g)(x) = f(x) - g(x)$

(4) $(fg)(x) = f(x)g(x)$

(5) $(f/g)(x) = f(x)/g(x)$

주의 여기서, cf의 정의역은 X_1이고 $f+g$, $f-g$, fg의 정의역은

$$X_1 \cap X_2$$

이며 f/g의 정의역은

$$\{x \mid x \in X_1 \cap X_2 \text{ and } g(x) \neq 0\}$$

예제 5 두 함수 $f(x) = \dfrac{1}{2x}$와 $g(x) = -2 + \sqrt{-x}$ 에 대하여 $(fg)(x)$의 정의역을 구하여라.

풀이 $(fg)(x)$의 정의역은 $\{x \mid x \neq 0\} \cap \{x \mid -x \geq 0\} = \{x \mid x < 0\}$

정의 1.1.4 [합성함수]

두 함수 f와 g가 주어졌을 때, g와 f의 **합성함수(composite function)** $f \circ g$ 는

$$(f \circ g)(x) = f(g(x))$$

와 같이 정의한다. 여기서, $f \circ g$의 정의역은 $g(x)$가 f의 정의역에 속하는 g의 정의역 원소들의 집합이다.

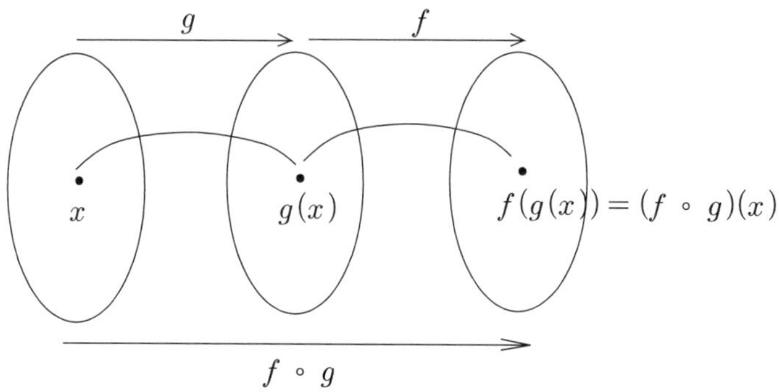

예제 6 두 함수 $f(x)=\sqrt{x}$와 $g(x)=x^3-1$에 대하여 합성함수 $f \circ g$와 $g \circ f$을 구하여라.

풀이 $(f \circ g)(x)=f(g(x))=\sqrt{x^3-1}$이고, $f \circ g$의 정의역은 다음과 같다.

$$\{x \mid x^3-1 \geq 0\} = \{x \mid x \geq 1\}$$

또한 $(g \circ f)(x)=g(f(x))=g(\sqrt{x})=(\sqrt{x})^3-1=x\sqrt{x}-1$이고, $g \circ f$ 의 정의역은 $\{x \mid x \geq 0\}$이다.

정의 1.1.5 [일대일 함수, 일대일 대응]

함수 $f: X \to Y$에 대하여,

(1) 정의역의 두 원소 x_1, x_2에 대하여

$$x_1 \neq x_2 \text{이면 } f(x_1) \neq f(x_2)$$

일 때, 함수 f를 **단사**(injective) 또는 **일대일 함수**(one-to-one function)라 한다.

(2) $f(X)=Y$일 때, 함수 f를 **전사**(surjective 또는 onto)라고 한다.

(3) f가 단사이고 전사일 때, f를 **전단사**(bijective) 또는 **일대일 대응**(one-to-one correspondence)이라고 한다.

정의 1.1.6 [역함수]

함수 $f: X \to Y$에 대하여, Y의 각 원소 y에 대하여 $f(x) = y$을 만족하는 x가 정의역 X에 유일하게 존재할 때, y를 x에 대응시키는 대응규칙 $g: Y \to X$가 함수가 된다. 이때, $g: Y \to X$를 $f: X \to Y$의 **역함수**(inverse function)라고 부르고, $g = f^{-1}$로 나타낸다. 즉,

$$f: X \to Y,\ f(x) = y \Leftrightarrow g: Y \to X,\ x = g(y)$$

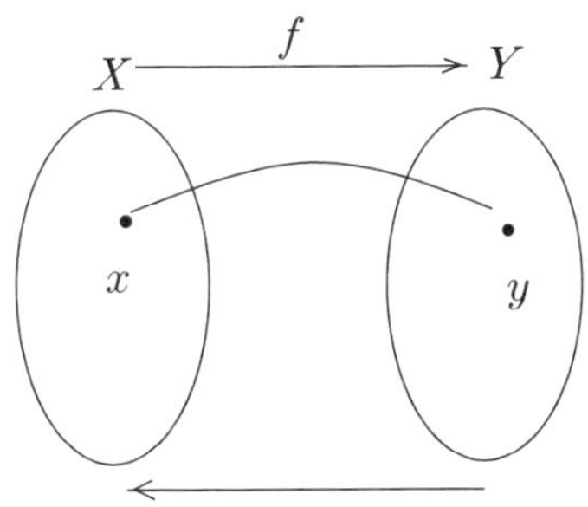

g : f의 역함수

주의 정의로 부터, $f^{-1}(f(x)) = x$, $f(f^{-1}(y)) = y$이다. 또한, f의 정의역과 f^{-1}의 치역이 같고, f의 치역과 f^{-1}의 정의역이 같다 .

주의 일반적으로 $f: X \to Y$가 일대일 함수이면, 공역 Y를 치역 $f(X)$로 바꾸면 $f: X \to f(X)$는 일대일 대응이 되고 역함수를 구할 수 있다.

예제 7 다음의 함수에 대하여 서로가 역함수임을 보여라.

(1) $f(x) = 2x + 3$에 대하여 $f^{-1}(x) = \frac{1}{2}(x - 3)$

(2) $g(x) = x^3$에 대하여 $g^{-1}(x) = \sqrt[3]{x}$

풀이 (1) $f^{-1}(f(x)) = f^{-1}(2x+3) = \frac{1}{2}((2x+3) - 3) = x$이고

$$f(f^{-1}(x)) = f(\frac{1}{2}(2x-3)) = 2\frac{1}{2}(2x-1)+3 = x$$이다.

(2) $g^{-1}(g(x)) = g^{-1}(x^3) = \sqrt[3]{x^3} = x$이고

$g(g^{-1}(x)) = g(\sqrt[3]{x}) = (\sqrt[3]{x})^3 = x$이다.

[역함수를 구하는 법]

(1) $y = f(x)$가 일대일 대응인지 판별한다.

(2) $y = f(x)$에서 x와 y을 교환하여 $x = f(y)$을 얻는다.

(3) $x = f(y)$를 y에 대하여 정리하여 $y = f^{-1}(x)$의 형태가 되게 한다.

정리 1.1.1 [역함수의 그래프 판정]

함수 f의 그래프와 역함수 f^{-1}의 그래프는 직선 $y=x$에 대하여 서로 대칭이다.

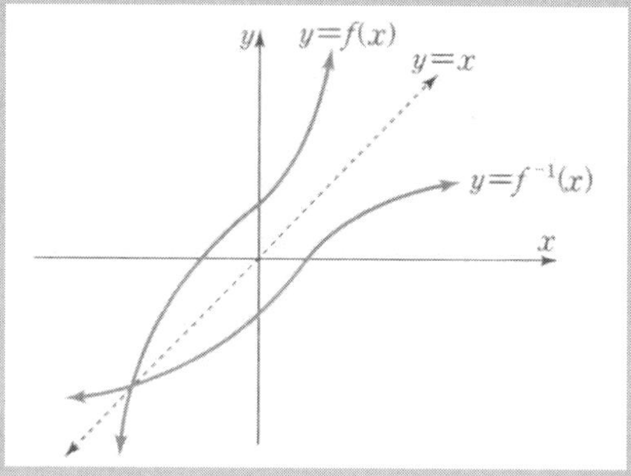

예제 8 $f(x) = x^2\ (x \geq 0)$의 역함수를 구하여라.

풀이 위의 역함수를 구하는 방법을 따라서

(1) $f(x) = x^2\ (x \geq 0)$은 일대일 함수이다. 따라서 f는 역함수를 가진다.

(2) x와 y을 교환하여 $x = y^2\ (y \geq 0)$을 얻는다.

(3) $x, y \geq 0$이므로 y에 대하여 정리하면 $y = \sqrt{x}$,

즉 $f^{-1}(x)=\sqrt{x}$이다.

예제 9 $f(x)=\dfrac{1}{x+2}$의 역함수를 구하여라.

풀이 위의 역함수를 구하는 방법을 따라서

(1) $f(x)=\dfrac{1}{x+2}$은 $x\neq-2$일 때 일대일 함수이다. 따라서 f는 역함수를 가진다.

(2) x와 y을 교환하여 $x=\dfrac{1}{y+2}$ $(y\neq-2)$을 얻는다.

(3) $x\neq0$이므로 y에 대하여 정리하면 $y=\dfrac{1}{x}-2$,

즉 $f^{-1}(x)=\dfrac{1}{x}-2$이다.

1.1 연습문제

1. 다음 함수의 정의역을 구하여라.

(1) $f(x)=x^3+3$　　(2) $g(x)=\sqrt{3x-12}$

(3) $h(x)=\dfrac{2}{x-3}$　　(4) $y=\dfrac{x}{x^2-5x+4}$

2. 다음 함수의 정의역과 치역을 구하여라.

(1) $f(x)=x^2+1$　　(2) $f(x)=\sqrt{x-2}$

(3) $f(x)=\dfrac{1}{x^2}$　　(3) $f(x)=\dfrac{1}{x^2}+\sqrt{2-x}$

3. 다음과 같이 함수 f와 g를 정의하였을 때 $f+g$, $f-g$, fg, $\dfrac{f}{g}$와 $2f$를 각각 구하여라.

(1) $f(x)=3x-2$, $g(x)=6-2x$

(2) $f(x)=x^2-3x$, $g(x)=x+\dfrac{1}{2}$

(3) $f(x)=\dfrac{3}{x-1}$, $g(x)=-\dfrac{1}{x}$

4. $f(x)=\dfrac{1}{x}$, $g(x)=x^2-4x+3$으로 정의하였을 때, 다음을 구하여라.

(1) $(f\circ g)(2)$　　(2) $(g\circ f)(2)$　　(3) $(f\circ g)(x)$

(4) $(g\circ f)(x)$　　(5) $(f\circ f)(x)$

5. 다음 주어진 함수 f와 g에 대하여, 각각의 경우 $f+g$, fg, $3g$를 구하여라.

(1) $f(x)=\begin{cases}x+7 & (x<1)\\ x^2 & (x\ge 1)\end{cases}$　　$g(x)=\begin{cases}5 & (x<1)\\ x-4 & (x\ge 1)\end{cases}$

(2) $f(x)=9-x^2$　　$g(x)=\begin{cases}x+3 & (x<0)\\ 7 & (x\ge 0)\end{cases}$

(3) $f(x)=\begin{cases}2x-2 & (x\le 3)\\ -2x^2 & (x>3)\end{cases}$　　$g(x)=\begin{cases}3x-2 & (x<1)\\ 7 & (x\ge 1)\end{cases}$

6. 함수 $f(x)=2x-3$에 대하여, 다음 물음에 답하여라.

(1) $f \circ f$를 구하여라.

(2) $(f \circ f)(x)=0$인 x를 구하여라.

(3) f^{-1}를 구하여라.

(4) $(f \circ f^{-1})(3)$의 값을 구하여라.

7. 다음 함수의 그래프를 그려라.

(1) $f(x)=\sqrt{x}$

(2) $f(x)=|x|$

(3) $f(x)=\dfrac{1}{(x-1)^2}$

8. 다음 함수의 그래프를 그리고, $f(0)$, $f(1)$, $f(2)$ 그리고 $f(3)$의 값을 구하여라.

$$f(x)=\begin{cases} -x, & -1<x<0 \\ x-2, & 0 \le x \le 2 \\ -x, & 2<x \le 4 \end{cases}$$

9. 아래의 표는 2001년부터 2005년까지 삼성 애니콜의 판매대수 및 세계 시장 점유율을 나타낸 것이다. ($t=1$은 2001년도를 나타낸다.)

년도(t)	1	2	3	4	5
판매량 $Q(t)$ (백만 대)	28.6	42.2	55.7	86.6	102.9
세계점유율 $P(t)$ (%)	7.3	9.8	10.8	12.7	12.6

(1) $P(2)$, $P(5)$, $Q(2)$, $Q(5)$의 값을 구하여라.

(2) $P(3.5)$와 $Q(3.5)$를 어림하고 방법을 설명하여라.

10. 함수 f의 그래프가 아래와 같을 때, 다음의 근삿값을 구하여라.

(1) $f(0)$　　　(2) $f(-2)$　　　(3) $\dfrac{f(3)-f(1)}{3-1}$

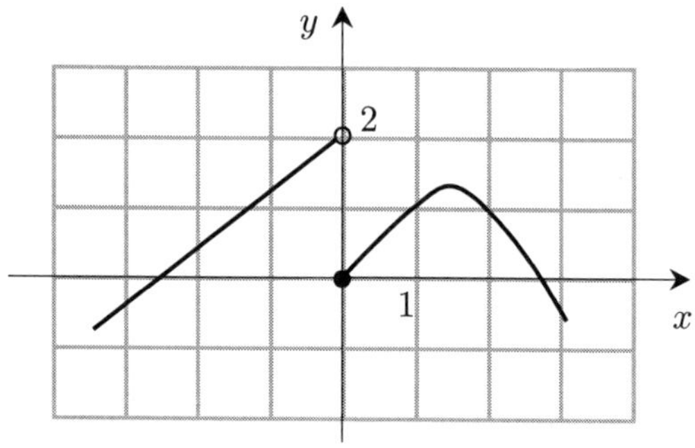

1.2 선형함수와 선형모델

함수의 그래프가 직선이 될 때, 이 함수를 선형함수라 한다. 선형함수는 가장 간단하지만 가장 많이 사용되는 함수 중 하나이다.

> **정의 1.2.1** [선형함수]
>
> 함수가 다음과 같이 표현될 때, **선형함수**(linear function)이라 한다.
>
> $$f(x) = mx + b \text{ (여기서 } m\text{과 } b\text{는 상수)}$$

특히, $m \neq 0$일 때를 일차함수라 한다. 선형함수 $f(x) = mx + b$에서

$$m = \frac{\Delta y}{\Delta x} \quad (\Delta x\text{는 } x\text{의 변화량, } \Delta y\text{는 } y\text{의 변화량})$$

이고 이것은 x가 1단위 변할 때, y가 m단위 변한다는 의미이다. m을 **직선의 기울기**(slope of the line)라 한다. 상수 b는 $x=0$일 때의 함숫값이고 y축과 만나는 점의 y좌표이다. b를 직선의 y**절편**(y–intercept)라 한다.

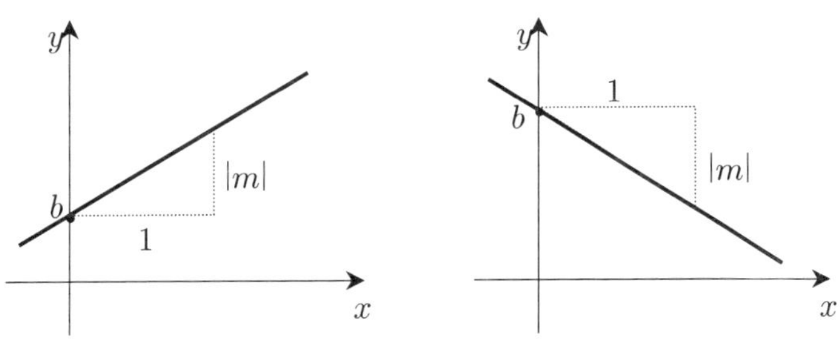

m:양수 m:음수

$y = mx + b$의 그래프

[그림 1]

예제 1 기울기가 m이고 점 (x_0, y_0)를 지나는 직선의 방정식을 구하여라.

풀이 직선위의 임의의 점을 (x, y)라 하면

$$m = \frac{y - y_0}{x - x_0}$$

따라서 $y - y_0 = m(x - x_0)$이다. 즉, $y = mx + (y_0 - mx_0)$이다.

예제 2 다음 직선의 방정식을 구하여라.

(1) 기울기가 2이고 점 $(1, 3)$을 지나는 직선.

(2) 점 $(1, 2)$와 $(3, -1)$을 지나는 직선.

(3) 점 $(2, -2)$를 지나고 직선 $3x + 4y = 5$와 평행인 직선.

(4) 점 $(-1, 5)$를 지나는 수직선.

(5) 점 $(-1, 5)$를 지나는 수평선.

풀이 (1) $y - 3 = 2(x - 1)$ 따라서

$$y = 2x + 1$$

(2) 두 점을 지나는 직선의 기울기를 정하면

$$m = \frac{-1-2}{3-1} = -\frac{3}{2}$$

그러므로 $y - 2 = -\frac{3}{2}(x - 1)$이다. 따라서

$$y = -\frac{3}{2}x + \frac{7}{2}$$

(3) $y = -\frac{3}{4}x + \frac{5}{4}$와 기울기가 같으므로 기울기는 $-\frac{3}{4}$이고

$y + 2 = -\frac{3}{4}(x - 2)$이다. 따라서

$$y = -\frac{3}{4}x - \frac{1}{2}$$

(4) $x=-1$이다.

(5) $y=5$이다.

일차함수를 사용하여 실제 세계에서의 둘 사이의 관계를 표현하거나 근사하는 것을 **선형모델링(linear modeling)**이라 한다. 여기에서 비용, 수입, 이익, 수요, 공급에 관계되는 선형모델의 예를 들어보자.

예제 3 택시요금은 기본요금에 이동거리에 따른 요금을 더해서 정해지는데 기본요금 2,000원에 km당 1,000원의 요금이 부가된다고 하자.

(1) $x\,km$를 이동할 때 드는 비용 C는 얼마인가?

(2) (1)을 이용해서 $40\,km$를 이동할 때 드는 비용을 계산하면 얼마인가?

(3) $2\,km$째의 비용은 얼마인가? $10\,km$째의 비용은 얼마인가?

(4) x의 함수 C의 그래프를 그려라.

풀이 (1) 각각 $1\,km$, $2\,km$, $3\,km$ 이동하였을 때 드는 비용을 구해보면 다음과 같다.

$1\,km$ 이동하였을 때 드는 비용 : $C=1000\cdot(1)+2000=3000$

$2\,km$ 이동하였을 때 드는 비용 : $C=1000\cdot(2)+2000=4000$

$3\,km$ 이동하였을 때 드는 비용 : $C=1000\cdot(3)+2000=5000$

그러므로 $x\,km$ 이동하였을 때 드는 비용은

$$C(x)=1000x+2000$$

(원)이 된다. 이 예제에서 기울기 1000은 km당 증가하는 비용이고 이것을 **한계비용(marginal cost)**라고 한다. 그리고 변하는 양 $1000x$를 **변동비용(variable cost)**이라 하고 C-절편인 기본요금 2000을 **고정비용(fixed cost)**라 한다. 일반적으로 선형비용함수는 다음과 같다.

$$C(x)=mx+b \quad (m\text{:한계비용},\ b\text{:고정비용},\ mx\text{:변동비용})$$

(2) $40\,km$를 이동할 때 드는 비용은

$$C(40) = 1000 \cdot (40) + 2000 = 42000$$

(3) $2\,km$째의 비용은 $2\,km$ 이동하였을 때의 요금에서 $1\,km$ 이동하였을 때의 요금을 빼면 되므로

$$C(2) - C(1) = 1000 \cdot (2) + 2000 - (1000 \cdot (1) + 2000) = 1000$$

이것은 바로 한계비용이다. 실제 한계비용은 $1\,km$ 더 갈 때마다 드는 비용이므로

$2\,km$째의 비용 = $10\,km$째의 비용 = 한계비용 = 1000

(4)

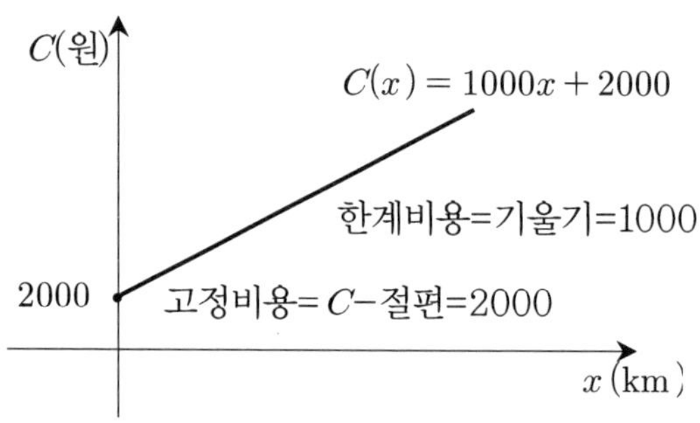

[그림 2]

정의 1.2.2 [비용함수]

비용함수(cost function)는 비용 C를 수량 x의 함수로 나타낸 것이다. 즉, $C(x)$는 x개에 대한 비용이다. 비용함수가

$$C(x) = mx + b$$

로 표시될 때, 이를 **선형비용함수**(linear cost function)이라 한다. mx를 **변동비용**(variable cost), y절편 b를 **고정비용**(fixed cost)라 하고, 기울기 m을 **한계비용**(marginal cost)이라 한다. 한계비용은 수량 x가 한 개 더 많아질 때 늘어나는 비용을 뜻한다.

정의 1.2.3 [수입함수]

상거래에서 지불받은 총 금액을 **총 수입**(revenue)이라 하거나 **총 매상금**(gross proceeds)이라 하기도 한다. $R(x)$가 가격 m으로 x개를 팔아서 생긴 총 수입이라면, 총 수입 R은 선형함수

$$R(x) = mx$$

가 되고 판매가격 m을 **한계수입**(marginal revenue)라 한다.

정의 1.2.4 [이익함수]

총 수입에서 비용을 뺀 나머지인 **순수 수입**(net proceeds)이 **이익**(profit)이다. 만일 이익이 선형함수라면 기울기 m을 **한계이익**(marginal profit)이라 한다. 이익(P)과 총 수입(R) 그리고 비용(C)의 관계는 다음과 같다.

이익 = 총수입 − 비용

$$P = R - C$$

만일 이익이 음수라면 손해를 보았다는 뜻이다. 이익도 손해도 없을 때를 **손익분기**(break even)이라 한다. 따라서 $P=0$일 때, 즉 $R=C$일 때 손익분기가 일어난다. 손익분기가 일어나는 x의 값을 **손익분기점**(break even point)이라 한다.

보기 1 x장의 셔츠를 생산하는데 드는 비용은 $C(x) = 8000x + 100000$이고 x장의 셔츠를 팔았을 때 총 수입은 $R(x) = 10000x$이라고 하면 x장의 셔츠를 팔았을 때 이익은

$$\begin{aligned} P(x) &= R(x) - C(x) \\ &= 10000x - (8000x + 100000) \\ &= 2000x - 100000 \end{aligned}$$

이고 손익분기는 $P(x) = 0$으로부터 얻어지는 $x = 50$일 때 일어난다.

예제 4 냉장고 제조회사에서 월요일에 냉장고 30대를 생산하는데 25,000달러의 비용이 들었고, 화요일에는 냉장고 40대를 생산하는데 30,000달러의 비용이 들었다고 하자.

(1) 위의 정보를 가지고 선형비용함수를 구하여라. 매일 필요한 고정비용은 얼마이며 한계비용은 얼마인가?

(2) 냉장고 한 대당 1,500달러에 판매한다고 할 때, 총 수입함수를 구하여라.

(3) (1)와 (2)로부터 이익함수를 구하여라. 손익분기가 되기 위해서 매일 몇 대의 냉장고를 팔아야 하겠는가?

풀이 (1) 비용함수가 선형이라 하였으므로

$$C(x) = mx + b, \text{ 여기서 } x\text{는 팔린 냉장고 대수이다.}$$

$x = 30$일 때, $C(30) = 25000$이므로 점 $(30, 25000)$이 비용함수의 그래프 위의 점이다. 또한 점 $(40, 30000)$도 이 직선 위에 있는 점이다. 따라서

$$C - 25000 = \frac{30000 - 25000}{40 - 30}(x - 30)$$

$$C(x) = 500x + 10000$$

$m = 500$이고 $b = 10000$이므로 고정비용은 매일 10,000달러이고 한계비용은 냉장고 한 대당 500달러이다.

(2) 냉장고 한 대를 팔면 1,500달러의 수입이 생기므로, x대를 팔았을 때 총 수입은

$$R(x) = 1500x$$

(3) 이익은 총 수입에서 비용을 뺀 금액이므로

$$\begin{aligned} P(x) &= R(x) - C(x) \\ &= 1500x - (500x + 10000) \\ &= 1000x - 10000 \end{aligned}$$

손익분기는 이익도 손해도 없는 $P(x) = 0$일 때이다. 즉,

$$1000x - 10000 = 0$$

$$x = 10$$

따라서 손익분기가 되기 위해서는 매일 냉장고를 10대 생산해서 팔아야만 한다.

참고 x가 손익분기점인 10보다 적다면 $P(x)$는 음수이므로 회사는 손해를 보게 된다. x가 10보다 크다면 $P(x)$는 양수가 되어 회사는 이익을 보게 될 것이다. 이런 이유 때문에 $P(x)=0$인 점이 중요하다. $P(x)=R(x)-C(x)$이므로 손익분기점은 총수입과 비용이 같아지는 점, 즉 $R(x)=C(x)$인 점을 찾아도 된다.

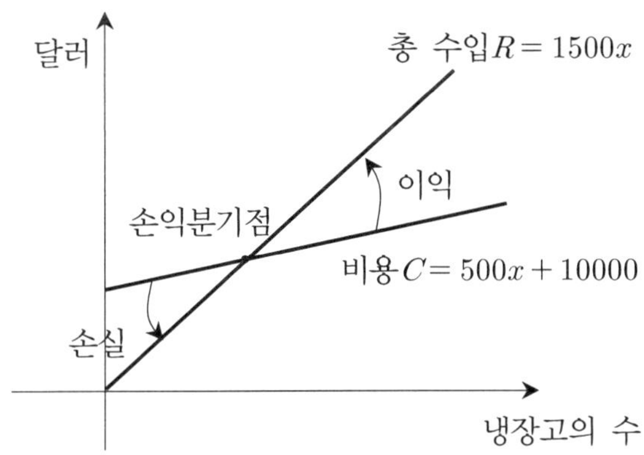

[그림 3]

예제 5 편의점에서 삼각김밥의 가격을 결정하려고 한다. 다음 표는 서로 다른 두 가격으로 일주일 동안 판매한 김밥의 개수를 나타낸다.

김밥의 가격 (개당)	500원	750원
수요 (주당 판매개수)	400개	350개

(1) 가격 p의 선형함수로 수요함수 q를 모델링하여라.

(2) 수요함수에서 기울기와 q절편이 뜻하는 것이 각각 무엇인가?

(3) 주당 판매량을 410개로 늘이고 싶다면 가격을 얼마로 해야 할까?

풀이 (1) 수요함수는 수요 q (여기서는 주당 판매 김밥 개수)를 단위 가격 p (여기서는 김밥 가격)의 함수로 표현한 것이다. 따라서 두 점 $(500, 400)$과 $(750, 350)$을 가지고 선형함수를 찾으면

$$q-400=-\frac{350-400}{750-500}(p-500)$$

$$q=-0.2p+500$$

이 된다.

(2) 기울기 $m=-0.2$인 것은 가격이 오르면 수요는 감소한다는 것을 의미한다. 여기서는 가격이 1원 오를 때 김밥 판매 수가 0.2개 감소, 즉 가격이 10원 오르면 판매 수가 2개 감소한다고 말할 수 있다. q절편 500은 $p=0$일 때의 q의 값이므로 편의점에서 김밥을 공짜로 나누어 줄 때 500개를 가져간다는 뜻이다.

(3) 주당 판매량이 410개가 되게 하려하므로 $q=410$일 때의 p를 구하면 된다.

$$\begin{aligned} 410 &= -0.2p+500 \\ 0.2p &= 90 \\ p &= 450 \end{aligned}$$

즉, 김밥 한 개당 가격을 450원으로 내리면 된다는 뜻이다.

주의 실제적인 수요 그래프는 서로 다른 여러 가지 가격에 따른 판매량을 표로 만들어서 얻을 수 있다. 이 점들을 pq평면(가격 · 수요평면)에 표시해보면 이 점들은 직선이 아니라 곡선 위에 놓여지게 될 것이다. 즉 수요곡선이 직선이 아니라 곡선형태가 된다는 것이다. 그러나 이 곡선의 아주 작은 부분만 떼어서 본다면 곡선을 직선으로 근사할 수 있을 것이다. 즉, 가격의 변동 범위를 작게 하였을 때 수요곡선은 가격에 대해 선형모델로 표현될 것이다. 실제적인 상황에서 얻어지는 선형모델들은 변수의 범위가 작은데서 신뢰할 만하다고 할 수 있다.

예제 6 앞의 예제 5에서 생각한 것을 공급의 입장에서도 생각해 보자. 즉, 서로 다른 가격으로 일주일 동안 팔기 위해 준비한 김밥의 개수도 함께 아래 표에 나타내었다.

김밥의 가격(개)	500원	750원
수요(주당 판매개수)	400	350
공급(판매를 위해 준비한 개수)	300	500

(1) 선형 수요함수와 선형 공급함수를 모델링하여라.

(2) 수요와 공급이 일치하기 위해서는 김밥의 가격은 얼마로 해야 할까? 그 가격(**균형가격**(equilibrium price)이라 한다)에 김밥을 몇 개 팔 수 있을까? 균형가격보다 비싸게 팔면 어떻게 되겠는가? 균형가격보다 싸게 팔면 어떤 일이 벌어지겠는가?

풀이 (1) 수요함수는 예제 5에서 모델링하였다.

$$q = -0.2p + 500$$

공급함수를 모델링하기위해 두 점 $(500, 300)$과 $(750, 500)$을 사용하면

$$q - 300 = \frac{500 - 300}{750 - 500}(p - 500)$$

$$q = 0.8p - 100$$

(2) 수요와 공급이 같게 되는 점을 찾기 위해

수요 = 공급

으로 놓으면

$$-0.2p + 500 = 0.8p - 100$$

$$p = 600$$

이것이 균형가격이다. 수요 (또는) 공급 방정식의 p에 600원을 대입하면 이때의 수요(**균형수요**(equilibrium demand)라 한다)를 구할 수 있다.

$$\text{균형수요} = -0.2 \cdot (600) + 500 = 380$$

따라서 수요와 공급의 균형을 맞추기 위해서는 김밥 1개당 가격은 600원이되고 이때 김밥은 매주 380개가 팔리게 된다. 수요와 공급 함수의 그래프를 한 평면에 그려보면 아래와 같다.

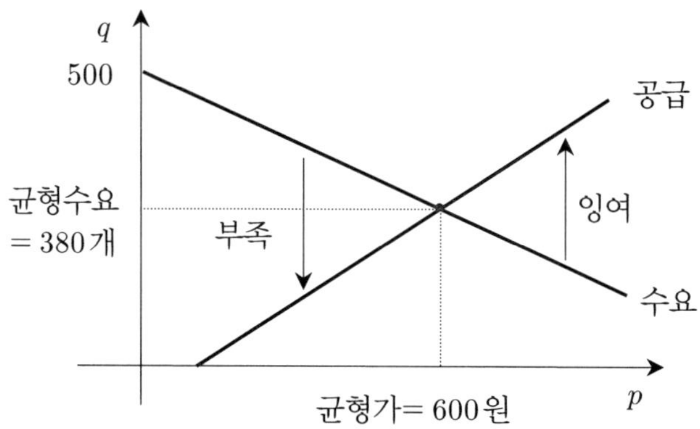

[그림 4]

그림 4는 균형가격과 다른 가격으로 했을 때의 현상을 보여준다. 만일 김밥의 가격을 균형가격보다 비싸게 받으면 공급이 수요보다 많게 되어 김밥이 남게 된다. 만일 김밥의 가격을 균형가격보다 싸게 받으면 공급이 수요보다 적게 되어 김밥이 부족하게 될 것이다.

정의 1.2.5 [수요함수, 공급함수, 균형가격]

수요함수(demand function)는 단일 가격 p(한 항목 당 가격)의 함수로써 수요 q(필요한 항목의 수)를 나타낸다. 선형 수요함수의 형태는 아래와 같다.

$$q(p) = mp + b$$

m의 의미 : 기울기 m(보통 음수)은 가격의 한 단위의 변화에 대한 수요에서의 변화를 측정한다.

b의 의미 : y절편 b는 물품을 그저 나누어 주었을 때의 수요를 뜻한다.

공급함수(supply function)는 단일 가격 p의 함수로써 공급 q(공급자가 공급하는 항목의 수)를 표현한다. 선형 공급함수의 형태는 아래와 같다.

$$q(p) = mp + b$$

보통 가격이 증가하면 공급이 증가하므로 기울기 m은 양수이다.

수요와 공급이 같아질 때 **수요와 공급은 균형**(equilibrium)을 **이룬다**라고 한다. 이때의 가격 p와 수요 q를 각각 **균형가격**(equilibrium price)과 **균형수요**(equilibrium demand)라 한다.

1.2 연습문제

1. 다음의 직선의 방정식을 구하여라.

(1) 점 (3, 2)을 지나고 기울기가 -3인 직선.

(2) 점 (20, -4)를 지나고 x의 단위에 대해 10단위 비율로 y가 증가하는 직선.

(3) 두 점 (2, -4), (1, 1)을 지나는 직선.

(4) 점 (6, 6)을 지나고 직선 $x+y=4$에 평행한 직선.

(5) 점 $\left(\frac{1}{2}, 5\right)$를 지나고 직선 $4x-2y=11$에 평행한 직선.

2. 피아노 제조회사에서 피아노를 생산할 때 1일 고정비용은 120만원이고 피아노 1대당 한계비용은 150만원이다. 하루에 피아노 x대를 생산하는 선형비용 함수 $C(x)$를 구하여라.

3. 자전거 공장에서는 하루에 1,050만원으로 자전거 100대를 제조할 수 있으며 1,100만원으로는 자전거 120대를 생산할 수 있다. 비용함수가 선형이 된다고 할 때 이 공장의 1일 고정비용과 자전거 1대당 한계비용을 구하여라.

4. 조명기기를 생산하는 한국조명의 총생산비용은 생산량과 선형관계를 갖는다고 한다. 100개의 조명기기를 생산하는데 드는 총비용은 2,500만원이고, 200개의 조명기기를 생산하는 데 드는 총비용은 4,000만원이라 한다.

(1) 생산비용 $C(Q)$를 생산량 Q의 선형함수로 나타내어라.

(2) 조명기기 1대당 23만원에 판매할 수 있을 때, 이 회사의 손익분기점 판매량은 몇 대인가?

5. 한국항공은 서울과 울릉도를 왕복하는 소형비행기를 운행하고 있다. 1회 운행에 소요되는 비용을 분석해 보면 승객 수에 관계없이 발생하는 고정비용이 36만원이며, 승객 1인당 1만원이 추가비용으로 소요된다. 항공사에서 비행기요금을 4만원으로 책정했다면 손익분기점 승객 수는 몇 명인가?

6. 칫솔을 개 당 1,000원에 팔면 90개를 팔 수 있고, 2,000원에 팔면 30개만을 팔 수 있다. 칫솔 공급자는 가격이 1,000원이면 주당 20개를 공급하고

2,000원이면 100개를 공급한다.

(1) 관련된 선형 수요방정식과 공급 방정식을 구하여라.

(2) 칫솔이 남지도 부족하지도 않게 하려면 가격을 얼마로 하여야 하는가?

7. 이태리의 유명한 안경테 제조회사인 Luxotica그룹 S.P.A.은 1991년부터 1994년까지 많은 이익을 남겼다. 다음 표는 주어진 년도의 총수입과 이익을 나타낸 것이다.

	1991	1992	1993	1994
총수입(백만달러)	400	350	380	500
이익(백만달러)	55	45	51	75

(1) 이 자료로부터 총수입과 이익사이에는 선형관계가 있음을 보이고 연 이익 P를 연 총수입 R의 함수로 나타내어라.

(2) Luxotica의 연 비용C를 연 총수입 R의 함수로 나타내어라.

(3) Luxotica의 연 고정비용을 추정하여라.

8. 한국출판사는 책 판매 이외에 새로운 온라인 출판 서비스로 부가적인 수입을 올리고 있다. 독자들은 소설 1권을 다운로드할 때마다 5,500원의 수수료를 지불한다. 출판사측은 저자 인세와 판권 수수료로 소설 1권당 4,000원의 비용이 들며, 서비스를 운영하고 유지하는 월비용으로 90만원이 든다.

(1) 관련된 비용함수, 수입함수와 이익함수를 구하여라.

(2) 손익분기점에 도달하기 위해 매달 몇 권의 소설을 팔아야 하는가?

(3) 1권당 수수료를 5,000원으로 낮춘다면 손익분기점에 도달하기 위해 매달 몇 권의 소설을 팔아야 하는가?

9. 한국전자는 노트북형 PC를 독점생산 · 판매하고 있다. 이 신형 PC의 생산비용은 생산대수를 Q라 할 때

$$C(Q) = 100 + 20Q$$

로 추정되며, 1주일 수요량 $D(p)$는 가격을 p라 할 때

$$D(p) = 40 - \frac{p}{2}$$

인 것으로 밝혀졌다.

(1) 한국전자의 수입을 판매량 Q의 함수로 나타내어라.

(2) 한국전자의 이익을 판매량 Q의 함수로 나타내어라.

10. 새로운 50시리즈의 타이어를 독점생산하고 있는 고려타이어는 이 제품의 1주일간 수요를 판매가격이 p라 할 때

$$D(p) = 3,000 - 50p$$

인 것으로 추정하고 있다. 1주일간의 총수입을 판매량 Q의 함수로 나타내고 이 함수의 정의역과 치역을 구하여라.

1.3 선형회귀

앞 절에서 자료가 두 점으로 주어졌을 때 선형모델을 구해보았다. 실제 상황에서는 자료가 여러 점으로 주어지고 이 점들이 모두 한 직선위에 있을 가능성은 희박하다. 그러나 만일 이 점들이 모두 한 직선위에 놓이지는 않지만 어떤 직선 근처에 있게 된다면 이러한 점들을 가장 가깝게 지나는 직선을 찾을 수 있을 것이다. 다음의 예를 통하여 이런 직선을 구하는 방법을 생각해 보자.

다음은 1996년에서 2003년 사이에 중국 내에서 케이블 TV 설치 가구 수를 나타낸 표이다. 표에서 $t=0$는 2000년을 나타낸다.

년도(t)	-4	-3	-2	-1	0	1	2	3
케이블 TV 설치 가구 수(y) (백만)	50	55	57	60	68	72	80	83

이 자료를 점으로 찍어보면 대략 증가하는 직선의 모양이 된다.

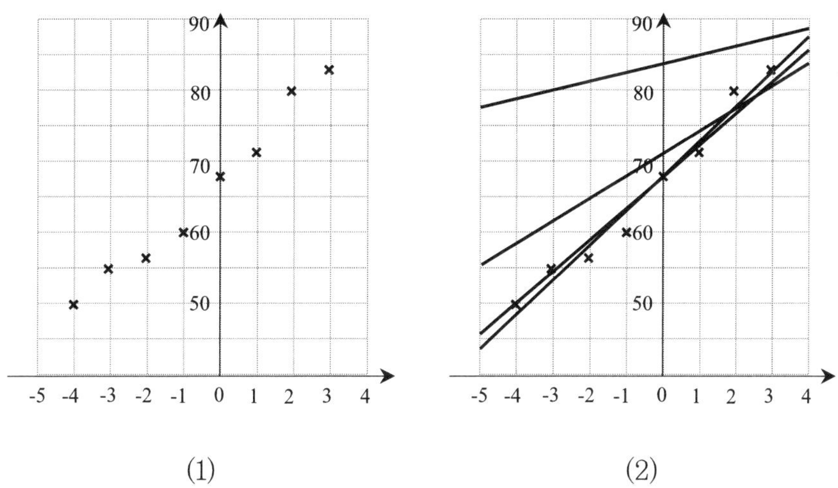

[그림 5]

이 점들이 비록 한 직선 위에 있지는 않지만 대략 직선의 형태를 띠고 있다. 그림 5의 (2)는 이 점들을 통과하게끔 몇 개의 직선을 그려 본 것이다. 4개의 직선 중 2개의 직선은 점들의 배열을 잘 표현하지만 나머지 2개의 직선은 그렇지 않다. 이제 주어진 자료를 가장 잘 나타내는 직선을 구하는 방법을 알아보기 위하여 몇 가지 용어를 정의하자.

정의 1.3.1 [관찰값, 예측값]

n개의 자료 $(x_1, y_1), (x_2, y_2), \cdots, (x_n, y_n)$이 주어져 있다고 하자. 이때, $y_1, y_2, \cdots, y_n$을 **관찰값**(observed values)이라 한다. 만약 우리가 이 자료로부터 선형모델

$$\hat{y} = mx + b$$

을 얻었다면 주어진 자료의 x값을 이 방정식에 대입해서 얻은 값을 **예측값**(predicted values)이라 한다. 즉, 예측값은

$$\hat{y_1} = mx_1 + b$$
$$\hat{y_2} = mx_2 + b$$
$$\vdots$$
$$\hat{y_n} = mx_n + b$$

정의 1.3.2 [나머지, 제곱합오차]

주어진 자료 $(x_1, y_1), (x_2, y_2), \cdots, (x_n, y_n)$을 선형함수 $\hat{y} = mx + b$로 모델링 했을 때 관찰값과 예측값의 차이를 **나머지**(residual)라 한다. 즉

나머지 = 관찰값 − 예측값

이다. 위의 모델링에 대한 나머지는 $y_1 - \hat{y_1}, y_2 - \hat{y_2}, \cdots, y_n - \hat{y_n}$이다. 그리고 나머지의 제곱을 합한 것을 **제곱합오차**(sum-of-squares error, SSE)라 한다. 즉, 다음과 같은 식으로 표현된다.

$$\text{SSE} = (y_1 - \hat{y_1})^2 + (y_2 - \hat{y_2})^2 + \cdots + (y_n - \hat{y_n})^2$$

보기 1 세 개의 자료 $(0,2)$, $(2,5)$와 $(3,6)$이 주어져있다고 하자. 만약 이 자료로부터 선형모델 함수 $\hat{y}=x+2.5$를 얻었다고 한다면 관찰값은 $y_1=2$, $y_2=5$, $y_3=6$이고 예측값은

$$\hat{y}_1=x_1+2.5=0+2.5=2.5$$

$$\hat{y}_2=x_2+2.5=2+2.5=4.5$$

$$\hat{y}_3=x_3+2.5=3+2.5=5.5$$

이다. 또한 나머지는

$$y_1-\hat{y}_1=2-2.5=-0.5$$

$$y_2-\hat{y}_2=5-4.5=0.5$$

$$y_3-\hat{y}_3=6-5.5=0.5$$

이고 제곱합 오차는 $SSE=(-0.5)^2+(0.5)^2+(0.5)^2=0.75$이다.

그림 6에서 보는 것처럼 1996년에서 2003년까지의 실제 케이블 TV 설치 가구 수(관찰값)와 관찰값으로부터 근사시킨 직선으로부터 얻을 수 있는 케이블 TV 설치 가구 수(예측값)의 차이(나머지)를 생각해서 이 차이를 작게 할 수 있다면 좋은 근사라 할 수 있을 것이다. 예측값과 관찰값의 차이는 표시된 수직거리이다.

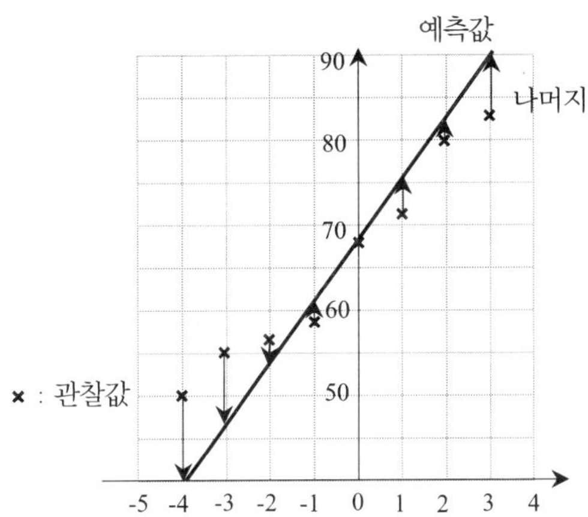

[그림 6]

관찰값에 가장 적합한 모델을 찾으려면 나머지들을 가능한 가장 작게 하면 되고, 이때 쓸 수 있는 방법이 나머지들의 제곱을 합한 제곱합오차를 최소화하는

것이다.

정의 1.3.3 [최적직선(best-fit line)]

제곱합오차를 최소로 하는 직선을 **최적직선**(best-fit line)(또는 **최소제곱 직선**(least squre line) 또는 **회귀 직선**(regression line))이라고 한다.

최적직선을 구하기 위해서는 제곱합 오차를 최소화하는 직선의 기울기와 y절편을 구하는 선형대수학에서 알려진 다음의 정리를 증명 없이 이용한다.

정리 1.3.1 [최적직선]

n개의 자료 (x_1, y_1), (x_2, y_2), …, (x_n, y_n)에 대한 최적직선을

$$y = mx + b$$

이라 할 때

$$m = \frac{n(\Sigma x_i y_i) - (\Sigma x_i)(\Sigma y_i)}{n(\Sigma x_i^2) - (\Sigma x_i)^2}, \quad b = \frac{\Sigma y_i - m(\Sigma x_i)}{n}$$

으로 주어진다. 이때, m과 b를 **회귀계수**(regression coefficients)라 한다.

참고 제곱합 오차를 최소화하는 직선이 유일하게 존재하는 것은 선형대수학이나 다변수 함수론에서 잘 알려져 있다.

예제 1 다음은 중국 내에서 케이블 TV 설치 가구 수를 나타낸 표이다. 표에서 $t=0$는 2000년을 나타낸다.

년도(t)	-4	-3	-2	-1	0	1	2	3
케이블 TV 설치 가구 수(y) (백만)	50	55	57	60	68	72	80	83

이 자료로부터 가장 적합한 선형 모델을 찾고 2005년의 중국 케이블 TV 설치 가구 수를 예측하여라.

풀이 최적직선을 구하기 위해 주어진 자료로부터 다음의 표를 얻었다.

	x	y	xy	x^2
	−4	50	−200	16
	−3	55	−165	9
	−2	57	−114	4
	−1	60	−60	1
	0	68	0	0
	1	72	72	1
	2	80	160	4
	3	83	249	9
합	−4	525	−58	44

$n=8$이므로

$$m=\frac{n(\Sigma x_i y_i)-(\Sigma x_i)(\Sigma y_i)}{n(\Sigma x_i^2)-(\Sigma x_i)^2}=\frac{8(-58)-(-4)(525)}{8(44)-(-4)^2}\approx 4.87$$

$$b=\frac{\Sigma y_i - m(\Sigma x_i)}{n}\approx\frac{525-4.87(-4)}{8}\approx 68.1$$

따라서 최적직선은

$$y=4.87x+68.1$$

이 직선으로부터 2005년도의 중국의 케이블 TV 설치 가구 수를 예측해 보면 $x=5$이므로 $y=4.87(5)+68.1\approx 92$(백만)가구가 된다.

정의 1.3.4 [상관계수]

주어진 자료들이 얼마나 직선에 가까운가(즉, 변수들간의 선형관계가 얼마나 강한가)를 측정하는 수를 **상관계수**(correlation coefficient)라 한다.

상관계수는 보통 r로 표현하며 -1과 1사이에 있다. r이 -1이나 1에 가까울수록 직선에 잘 맞는 것이고 0에 가까울수록 직선에 잘 맞지 않는 것을 나타낸다. 다음 그림은 몇 개의 점과 그 점에 따르는 최적직선을 표시하고 상관계수 r을 구한 것이다.

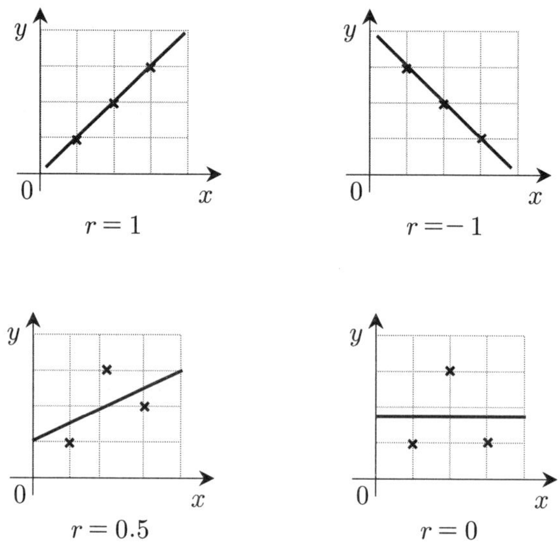

[그림 7]

주어진 자료들의 상관계수는 다음과 같이 나타난다.

정리 1.3.2 [상관계수]

n개의 자료의 집합 (x_1, y_1), (x_2, y_2), $\ldots$, (x_n, y_n)의 상관계수는

$$r = \frac{n(\Sigma x_i y_i) - (\Sigma x_i)(\Sigma y_i)}{\sqrt{n(\Sigma x_i^2) - (\Sigma x_i)^2}\,\sqrt{n(\Sigma y_i^2) - (\Sigma y_i)^2}}$$

이다. 이것은 이 자료들이 최적직선에 얼마나 적합한지를 나타낸다.

r이 양수이면 최적직선은 양의 기울기를 가지고 r이 음수이면 최적직선은 음의 기

울기를 가진다. r이 1또는 −1의 값을 가지면 모든 자료 점들이 최적직선 위에 놓이게 되고 r이 1또는 −1에 가까울수록 자료 점들이 최적직선에 가까이 놓이게 된다. r이 0에 가까우면 자료 점들은 선형 관계가 없음을 나타낸다.

예제 2 예제 1에서 주어진 자료들의 상관계수를 구하고 예제 1의 풀이에서 구한 최적직선이 적합한 것인지를 판단하여라.

풀이 상관계수를 구하기 위해서 필요한 표를 만들면 다음과 같다.

	x	y	xy	x^2	y^2
	−4	50	−200	16	2,500
	−3	55	−165	9	3,025
	−2	57	−114	4	3,249
	−1	60	−60	1	3,600
	0	68	0	0	4,624
	1	72	72	1	5,184
	2	80	160	4	6,400
	3	83	249	9	6,889
합	−4	525	−58	44	35,471

정리 1.3.2의 식에 대입하면

$$r=\frac{n(\Sigma x_i y_i)-(\Sigma x_i)(\Sigma y_i)}{\sqrt{n(\Sigma x_i^2)-(\Sigma x_i)^2}\sqrt{n(\Sigma y_i^2)-(\Sigma y_i)^2}}$$

$$=\frac{8(-58)-(-4)(525)}{\sqrt{8(44)-(-4)^2}\sqrt{8(35471)-(525)^2}}\approx 0.989$$

r의 값이 1에 가까우므로 직선에 매우 적합하다. 따라서 예제 1에서 구한 직선은 주어진 자료에 매우 적합한 직선이라 할 수 있다.

1.3 연습문제

1. 다음에 주어진 점들과 주어진 선형모델간의 제곱합 오차를 구하여라.

(1) $(1,\ 1),\ (2,\ 2),\ (3,\ 4)$: $y=x-1$

(2) $(0,\ 1),\ (1,\ 1),\ (2,\ 2)$: $y=x+1$

(3) $(0,\ -1),\ (1,\ 3),\ (4,\ 6),\ (5,\ 0)$: $y=-x+2$

(4) $(2,\ 4),\ (6,\ 8),\ (8,\ 12),\ (10,\ 0)$: $y=2x-8$

2. 다음에 주어진 점들에 연관된 최적 직선을 구하여라.

(1) $(1,\ 1),\ (2,\ 2),\ (3,\ 4)$

(2) $(0,\ 1),\ (1,\ 1),\ (2,\ 2)$

(3) $(0,\ -1),\ (1,\ 3),\ (4,\ 6),\ (5,\ 0)$

(4) $(2,\ 4),\ (6,\ 8),\ (8,\ 12),\ (10,\ 0)$

3. 상관계수를 사용하여 어느 자료집합이 관련된 회귀직선에 최적이고 어느 것이 최악인지를 결정하여라. 그리고 직선에 완전히 적합한 자료가 있는지 알아보아라.

(1) $\{(1,\ 3),\ (-2,\ 9),\ (2,\ 1)\}$

(2) $\{(0,\ 1),\ (1,\ 0),\ (2,\ 1)\}$

(3) $\{(0,\ 0),\ (5,\ -5),\ (2,\ -2.1)\}$

4. 다음 표는 일곱 가구의 지난달 수입과 식비를 기록한 자료이다.

수입(단위: 십만 원)	35	49	21	39	15	28	25
식비(단위: 십만 원)	9	15	7	11	5	8	9

아래의 표를 완성하고 이 모델에 적합한 선형모델을 구하여라. 또 이 자료들간의 상관계수도 구하여라.

	x	y	xy	x^2	y^2
	35	9			
	49	15			
	21	7			
	39	11			
	15	5			
	28	8			
	25	9			
합					

5. 최근 조사에 따르면 오염통제를 위한 미국제조회사의 새로운 공장 및 설비비용의 백분율은 아래 표와 같다. (단, $t=0$은 1975년을 나타낸다.)

연도	0	3	6	9	12
비용의 백분율	9.3	4.8	4.3	3.3	4.3

이 자료에 대한 최적 직선을 구하여 1985년에 대한 백분율을 어림하여라.

6. 다음 표는 1987년부터 1993년까지 FBI에 의해 추적될 수 있는 전화회선의 수를 나타낸다.

연도	1987	1988	1989	1990	1991	1992	1993
추적되는 전화선	2,900	3,400	4,000	4,200	4,400	5,500	7,000

이 자료의 선형모델을 사용하여 1999년 FBI에 의해 추적될 수 있는 전화회선의 수를 예측하여라. (단, 답은 100단위로 반올림하여라.)

7. 미국에서 다양한 연도에 태어난 사람들의 기대수명은 다음 표에 주어져있다.

연도	1920	1930	1940	1950	1960	1970	1980	1990
기대수명	54.1	59.7	62.9	68.2	69.7	70.8	73.7	75.4

최적직선을 사용하여 주어진 기간 동안 기대수명이 변하는 비율을 추정하여라.

8. 다음 표는 1984년부터 1992년까지 월트디즈니 회사의 총수입을 보여준다. (단위는 백만 달러)

연도	1984	1985	1986	1987	1988	1989	1990	1991	1992
총수입	25	175	225	382	525	700	825	630	820

이 자료에 대한 최적 선형모델을 구하여라. (단, 1980년이 $t=0$에 대응하는 연도 t의 함수로 수입함수를 구하라) 그리고 구한 모델을 사용하여 1993년 디즈니의 총수입을 예측하여라.

9. 다음은 2007년부터 2010년까지 삼성전자의 실적추이표이다.

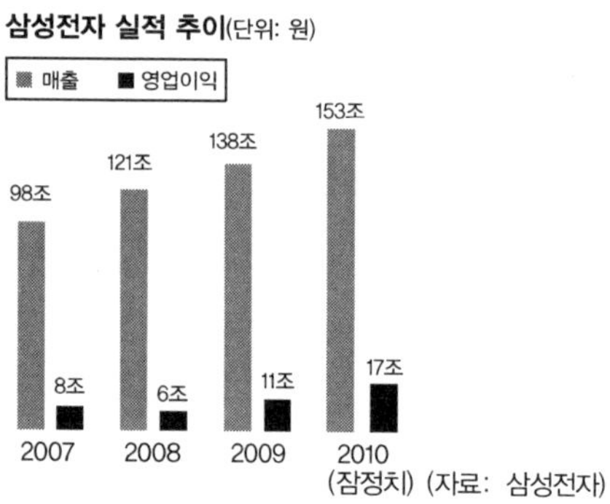

이 자료를 보고 삼성전자의 매출에 대한 최적 직선을 구하고 2011년의 삼성전자의 매출을 예상하여라.

10. 유사한 보험에 든 여덟 명의 운전자를 선택하여 그들의 운전 경험(단위: 년)과 매월 자동차 보험(단위: 달러)을 아래의 표에 나타내었다.

운전경력(단위: 년)	5	2	12	9	15	6	25	16
매월 자동차보험 (단위: 달러)	64	87	50	71	44	56	42	60

이 자료를 이용하여 최적 직선을 구하고 운전 경력이 10년인 운전자의 매월 자동차 보험료를 예측하여라.

제 2 장

행렬과 선형연립방정식

2.1 행렬의 연산
2.2 선형연립방정식과 행렬
2.3 역행렬
2.4 입출력 모델

2.1 행렬의 연산

다음은 주요국 실질 국내 총생산(GDP) 증가를 나타낸 표이다.

〈주요국 실질 국내 총생산(GDP) 증가〉 (단위 %)

	2008년 3분기	4분기	2009년 1분기	2분기
미국	−2.7	−5.4	−6.4	−1.0
EU	−0.3	−1.8	−2.5	−0.1
일본	−1.0	−3.5	−3.1	0.9
한국	0.2	−5.1	0.1	2.6

미국은 전기 대비 연율, 나머지는 전기 대비.
출처: OO경제 2009년 9월 8일자(자료: 기획재정부)

위의 자료를 문장의 형태로 표현한다면 무척 복잡해지고 자료들 간의 비교도 어려울 것이다. 그러나 도표(행렬)로 나타내면 시각적으로 자료들이 한눈에 쉽게 파악될 것이다.

예를 들어, 미국의 2009년 1분기의 성장은 −6.4, 즉, 전기 대비 6.4% 감소했다는 것을 알 수 있고 세로 줄을 보면 분기별 각 나라간의 증가율이 어떤지를 알 수 있다. 예를 들어, 2009년 1분기의 수치를 보면 미국, EU, 일본, 한국의 GDP 증가율을 비교해 볼 수 있다. 한편, 가로줄은 각 나라별로 전기 대비 증가율을 비교해 볼 수 있을 것이다. 이와 같이 수치나 함수를 도표로 나타낸 것을 행렬이라 한다.

정의 2.1.1 [행렬]

다음과 같이 수 (또는 함수)를 직사각형 모양으로 배열하고 괄호로 묶어 놓은 것을 **행렬**(matrix)이라 한다.

$$A = \begin{pmatrix} a_{11} & a_{12} & \cdots & a_{1j} & \cdots & a_{1n} \\ a_{21} & a_{22} & \cdots & a_{2j} & \cdots & a_{2n} \\ \vdots & \vdots & \ddots & \vdots & \ddots & \vdots \\ a_{i1} & a_{i2} & \cdots & a_{ij} & \cdots & a_{in} \\ \vdots & \vdots & \ddots & \vdots & \ddots & \vdots \\ a_{m1} & a_{m2} & \cdots & a_{mj} & \cdots & a_{mn} \end{pmatrix} \text{ 제 } i\text{행}$$

제 j열

행렬 A에서 $a_{i1}\,a_{i2}\,\cdots\,a_{in}$과 $a_{1j}\,a_{2j}\,\cdots\,a_{mj}$를 각각 A의 **제 i행**(ith row)과 **제 j열**(jth column)이라고 하고, a_{ij}를 A의 (i,j) **성분**((i,j) component) 또는 (i,j) **원소**((i,j) entry)라고 한다. 행이 m개이고 열이 n개인 행렬 A를 그 (i,j) 성분을 써서

$$A=(a_{ij}) \text{ 또는 } A=(a_{ij})_{m\times n}$$

와 같이 나타내기도 한다. $m\times n$을 행렬의 **크기**(size)라 한다.
특히, $m=n$일 때, A를 n차 **정사각행렬**(square matrix of order n)이라고 한다.

정의 2.1.2 [행렬의 상등]

행렬 A와 B가 크기가 같고 대응하는 성분이 모두 같을 때, A와 B는 **같다**고 하며 $A=B$로 적는다. 즉, $A=(a_{ij})_{m\times n}$와 $B=(b_{ij})_{r\times s}$이라고 하면

$$A=B \Leftrightarrow m=r,\ n=s \text{이고 } a_{ij}=b_{ij},\ ^\forall i,j$$

예제 1 행렬 $A=\begin{pmatrix} 7 & 9 & x \\ 0 & -1 & y+1 \end{pmatrix}$와 $B=\begin{pmatrix} 7 & 9 & 0 \\ 0 & -1 & 11 \end{pmatrix}$에 대하여, $A=B$일 때, x와 y의 값을 구하여라.

풀이 두 행렬이 같으려면 대응하는 성분이 같아야 하므로 $x=0$이고 $y+1=11$이다. 따라서 $x=0$이고 $y=10$이다.

정의 2.1.3 [행렬의 덧셈]

행렬 A와 B가 크기가 같을 때, A와 B의 대응하는 성분의 합을 각 성분으로 하는 행렬을 A와 B의 합(sum)이라 하고 $A+B$로 나타낸다.
즉, $A=(a_{ij})_{m\times n}$와 $B=(b_{ij})_{m\times n}$라고 하면

$$\begin{pmatrix} a_{11} & a_{12} & \cdots & a_{1n} \\ a_{21} & a_{22} & \cdots & a_{2n} \\ \vdots & \vdots & \ddots & \vdots \\ a_{m1} & a_{m2} & \cdots & a_{mn} \end{pmatrix} + \begin{pmatrix} b_{11} & b_{12} & \cdots & b_{1n} \\ b_{21} & b_{22} & \cdots & b_{2n} \\ \vdots & \vdots & \ddots & \vdots \\ b_{m1} & b_{m2} & \cdots & b_{mn} \end{pmatrix} = \begin{pmatrix} a_{11}+b_{11} & a_{12}+b_{12} & \cdots & a_{1n}+b_{1n} \\ a_{21}+b_{21} & a_{22}+b_{22} & \cdots & a_{2n}+b_{2n} \\ \vdots & \vdots & \ddots & \vdots \\ a_{m1}+b_{m1} & a_{m2}+b_{m2} & \cdots & a_{mn}+b_{mn} \end{pmatrix}$$

주의 크기가 다른 행렬의 합은 정의되지 않는다.

보기 1 다음 행렬 $A=\begin{pmatrix} 1 & 2 & 3 \\ 2 & 1 & 1 \end{pmatrix}$, $B=\begin{pmatrix} 1 & 2 \\ 5 & 4 \end{pmatrix}$, $C=\begin{pmatrix} 1 & 2 & 0 \\ 3 & 4 & 0 \end{pmatrix}$에서

$A+C=\begin{pmatrix} 2 & 4 & 3 \\ 5 & 5 & 1 \end{pmatrix}$이지만 $A+B$와 $B+C$는 정의되지 않는다.

정의 2.1.4 [행렬의 실수배]

행렬 A의 각 성분에 실수 α를 곱한 것을 성분으로 가지는 행렬을 행렬 A의 실수 α배라 하고, 이것을 αA로 나타낸다. 즉, $A=(a_{ij})_{m\times n}$이라 하면

$$\alpha\begin{pmatrix} a_{11} & a_{12} & \cdots & a_{1n} \\ a_{21} & a_{22} & \cdots & a_{2n} \\ \vdots & \vdots & \ddots & \vdots \\ a_{m1} & a_{m2} & \cdots & a_{mn} \end{pmatrix} = \begin{pmatrix} \alpha a_{11} & \alpha a_{12} & \cdots & \alpha a_{1n} \\ \alpha a_{21} & \alpha a_{22} & \cdots & \alpha a_{2n} \\ \vdots & \vdots & \ddots & \vdots \\ \alpha a_{m1} & \alpha a_{m2} & \cdots & \alpha a_{mn} \end{pmatrix}$$

한편, $(-1)A$를 간단히 $-A$로 표시하면, $A-B=A+(-B)$로 나타내고 이것을 A와 B의 차(difference)라 한다.

보기 2 $A=\begin{pmatrix} 1 & -2 & 3 \\ -2 & 1 & -1 \end{pmatrix}$에서 $2A=\begin{pmatrix} 2 & -4 & 6 \\ -4 & 2 & -2 \end{pmatrix}$, $-A=\begin{pmatrix} -1 & 2 & -3 \\ 2 & -1 & 1 \end{pmatrix}$ 이다.

예제 2 한 외국계 자동차 부품회사가 한국에 두 곳의 대리점을 두고 있는데

한 곳은 대구에 있고 또 한 곳은 부산에 있다. 이 두 대리점에서는 자동차 부품 중 와이퍼 날, 유리세척액과 플로어매트를 팔고 있다. 두 대리점에서 두 달 동안 판매한 부품들의 월 판매량은 다음과 같다.

1월 판매량

	대구점	부산점
와이퍼 날	20	15
유리세척액	10	12
플로어매트	8	4

2월 판매량

	대구점	부산점
와이퍼 날	23	12
유리세척액	8	12
플로어매트	4	5

1월부터 2월까지 각 부품 판매량의 변화를 알아보아라.

풀이 위의 표로부터 두 행렬을 만들면 $J=\begin{pmatrix} 20 & 15 \\ 10 & 12 \\ 8 & 4 \end{pmatrix}$와 $F=\begin{pmatrix} 23 & 12 \\ 8 & 12 \\ 4 & 5 \end{pmatrix}$이다. 판매량의 변화는 두 행렬의 차이므로

$$F-J=\begin{pmatrix} 23 & 12 \\ 8 & 12 \\ 4 & 5 \end{pmatrix}-\begin{pmatrix} 20 & 15 \\ 10 & 12 \\ 8 & 4 \end{pmatrix}=\begin{pmatrix} 3 & -3 \\ -2 & 0 \\ -4 & 1 \end{pmatrix}$$

따라서 판매량의 변화를 표로 만들면 다음과 같다. 표에서 -2는 대구점에서 유리 세척액의 2월 판매량이 1월보다 2개 감소했다는 것을 의미하고 0는 부산점에서 유리 세척액의 1월과 2월 판매량이 같다는 것을 의미한다.

	대구점	부산점
와이퍼 날	3	−3
유리 세척액	−2	0
플로어 매트	−4	1

예제 3 앞의 예제에서 두 대리점의 1월 판매한 총 수입은 아래 표와 같다.

	대구점	부산점
와이퍼 날	168,000	126,000
유리 세척액	36,000	43,200
플로어 매트	115,200	57,600

미국 1달러 당 환율은 1,200원이라면, 부품별 총 수입액을 미국 달러로 환산하면 얼마인가?

풀이 달러로 환산하려면 각 수입액에 $\frac{1}{1200}$을 곱해야 한다. 행렬 A를 원으로 표시한 총 수입의 행렬이라 하면 행렬 A는 다음과 같다.

$$A = \begin{pmatrix} 168,000 & 126,000 \\ 36,000 & 43,200 \\ 115,200 & 57,600 \end{pmatrix}$$

이다. 이 행렬에 $\frac{1}{1200}$을 곱하면 미국 달러로 환산한 총 수입이다.

$$\frac{1}{1200}A = \frac{1}{1200}\begin{pmatrix} 168,000 & 126,000 \\ 36,000 & 43,200 \\ 115,200 & 57,600 \end{pmatrix} = \begin{pmatrix} 140 & 105 \\ 30 & 36 \\ 96 & 48 \end{pmatrix}$$

정리 2.1.1 [행렬의 덧셈과 실수배에 대한 연산법칙]

$m \times n$ 행렬 A, B, C 및 상수 α, β에 대하여 다음이 성립한다.

(1) $A+B=B+A$

(2) $(A+B)+C=A+(B+C)$

(3) $A+O=O+A=A$

(4) $A+(-A)=O$

(5) $\alpha(A+B)=\alpha A+\alpha B$, $(\alpha+\beta)A=\alpha A+\beta A$, $(\alpha\beta)A=\alpha(\beta A)$, $1A=A$

여기에서 O는 성분이 모두 0인 행렬을 나타내고 **영행렬**(zero matrix)라 부른다.

정의 2.1.5 [행렬의 곱]

$m \times n$ 행렬 $A=(a_{ij})$과 $n \times l$ 행렬 $B=(b_{ij})$에 대하여

$$c_{ij} = \sum_{k=1}^{n} a_{ik} b_{kj} = a_{i1} b_{1j} + a_{i2} b_{2j} + \cdots + a_{in} b_{nj} \quad (1 \le i \le m, 1 \le j \le l)$$

를 (i, j)−성분으로 하는 $m \times l$ 행렬을 A와 B의 **곱**(product)이라고 하고 AB로 나타낸다. 즉,

$$AB=\begin{pmatrix} a_{11} & a_{12} & \cdots & a_{1n} \\ a_{21} & a_{22} & \cdots & a_{2n} \\ \vdots & \vdots & \ddots & \vdots \\ a_{m1} & a_{m2} & \cdots & a_{mn} \end{pmatrix}\begin{pmatrix} b_{11} & b_{12} & \cdots & b_{1l} \\ b_{21} & b_{22} & \cdots & b_{2l} \\ \vdots & \vdots & \ddots & \vdots \\ b_{n1} & b_{n2} & \cdots & b_{nl} \end{pmatrix}=\begin{pmatrix} \sum_{k=1}^{n} a_{1k} b_{k1} & \sum_{k=1}^{n} a_{1k} b_{k2} & \cdots & \sum_{k=1}^{n} a_{1k} b_{kl} \\ \sum_{k=1}^{n} a_{2k} b_{k1} & \sum_{k=1}^{n} a_{2k} b_{k2} & \cdots & \sum_{k=1}^{n} a_{2k} b_{kl} \\ \vdots & \vdots & \ddots & \vdots \\ \sum_{k=1}^{n} a_{mk} b_{k1} & \sum_{k=1}^{n} a_{mk} b_{k2} & \cdots & \sum_{k=1}^{n} a_{mk} b_{kl} \end{pmatrix}$$

예제 4 대구와 부산의 자동차 부품 대리점의 1월 판매량은 다음과 같다.

1월 판매량

	대구점	부산점
와이퍼 날	20	15
유리 세척액	10	12
플로어 매트	8	4

이 부품들의 판매 정상가는 와이퍼 날이 7,000원, 유리 세척액이 3,000원, 플로어 매트가 12,000원이다. 회원에 대한 할인가는 와이퍼 날이 6,000원, 유리 세척액이 2,000원, 플로어 매트가 10,000원이다. 행렬의 곱을 이용하여 정상가로 팔았을 때와 할인가로 팔았을 때의 각 대리점의 이들 부품에 대한 총 수입을 계산하여라.

풀이 다음의 두 행렬을 생각하자.

$$Q=\begin{pmatrix} 20 & 15 \\ 10 & 12 \\ 8 & 4 \end{pmatrix},\quad P=\begin{pmatrix} 7{,}000 & 3{,}000 & 12{,}000 \\ 6{,}000 & 2{,}000 & 10{,}000 \end{pmatrix}$$

행렬 Q는 각 대리점에서의 판매량을 나타내며, 행렬 P는 각 부품들의 가격을 나타낸다. 따라서 각 대리점의 총 수입은 각 품목의 판매가와 판매량을 곱해서 모든 품목에 대해 합하면 되므로 행렬 P와 Q를 곱하면 두 대리점의 수입을 구할 수 있다.

$$PQ=\begin{pmatrix} 7{,}000 & 3{,}000 & 12{,}000 \\ 6{,}000 & 2{,}000 & 10{,}000 \end{pmatrix}\begin{pmatrix} 20 & 15 \\ 10 & 12 \\ 8 & 4 \end{pmatrix}=\begin{pmatrix} 266{,}000 & 189{,}000 \\ 220{,}000 & 154{,}000 \end{pmatrix}$$

그러므로 각 대리점의 총 수입을 표로 만들면 다음과 같다.

	대구점	부산점
정상가 판매	266,000	189,000
할인가 판매	220,000	154,000

주의 $A=\begin{pmatrix}1&-1\\0&2\end{pmatrix}$이고 $B=\begin{pmatrix}3&0\\5&-1\end{pmatrix}$이면, A와 B가 둘 다 2×2 행렬이므로 AB와 BA는 모두 정의되고

$$AB=\begin{pmatrix}1&-1\\0&2\end{pmatrix}\begin{pmatrix}3&0\\5&-1\end{pmatrix}=\begin{pmatrix}-2&1\\10&-2\end{pmatrix}$$

$$BA=\begin{pmatrix}3&0\\5&-1\end{pmatrix}\begin{pmatrix}1&-1\\0&2\end{pmatrix}=\begin{pmatrix}3&-3\\5&-7\end{pmatrix}$$

이다. 일반적으로 행렬의 곱은 교환법칙이 성립하지 않는다. 즉, 일반적으로 $AB\neq BA$이다.

주의 $A=\begin{pmatrix}1&1\\2&2\end{pmatrix}$이고 $B=\begin{pmatrix}-1&1\\1&-1\end{pmatrix}$이면, AB와 BA는 모두 정의되고

$$\begin{pmatrix}1&1\\2&2\end{pmatrix}\begin{pmatrix}-1&1\\1&-1\end{pmatrix}=\begin{pmatrix}0&0\\0&0\end{pmatrix}$$

$$\begin{pmatrix}-1&1\\1&-1\end{pmatrix}\begin{pmatrix}1&1\\2&2\end{pmatrix}=\begin{pmatrix}1&1\\-1&-1\end{pmatrix}$$

이다. 그러므로 $AB=O$이라 해서 $BA=O$을 만족하지 않으며 $A=O$ 또는 $B=O$을 만족하지도 않는다.

예제 5 다음 연립방정식을 행렬의 곱으로 표현하여라.

$$\begin{cases} x-2y+3z=3\\ 2x-z=-1\\ -x+y+z=0\end{cases}$$

풀이 행렬 A를 방정식의 계수를 성분으로 하는 행렬이라 하고 X는 미지수를 성분으로 하는 열 행렬, B는 방정식의 오른쪽의 상수항을 성분으로 하는 열 행렬이라 하면

$$A=\begin{pmatrix}1&-2&3\\2&0&-1\\-1&1&1\end{pmatrix},\ X=\begin{pmatrix}x\\y\\z\end{pmatrix},\ B=\begin{pmatrix}3\\-1\\0\end{pmatrix}$$

따라서 주어진 연립방정식을 다음과 같은 행렬의 곱으로 쓸 수 있다.

$$\begin{pmatrix} 1 & -2 & 3 \\ 2 & 0 & -1 \\ -1 & 1 & 1 \end{pmatrix}\begin{pmatrix} x \\ y \\ z \end{pmatrix} = \begin{pmatrix} 3 \\ -1 \\ 0 \end{pmatrix} \quad \text{즉, } AX = B$$

정리 2.1.2 [행렬의 곱셈에 대한 연산법칙]

행렬 A, B, C 및 상수 α, β에 대하여 다음이 성립한다.

(1) $(AB)C = A(BC)$.

(2) $A(B+C) = AB + AC$, $(B+C)A = BA + CA$.

(3) $\alpha(AB) = (\alpha A)B = A(\alpha B)$.

정의 2.1.6 [단위행렬]

n차 정사각행렬로 주대각 성분은 1이고 나머지 성분들은 0인 행렬을 n차 단위행렬(unit or identity matrix)이라 하고 I_n으로 나타낸다. 즉,

$$I_n = \begin{pmatrix} 1 & 0 & \cdots & 0 \\ 0 & 1 & \cdots & 0 \\ \vdots & \vdots & \ddots & \vdots \\ 0 & 0 & \cdots & 1 \end{pmatrix}$$

보기 3 $I_2 = \begin{pmatrix} 1 & 0 \\ 0 & 1 \end{pmatrix}$, $I_3 = \begin{pmatrix} 1 & 0 & 0 \\ 0 & 1 & 0 \\ 0 & 0 & 1 \end{pmatrix}$, $I_4 = \begin{pmatrix} 1 & 0 & 0 & 0 \\ 0 & 1 & 0 & 0 \\ 0 & 0 & 1 & 0 \\ 0 & 0 & 0 & 1 \end{pmatrix}$

정리 2.1.3 [행렬의 곱에 대한 항등원]

$m \times n$ 행렬 A에 대하여 $I_m A = A = A I_n$이다. 특히, $m = n$이면, I_n이 행렬의 곱에 대한 항등원임을 알 수 있다.

정의 2.1.7 [전치행렬]

$m\times n$ 행렬 A의 행과 열을 바꾼 $n\times m$ 행렬을 A의 **전치행렬**(transposed matrix)이라하고 A^T로 나타낸다. 즉,

$$A=\begin{pmatrix} a_{11} & a_{12} & \cdots & a_{1n} \\ a_{21} & a_{22} & \cdots & a_{2n} \\ \vdots & \vdots & \ddots & \vdots \\ a_{m1} & a_{m2} & \cdots & a_{mn}\end{pmatrix} \text{일 때, } A^T=\begin{pmatrix} a_{11} & a_{21} & \cdots & a_{m1} \\ a_{12} & a_{22} & \cdots & a_{m2} \\ \vdots & \vdots & \ddots & \vdots \\ a_{1n} & a_{2n} & \cdots & a_{mn}\end{pmatrix}$$

보기 4 행렬 $A=\begin{pmatrix} 1 & 2 & 3 \\ 0 & 5 & 1\end{pmatrix}$의 전치행렬을 구하면 $A^T=\begin{pmatrix} 1 & 0 \\ 2 & 5 \\ 3 & 1\end{pmatrix}$이다.

정리 2.1.4 [전치행렬의 성질]

두 행렬 A, B와 상수 α에 대하여 다음이 성립한다.

(1) $(A+B)^T=A^T+B^T$

(2) $(\alpha A)^T=\alpha A^T$

(3) $(A^T)^T=A$

(4) $(AB)^T=B^TA^T$

보기 5 $A=\begin{pmatrix} 1 & -1 \\ 0 & 2\end{pmatrix}$와 $B=\begin{pmatrix} 3 & 0 \\ 5 & -1\end{pmatrix}$일 때, $A^T=\begin{pmatrix} 1 & 0 \\ -1 & 2\end{pmatrix}$, $B^T=\begin{pmatrix} 3 & 5 \\ 0 & -1\end{pmatrix}$

그리고 $AB=\begin{pmatrix} -2 & 1 \\ 10 & -2\end{pmatrix}$이므로

$$(AB)^T=\begin{pmatrix} -2 & 1 \\ 10 & -2\end{pmatrix}^T=\begin{pmatrix} -2 & 10 \\ 1 & -2\end{pmatrix}$$

$$A^TB^T=\begin{pmatrix} 1 & 0 \\ -1 & 2\end{pmatrix}\begin{pmatrix} 3 & 5 \\ 0 & -1\end{pmatrix}=\begin{pmatrix} 3 & 5 \\ -3 & -7\end{pmatrix}$$

$$B^TA^T=\begin{pmatrix} 3 & 5 \\ 0 & -1\end{pmatrix}\begin{pmatrix} 1 & 0 \\ -1 & 2\end{pmatrix}=\begin{pmatrix} -2 & 10 \\ 1 & -2\end{pmatrix}$$

정의 2.1.8 [대칭행렬과 반대칭행렬]

정사각행렬 A가 $A^T = A$를 만족할 때 A를 **대칭행렬(symmetric matrix)**이라고 하며, $A^T = -A$를 만족할 때 A를 **반대칭행렬(skew-symmetric matrix)**이라고 부른다.

보기 6 $\begin{pmatrix} 2 & -1 & -3 \\ -1 & 2 & 4 \\ -3 & 4 & 9 \end{pmatrix}$는 대칭행렬이고 $\begin{pmatrix} 0 & 1 & -3 \\ -1 & 0 & 4 \\ 3 & -4 & 0 \end{pmatrix}$는 반대칭행렬이다.

보기 6에서 보는 바와 같이 대칭행렬은 성분들이 대각선을 중심으로 대칭으로 배열되어 있고 반대칭행렬은 대각선에 있는 성분들은 모두 0이며 또한 대각선을 중심으로 대칭으로 배열되어 있으나 부호가 반대임을 알 수 있다.

2.1 연습문제

1. 다음을 계산하여라.

(1) $3\begin{pmatrix}1\\2\\4\end{pmatrix}+5\begin{pmatrix}0\\-1\\5\end{pmatrix}$ (2) $(2\ 6\ 3)\begin{pmatrix}4\\1\\7\end{pmatrix}$

(3) $\begin{pmatrix}4\\2\\1\end{pmatrix}(3\ 0\ 5)$ (4) $(1\ 5)\begin{pmatrix}2&-6&1&0\\0&0&3&-1\end{pmatrix}$

(5) $\begin{pmatrix}x+1&2\\2&x-4\end{pmatrix}\begin{pmatrix}y&2\\1&3-y\end{pmatrix}$ (6) $\begin{pmatrix}3&4\\4&1\end{pmatrix}\begin{pmatrix}x_1&x_3&x_5\\x_2&x_4&x_6\end{pmatrix}$

2. 다음 등식을 만족하는 a, b, c, d값을 구하여라.

(1) $\begin{pmatrix}3a+1&5c\\-4a&d+2\end{pmatrix}=\begin{pmatrix}2&3c+1\\4b-1&6\end{pmatrix}$

(2) $\begin{pmatrix}3a-2b&b+c\\5a-1&c-3d\end{pmatrix}=\begin{pmatrix}-1&5\\4&6\end{pmatrix}$

(3) $\begin{pmatrix}-2c&c+d\\c-d&d\end{pmatrix}=\begin{pmatrix}a&8\\6&-b\end{pmatrix}$

3. $A=\begin{pmatrix}1&3\\2&4\end{pmatrix}$, $B=\begin{pmatrix}1&0\\1&1\end{pmatrix}$, $C=\begin{pmatrix}0&1\\1&0\end{pmatrix}$일 때 다음을 계산하여라.

(1) $A(B+C)$ (2) $AB+AC$

(3) $(AB)C$ (4) $A(BC)$

(5) $(A-B)C$ (6) $AC-BC$

4. $A=\begin{pmatrix}1&-1&0\\0&2&-2\end{pmatrix}$, $B=\begin{pmatrix}3&0&-1\\5&-1&1\end{pmatrix}$, $C=\begin{pmatrix}x&1&w\\z&r&4\end{pmatrix}$일 때 다음을 계산하여라.

(1) AB^T (2) $2A^T-C^T$

5. 다음 행렬의 곱을 연립방정식으로 표현하여라.

$$\begin{bmatrix}1&1&6&1\\1&-5&0&0\end{bmatrix}\begin{bmatrix}x\\y\\z\\w\end{bmatrix}=\begin{bmatrix}-2\\9\end{bmatrix}$$

6. A가구회사는 식탁만을 전문으로 제조 · 판매하는 중소기업이다. 세 종류의

식탁이 주로 판매되는데 각 품목의 제조에 소요되는 유리, 나무, 금속부품의 자재가격은 다음 표와 같다. (단위는 만원)

	유리	나무	금속부품
품목 I	30	0	5
품목 II	3	15	8
품목 III	2	25	1

품목 I 을 10조, 품목 II 를 4조, 품목 III 을 5조 생산 할 때 소요되는 자재 비용은 각각 얼마인가?

7. 어떤 회사가 A, B, C 3가지 제품을 생산한다. 각 제품을 생산하는데 소요되는 비용은 원료비, 임금, 잡비로 나누어지고 이 3가지 비용은 아래의 표와 같이 단위품목별로 계절별 생산되는 양에 따라 결정된다고 하자. 이때 계절별로 A, B, C 3가지 제품을 생산하는데 소요되는 3가지 비용을 행렬을 이용하여 구하여라.

품목별 생산비용

(단위: 천원)

	A제품	B제품	C제품
원료비	0.10	0.30	0.15
임금	0.30	0.40	0.25
잡비	0.10	0.20	0.15

계절별 생산되는 양

(단위: 개)

	봄	여름	가을	겨울
A제품	4,000	4,000	4,500	4,500
B제품	2,200	2,000	2,600	2,400
C제품	6,000	5,800	6,200	6,000

8. 다음은 신도시 주차전용 타워에 주차되어 있는 차 유형과 대수를 나타낸다.

	승용차 대수	트럭 대수
월	40	15
화	30	20
수	50	30

승용차는 1대에 만원, 트럭은 2만원을 주차료로 받는다고 할 때 월, 화, 수의 일별 총수입을 행렬의 곱으로 표현하여라.

9. 다음의 표는 각각 어느 대리점이 지난 3사분기 동안 판매한 농기계 대수를 분기별, 모델별로 정리한 것과 각 품목의 대당 판매이익(단위: 백만 원)과 판매원에게 지불해야 할 대당 판매수당(단위: 백만 원)을 정리한 것이다. 각 분기별 총 판매이익과 총 판매수당은 각각 얼마인가?

	모델 I	모델 II	모델 III	모델 IV
1사분기	6	19	14	46
2사분기	8	28	12	40
3사분기	4	26	17	55

	대당 이익	판매 수당
모델 I	2	1
모델 II	3	2
모델 III	5	3
모델 IV	4	2

10. 작년도 서울에는 맥도날드 체인점이 30개 있었는데 올해 들어 6개가 버거킹으로, 3개가 하디스로 바뀌었다. 역시 올해 서울에 있는 버거킹 체인점의 10%가 맥도날드로, 20%가 하디스로 바뀌었고, 서울에 있는 하디스 체인점의 5%가 맥도날드 체인점으로, 8%가 버거킹 체인점으로 바뀌었다. 현재 서울에서 세 체인점의 시장점유율은 맥도날드 50%, 버거킹 40%, 하디스 10%이다. 같은 비율로 바뀐다고 할 때 1년 후의 맥도날드 체인점의 시장 점유율을 계산하여라.

2.2 선형연립방정식과 행렬

어떤 회사의 냉장고에 대한 수요곡선이

$$q = -\frac{p}{10} + 100$$

이라 하자. 여기서 q는 냉장고 가격이 p(천)원일 때, 고객이 구입할 냉장고의 수량이다. 냉장고의 공급곡선은

$$q = \frac{p}{20} + 25$$

이라 하자. 여기서 q는 냉장고 가격이 p(천)원일 때, 제조자가 공급할 냉장고의 수량이다. 이러한 조건에서 냉장고의 균형가격과 균형가격으로 냉장고를 팔려고 할 때, 생산해야할 냉장고의 수량을 알고 싶다면 어떻게 해야 할까?

이와 같이 두 개 이상의 미지수에 대한 두 개 이상의 선형방정식을 선형연립방정식이라 한다.

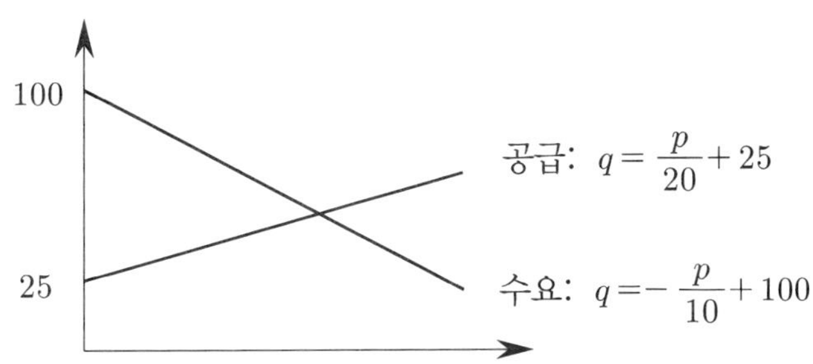

[그림 1]

위의 예에서 균형가격은 수요와 공급이 같은 점, 즉 그림 1에서 두 직선이 만나는 점에서 발생하므로 균형가격을 구하기 위해서는 q에 대한 두 표현을 같게 두는 것이다. 즉,

$$-\frac{p}{10} + 100 = \frac{p}{20} + 25$$

양변에 20을 곱하면

$$\begin{aligned} -2p+2000 &= p+500 \\ 3p &= 1500 \\ p &= 500 \end{aligned}$$

따라서 균형가격은 50만원이 되고 $p=500$을 수요곡선이나 공급곡선에 대입하면

$$q=50$$

즉 50대의 냉장고가 이 균형가격에 팔린다는 것을 알 수 있다.

이처럼 미지수가 2개인 선형연립방정식의 경우 대입법이나 소거법을 써서 해를 구할 수 있다. 그러나 미지수와 식의 개수가 여러 개인 경우 위의 방법으로 해를 구하는 것은 매우 복잡한 일이 될 수 있으므로 좀 더 체계적인 해법이 필요할 것이다. 이 절에서는 미지수의 개수가 여러 개인 선형연립방정식의 해를 구하기 위해서 행렬을 이용한 해법을 다룬다.

정의 2.2.1 [선형연립방정식을 행렬의 곱으로 표현]

미지수 $x_1, x_2, \ldots, x_n$에 관한 선형연립방정식

$$\begin{cases} a_{11}x_1 + a_{12}x_2 + \cdots + a_{1n}x_n = b_1 \\ a_{21}x_1 + a_{22}x_2 + \cdots + a_{2n}x_n = b_2 \\ \cdots \\ a_{m1}x_1 + a_{m2}x_2 + \cdots + a_{mn}x_n = b_m \end{cases}$$

을 행렬의 곱을 이용하여

$$AX=B$$

로 표현할 수 있다. 단,

$$A=\begin{pmatrix} a_{11} & a_{12} & \cdots & a_{1n} \\ a_{21} & a_{22} & \cdots & a_{2n} \\ \vdots & \vdots & \ddots & \vdots \\ a_{m1} & a_{m2} & \cdots & a_{mn} \end{pmatrix},\quad X=\begin{pmatrix} x_1 \\ x_2 \\ \vdots \\ x_n \end{pmatrix},\quad B=\begin{pmatrix} b_1 \\ b_2 \\ \vdots \\ b_m \end{pmatrix}$$

이때, $m\times n$행렬 A를 주어진 선형연립방정식의 **계수행렬(coefficient matrix)**이라고 한다. 행렬 A의 마지막 열에 행렬 B를 첨가하여 얻은 행렬

$$(A|B)=\begin{pmatrix} a_{11} & a_{12} & \cdots & a_{1n} & b_1 \\ a_{21} & a_{22} & \cdots & a_{2n} & b_2 \\ \vdots & \vdots & \ddots & \vdots & \vdots \\ a_{m1} & a_{m2} & \cdots & a_{mn} & b_m \end{pmatrix}$$

를 주어진 선형연립방정식의 **첨가행렬**(augmented matrix)이라 부른다.

보기 1 선형연립방정식 $\begin{cases} x - 2y + 3z = 3 \\ 2x \quad - z = -1 \\ -x + y + z = 0 \end{cases}$ 의

계수행렬은 $\begin{pmatrix} 1 & -2 & 3 \\ 2 & 0 & -1 \\ -1 & 1 & 1 \end{pmatrix}$ 이고 첨가행렬은 $\begin{pmatrix} 1 & -2 & 3 & 3 \\ 2 & 0 & -1 & -1 \\ -1 & 1 & 1 & 0 \end{pmatrix}$ 이다.

► 연립방정식의 해를 구하는 기본적인 방법은 아래의 세 가지 연산을 사용하여 미지수를 소거하는 것이다.

(1) i째 방정식과 j째 방정식을 교환한다. $(E_i \leftrightarrow E_j)$

(2) i째 방정식에 상수 $k(\neq 0)$를 곱한다. (kE_i)

(3) i째 방정식을 상수 k배하여 j째 방정식에 더한다. $(kE_i + E_j)$

► 첨가 행렬의 한 행은 연립방정식의 한 식에 해당하므로 방정식에 관한 세 가지 연산은 대응되는 첨가행렬의 각 행에 대한 다음 연산과 같다.

(1) i째 행과 j째 행을 교환한다. $(R_i \leftrightarrow R_j)$

(2) i째 행 각각의 성분에 상수 $k(\neq 0)$를 곱한다. (kR_i)

(3) i째 행의 각 성분을 상수 k배하여 j째 행의 대응되는 성분에 더한다. $(kR_i + R_j)$

► 이를 행렬의 **기본행연산**(elementary row operation)이라 부른다.

예제 1 위의 연산을 사용하여 연립방정식 $\begin{cases} x+y+z=\ \ 6 \\ \quad\ \ y-z=-1 \\ -6y+z=-9 \end{cases}$ 을 풀어라.

풀이

$$\begin{cases} x+y+z=\ \ 6 \\ \quad\ \ y-z=-1 \\ -6y+z=-9 \end{cases} \qquad \left(\begin{array}{ccc|c} 1 & 1 & 1 & 6 \\ 0 & 1 & -1 & -1 \\ 0 & -6 & 1 & -9 \end{array}\right)$$

$$6E_2+E_3 \Downarrow \qquad \qquad \Downarrow 6R_2+R_3$$

$$\begin{cases} x+y+z=\ \ 6 \\ \quad\ \ y-z=-1 \\ \quad\ \ -5z=-15 \end{cases} \qquad \left(\begin{array}{ccc|c} 1 & 1 & 1 & 6 \\ 0 & 1 & -1 & -1 \\ 0 & 0 & -5 & -15 \end{array}\right)$$

$$-\frac{1}{5}E_3 \Downarrow \qquad \qquad \Downarrow -\frac{1}{5}R_3$$

$$\begin{cases} x+y+z=\ \ 6 \\ \quad\ \ y-z=-1 \\ \quad\quad\ \ z=\ \ 3 \end{cases} \qquad \left(\begin{array}{ccc|c} 1 & 1 & 1 & 6 \\ 0 & 1 & -1 & -1 \\ 0 & 0 & 1 & 3 \end{array}\right)$$

$$\begin{matrix} -E_3+E_1 \\ E_3+E_2 \end{matrix} \Downarrow \qquad \qquad \Downarrow \begin{matrix} -R_3+R_1 \\ R_3+R_2 \end{matrix}$$

$$\begin{cases} x+y \quad\ =3 \\ \quad\ \ y \quad\ =2 \\ \quad\quad\quad z=3 \end{cases} \qquad \left(\begin{array}{ccc|c} 1 & 1 & 0 & 3 \\ 0 & 1 & 0 & 2 \\ 0 & 0 & 1 & 3 \end{array}\right)$$

$$-E_2+E_1 \Downarrow \qquad \qquad \Downarrow -R_2+R_1$$

$$\begin{cases} x \quad\quad\quad =1 \\ \quad\ \ y \quad\ =2 \\ \quad\quad\quad z=3 \end{cases} \qquad \left(\begin{array}{ccc|c} 1 & 0 & 0 & 1 \\ 0 & 1 & 0 & 2 \\ 0 & 0 & 1 & 3 \end{array}\right)$$

정의 2.2.2 [행동치]

행렬 A에 기본행연산 (1), (2), (3)을 행하여 얻어진 행렬을 각각 다음과 같이 나타낸다.

$$A_{R_i \leftrightarrow R_j},\ A_{kR_i},\ A_{kR_i + R_j}$$

행렬 A에 유한 번의 기본행연산을 행하여 행렬 B를 얻었을 때 행렬 A와 행렬 B는 **행동치**(row equivalent)라고 하고, $A \sim B$와 같이 나타낸다.

위의 예제 1에서 얻어진 마지막 행렬 $\left(\begin{array}{ccc|c} 1 & 0 & 0 & 1 \\ 0 & 1 & 0 & 2 \\ 0 & 0 & 1 & 3 \end{array}\right)$ 은 다음 정의에 있는 성질을 만족한다.

정의 2.2.3 [행계단형과 기약행계단형]

행렬이 다음 세 가지 조건을 만족할 때, **행계단형**(row echelon form)이라 부른다.

(1) 모든 성분이 0은 아닌 행에서 처음으로 0이 아닌 성분은 1이다.
(이 1을 **선두 1**(leading one)이라 부른다.)

(2) 모든 성분이 0은 아닌 연속하는 두 행에서 아래 행의 선두 1은 윗 행의 선두 1보다 오른쪽에 위치한다.

(3) 모든 성분이 0인 행은 바닥에 놓인다.

그리고 행계단형행렬이 다음 조건까지 만족할 때, **기약행계단형**(reduced row echelon form)이라고 부른다.

(4) 선두 1을 포함하는 각 열의 다른 모든 성분은 0이다.

보기 2 $\begin{pmatrix} 1 & 5 & 3 & 1 \\ 0 & 1 & 6 & 2 \\ 0 & 0 & 1 & 3 \end{pmatrix}$, $\begin{pmatrix} 0 & 1 & 2 & 7 & 0 \\ 0 & 0 & 1 & 2 & 0 \\ 0 & 0 & 0 & 0 & 1 \end{pmatrix}$는 행계단형이고

$\begin{pmatrix} 1 & 0 & 0 & 1 \\ 0 & 1 & 0 & 2 \\ 0 & 0 & 1 & 3 \end{pmatrix}$, $\begin{pmatrix} 0 & 1 & -3 & 0 & 0 \\ 0 & 0 & 0 & 1 & 0 \\ 0 & 0 & 0 & 0 & 1 \\ 0 & 0 & 0 & 0 & 0 \end{pmatrix}$, $\begin{pmatrix} 0 & 0 & 0 & 0 \\ 0 & 0 & 0 & 0 \\ 0 & 0 & 0 & 0 \end{pmatrix}$는 기약행계단형이다.

정리 2.2.1 [동치인 (기약)행계단형 행렬]

임의의 행렬은 (기약)행계단형인 행렬과 행동치이다.

증명 행렬 A를 임의의 행렬이라고 두자. 여기서는 행렬 A와 행동치인 기약행계단형인 행렬을 찾는 알고리즘을 제시함으로써 증명을 대신한다.

단계 1: 행렬 A에서 왼쪽에서 처음으로 모든 성분이 0은 아닌 열을 찾는다.

단계 2: 단계 1에서 찾은 열의 제1행의 성분이 0이 아니도록 한다. (만일 그 열의 제 j행의 성분이 처음으로 0이 아니라면 1행과 j행을 교환한다. $(R_1 \leftrightarrow R_j)$)

단계 3: 단계 2에서 찾은 열의 제1행의 성분을 a라 하면, 선두 1을 만들기 위해 제1행의 모든 성분에 $\frac{1}{a}$배를 한다. $\left(\frac{1}{a}R_1\right)$

단계 4: 선두 1보다 아래쪽에 있는 모든 성분을 0이 되도록 기본행연산을 한다. $(kR_1 + R_j)$)

단계 5: 제1행을 그대로 두고 나머지 소행렬에 대해서 단계 1으로부터 전체가 행계단형이 될 때까지 기본행연산을 계속한다.

단계 6: 각 선두 1보다 위쪽에 있는 모든 성분이 0이 되도록 기본행연산을 한다.

예제 2 다음 행렬 A와 행동치인 기약행계단형 행렬을 구하여라.

$$A = \begin{pmatrix} 0 & 0 & -3 & 6 \\ 3 & 6 & 9 & 3 \\ 2 & 4 & 0 & 1 \end{pmatrix}$$

풀이 $\begin{pmatrix} 0 & 0 & -3 & 6 \\ 3 & 6 & 9 & 3 \\ 2 & 4 & 0 & 1 \end{pmatrix} \overset{R_1 \leftrightarrow R_2}{\sim} \begin{pmatrix} 3 & 6 & 9 & 3 \\ 0 & 0 & -3 & 6 \\ 2 & 4 & 0 & 1 \end{pmatrix} \overset{\frac{1}{3}R_1}{\sim} \begin{pmatrix} 1 & 2 & 3 & 1 \\ 0 & 0 & -3 & 6 \\ 2 & 4 & 0 & 1 \end{pmatrix}$

$$\overset{-2R_1+R_3}{\sim}\begin{pmatrix}1&2&3&1\\0&0&-3&6\\0&0&-6&-1\end{pmatrix}\overset{-\frac{1}{3}R_2}{\sim}\begin{pmatrix}1&2&3&1\\0&0&1&-2\\0&0&-6&-1\end{pmatrix}$$

$$\overset{6R_2+R_3}{\sim}\begin{pmatrix}1&2&3&1\\0&0&1&-2\\0&0&0&-13\end{pmatrix}\overset{-\frac{1}{13}R_3}{\sim}\begin{pmatrix}1&2&3&1\\0&0&1&-2\\0&0&0&1\end{pmatrix}$$

$$\overset{\substack{2R_3+R_2\\-R_3+R_1}}{\sim}\begin{pmatrix}1&2&3&0\\0&0&1&0\\0&0&0&1\end{pmatrix}\overset{-3R_2+R_1}{\sim}\begin{pmatrix}1&2&0&0\\0&0&1&0\\0&0&0&1\end{pmatrix}$$

주의 어떤 행렬을 행계단형으로 변형하는 과정을 **가우스 소거법**(Gauss elimination)이라고 하고 위의 예제처럼 어떤 행렬을 기약행계단형으로 변형하는 과정을 **가우스-조르당 소거법**(Gauss-Jordan elimination)이라고 부른다.

예제 3 다음 연립방정식의 해를 구하여라.

$$\begin{cases}x+y+z=\ \ 6\\ \quad\ \ y-z=-1\\ -6y+z=-9\end{cases}$$

풀이 예제 1에 의해서

$$(A|B)\sim\left(\begin{array}{ccc|c}1&0&0&1\\0&1&0&2\\0&0&1&3\end{array}\right)$$

따라서 $x=1,\ y=2,\ z=3$이다.

예제 4 다음 연립방정식을 풀어라.

$$\begin{cases}x_1+x_2+x_3+x_4=1\\ \quad\ -x_2-x_3+x_4=1\\ \quad\quad x_2+x_3+x_4=3\end{cases}$$

풀이

$$(A|B)=\left(\begin{array}{cccc|c}1&1&1&1&1\\0&-1&-1&1&1\\0&1&1&1&3\end{array}\right)\underset{\sim}{-R_2}\left(\begin{array}{cccc|c}1&1&1&1&1\\0&1&1&-1&-1\\0&1&1&1&3\end{array}\right)$$

$$\underset{\sim}{\substack{-R_2+R_3\\-R_2+R_1}}\left(\begin{array}{cccc|c}1&0&0&2&2\\0&1&1&-1&-1\\0&0&0&2&4\end{array}\right)\underset{\sim}{\frac{1}{2}R_3}\left(\begin{array}{cccc|c}1&0&0&2&2\\0&1&1&-1&-1\\0&0&0&1&2\end{array}\right)$$

$$\underset{\sim}{\substack{R_3+R_2\\-2R_3+R_1}}\left(\begin{array}{cccc|c}1&0&0&0&-2\\0&1&1&0&1\\0&0&0&1&2\end{array}\right)$$

따라서 $x_4=2,\ x_1=-2,\ x_2=1-x_3$를 얻는다. 즉,

$$x_1=-2,\ x_2=1-t,\ x_3=t,\ x_4=2$$

여기서 t는 임의의 실수이다. 그러므로 이 연립방정식의 해는 무한히 많다.

예제 5 다음 연립방정식을 풀어라.

$$\begin{cases}x_1+x_2+x_3+x_4=1\\ \quad -x_2-x_3+x_4=1\\ \quad\quad x_2+x_3-x_4=2\end{cases}$$

풀이

$$(A|B)=\left(\begin{array}{cccc|c}1&1&1&1&1\\0&-1&-1&1&1\\0&1&1&-1&2\end{array}\right)\underset{\sim}{-R_2}\left(\begin{array}{cccc|c}1&1&1&1&1\\0&1&1&-1&-1\\0&1&1&-1&2\end{array}\right)$$

$$\underset{\sim}{\substack{-R_2+R_3\\-R_2+R_1}}\left(\begin{array}{cccc|c}1&0&0&2&2\\0&1&1&-1&-1\\0&0&0&0&3\end{array}\right)\underset{\sim}{\frac{1}{3}R_3}\left(\begin{array}{cccc|c}1&0&0&2&2\\0&1&1&-1&-1\\0&0&0&0&1\end{array}\right)$$

$(A|B)$와 행동치인 기약행계단형 행렬의 마지막 행은 $0=1$을 의미한다. 따라서 해가 없다.

정의 2.2.4 [행렬의 계수]

행렬 A와 동치인 행계단형 행렬에서 모든 성분이 0으로 되어있지 않은 행의 수를 행렬 A의 **계수(rank)**라 하고 $\text{rank}\,A$로 나타낸다.

예제 6 $A=\begin{pmatrix}1 & 1 & 1 & 1\\ 1 & -2 & 3 & 0\\ 1 & 7 & -3 & 3\end{pmatrix}$일 때 행렬 A의 계수를 구하여라.

풀이

$$\begin{pmatrix}1 & 1 & 1 & 1\\ 1 & -2 & 3 & 0\\ 1 & 7 & -3 & 3\end{pmatrix} \overset{\substack{-R_1+R_2\\ -R_1+R_3}}{\sim} \begin{pmatrix}1 & 1 & 1 & 1\\ 0 & -3 & 2 & -1\\ 0 & 6 & -4 & 2\end{pmatrix} \overset{-\frac{1}{3}R_2}{\sim} \begin{pmatrix}1 & 1 & 1 & 1\\ 0 & 1 & -\dfrac{2}{3} & \dfrac{1}{3}\\ 0 & 6 & -4 & 2\end{pmatrix}$$

$$\overset{-6R_2+R_3}{\sim} \begin{pmatrix}1 & 1 & 1 & 1\\ 0 & 1 & -\dfrac{2}{3} & \dfrac{1}{3}\\ 0 & 0 & 0 & 0\end{pmatrix}$$

행렬 A와 동치인 행계단형 행렬에서 성분이 모두가 0인 것이 아닌 행이 2개 있으므로 행렬 A의 계수는 2이다.

정리 2.2.2 [행렬과 연립방정식의 해]

다음 선형연립 방정식을 행렬의 곱 $AX = B$로 나타낼 때

$$\begin{cases} a_{11}x_1 + a_{12}x_2 + \cdots + a_{1n}x_n = b_1 \\ a_{21}x_1 + a_{22}x_2 + \cdots + a_{2n}x_n = b_2 \\ \quad \vdots \qquad\qquad\qquad\qquad\qquad \vdots \\ a_{m1}x_1 + a_{m2}x_2 + \cdots + a_{mn}x_n = b_m \end{cases}$$

이 연립방정식이 해를 가질 필요충분조건은

$$\text{rank}\, A = \text{rank}\, [A \mid B] = r$$

또한, 해를 가지는 경우

(1) $r = n$이면 이 연립방정식의 해는 유일하다.

(2) $r < n$이면 이 연립방정식의 해는 무수히 많다.

예제 7 어떤 항공사에서 승객의 좌석이 3,200석이 더 필요해서 항공기를 구입하려고 계획하고 있다고 하자. 이 항공사에서는 좌석이 400개이며 가격이 15,000만 달러인 보잉 747, 좌석이 300개이며 가격이 11,500만 달러인 보잉 777, 좌석이 200개이며 가격이 6,000만 달러인 에어버스 A321을 구매하기로 결정했다고 한다. 또한 이 항공사는 747 대수의 세 배의 777을 구입하기를 원한다. 주어진 예산 117,000만 달러로 필요한 좌석수를 확보하려면 각각 몇 대의 항공기를 구입해야 하는가?

풀이 다음과 같이 미지수에 명칭을 붙이자.

$x =$ 보잉사에 주문한 747의 대수
$y =$ 보잉사에 주문한 777의 대수
$z =$ 에어버스에 주문한 A321의 대수

우리는 주어진 정보를 통하여 다음의 표를 얻을 수 있다.

	보잉747 (x)	보잉777 (y)	에어버스A321 (z)	요구 좌석수와 예산
승객좌석 수	400	300	200	3,200
가격(만 달러)	15,000	11,500	6,000	117,000

가로줄을 읽으면 항공사는 3,200개의 승객좌석이 필요하며 117,000만 달러를 소비한다는 사실을 표현하는 방정식을 얻는다.

$$\begin{aligned} 400x + 300y + 200z &= 3200 \\ 15000x + 11500y + 6000z &= 117000 \end{aligned}$$

또한 이 항공사는 747기의 대수의 세 배의 777기를 구입하기 원한다. 이를 방정식으로 쓰면

$$y = 3x \text{ 또는 } 3x - y = 0$$

이제 미지수 3개에 방정식 3개인 선형연립방정식

$$\begin{cases} 400x + 300y + 200z = 3200 \\ 15000x + 11500y + 6000z = 117000 \\ 3x - y \qquad\qquad = 0 \end{cases}$$

을 풀면

$$\left(\begin{array}{ccc|c} 400 & 300 & 200 & 3200 \\ 15000 & 11500 & 6000 & 117000 \\ 3 & -1 & 0 & 0 \end{array}\right) \overset{\substack{\frac{1}{400}R_1 \\ \frac{1}{1000}R_2}}{\sim} \left(\begin{array}{ccc|c} 1 & \frac{3}{4} & \frac{1}{2} & 8 \\ 15 & \frac{23}{2} & 6 & 117 \\ 3 & -1 & 0 & 0 \end{array}\right)$$

$$\overset{\substack{-15R_1+R_2 \\ -3R_1+R_3}}{\sim} \left(\begin{array}{ccc|c} 1 & \frac{3}{4} & \frac{1}{2} & 8 \\ 0 & \frac{1}{4} & -\frac{3}{2} & -3 \\ 0 & -\frac{13}{4} & -\frac{3}{2} & -24 \end{array}\right) \overset{4R_2}{\sim} \left(\begin{array}{ccc|c} 1 & \frac{3}{4} & \frac{1}{2} & 8 \\ 0 & 1 & -6 & -12 \\ 0 & -\frac{13}{4} & -\frac{3}{2} & -24 \end{array}\right)$$

$$\overset{\frac{13}{4}R_2+R_3}{\sim}\left(\begin{array}{ccc|c} 1 & \frac{3}{4} & \frac{1}{2} & 8 \\ 0 & 1 & -6 & -12 \\ 0 & 0 & -21 & -63 \end{array}\right) \overset{-\frac{1}{21}R_3}{\sim} \left(\begin{array}{ccc|c} 1 & \frac{3}{4} & \frac{1}{2} & 8 \\ 0 & 1 & -6 & -12 \\ 0 & 0 & 1 & 3 \end{array}\right)$$

$$\overset{\substack{6R_3+R_2 \\ -\frac{1}{2}R_3+R_1}}{\sim}\left(\begin{array}{ccc|c} 1 & \frac{3}{4} & 0 & \frac{13}{2} \\ 0 & 1 & 0 & 6 \\ 0 & 0 & 1 & 3 \end{array}\right) \overset{-\frac{3}{4}R_2+R_1}{\sim} \left(\begin{array}{ccc|c} 1 & 0 & 0 & 2 \\ 0 & 1 & 0 & 6 \\ 0 & 0 & 1 & 3 \end{array}\right)$$

따라서 $x=2$, $y=6$, $z=3$이다. 즉, 이 항공사는 747기 2대, 777기 6대와 A321기 3대를 주문해야 한다.

예제 8 한 지방도시에 아래의 그림 2과 같은 일방통행로가 있다. 그림에 있어서 수들은 하루 동안 통행하는 자동차의 대수를 나타낸다. 다음 물음에 답하여라.

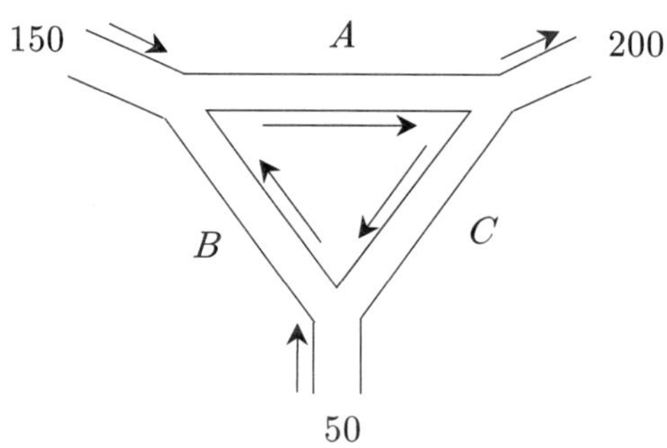

[그림 2]

(1) 주어진 정보로부터 세 거리 A, B, C의 하루 동안의 정확한 교통량을 알 수 있겠는가? 만약 알 수 있다면 각 거리의 교통량은 얼마인가? 만약 알 수 없다면 정확한 교통량을 알기 위해서 어떤 정보가 부가적으로 필요한가?

(2) 주어진 정보로부터 C거리의 하루 동안 통행량이 60대라면 정확한 교통량을 알 수 있겠는가?

(3) 주어진 정보로부터 B거리의 가능한 최소 교통량은 얼마인가?

풀이 미지수를 다음과 같이 두자.

$x=$ 하루 동안의 A거리의 교통량
$y=$ 하루 동안의 B거리의 교통량
$z=$ 하루 동안의 C거리의 교통량

각 교차로에는 진입한 자동차의 수와 나가는 자동차의 수가 같아야 하므로 다음과 같은 방정식들을 얻을 수 있다.

$$\begin{cases} 200+z=x \\ 150+y=x \\ 50+z=y \end{cases} \qquad \begin{cases} x \quad\ \ -z=200 \\ x-y \quad\ \ =150 \\ \quad\ \ y-z=\ \ 50 \end{cases}$$

위의 연립방정식을 풀면

$$\left(\begin{array}{ccc|c} 1 & 0 & -1 & 200 \\ 1 & -1 & 0 & 150 \\ 0 & 1 & -1 & 50 \end{array}\right) \overset{-R_1+R_2}{\sim} \left(\begin{array}{ccc|c} 1 & 0 & -1 & 200 \\ 0 & -1 & 1 & -50 \\ 0 & 1 & -1 & 50 \end{array}\right)$$

$$\overset{R_2+R_3}{\sim} \left(\begin{array}{ccc|c} 1 & 0 & -1 & 200 \\ 0 & -1 & 1 & -50 \\ 0 & 0 & 0 & 0 \end{array}\right) \overset{-R_2}{\sim} \left(\begin{array}{ccc|c} 1 & 0 & -1 & 200 \\ 0 & 1 & -1 & 50 \\ 0 & 0 & 0 & 0 \end{array}\right)$$

따라서 $x=200+z$, $y=50+z$를 얻는다. 즉,

$$x=t+200,\ y=t+50,\ z=t$$

여기서 t는 음이 아닌 정수이다. 그러므로 이 연립방정식의 해는 무한히 많다.

(1) 주어진 정보로부터 세 거리 A, B, C의 하루 동안의 정확한 교통량을 알 수 없다. 만약 C거리의 교통량이 주어진다면 정확한 교통량을 알 수 있다.
(2) C거리의 하루 동안 통행량이 60대라면 A, B, C거리의 하루 동안의 교통량은 각각 260대, 110대, 60대이다.
(3) B거리의 가능한 최소 교통량은 50대이다.

2.2 연습문제

1. 다음 3×3 행렬 중에서 기약행계단형 행렬은 어느 것인가?

(1) $\begin{pmatrix}1&0&0\\0&1&0\\0&0&1\end{pmatrix}$ (2) $\begin{pmatrix}1&0&0\\0&1&0\\0&0&0\end{pmatrix}$ (3) $\begin{pmatrix}0&1&0\\0&0&1\\0&0&0\end{pmatrix}$

(4) $\begin{pmatrix}1&0&0\\0&0&1\\0&0&0\end{pmatrix}$ (5) $\begin{pmatrix}1&0&0\\0&0&0\\0&0&1\end{pmatrix}$ (6) $\begin{pmatrix}0&1&0\\1&0&0\\0&0&0\end{pmatrix}$

(7) $\begin{pmatrix}1&1&0\\0&1&0\\0&0&0\end{pmatrix}$ (8) $\begin{pmatrix}1&0&2\\0&1&3\\0&0&0\end{pmatrix}$ (9) $\begin{pmatrix}0&0&1\\0&0&0\\0&0&0\end{pmatrix}$

(10) $\begin{pmatrix}0&0&0\\0&0&0\\0&0&0\end{pmatrix}$

2. 다음 3×3 행렬 중에서 행계단형 행렬은 어느 것인가?

(1) $\begin{pmatrix}1&0&0\\0&1&0\\0&0&1\end{pmatrix}$ (2) $\begin{pmatrix}1&2&0\\0&1&0\\0&0&0\end{pmatrix}$ (3) $\begin{pmatrix}1&0&0\\0&1&0\\0&2&0\end{pmatrix}$

(4) $\begin{pmatrix}1&3&4\\0&0&1\\0&0&0\end{pmatrix}$ (5) $\begin{pmatrix}1&5&-3\\0&1&1\\0&0&0\end{pmatrix}$ (6) $\begin{pmatrix}1&2&3\\0&0&0\\0&0&1\end{pmatrix}$

3. 다음 각 연립방정식을 가우스-조르단 소거법으로 풀어라.

(1)
$$\begin{aligned} x_1+2x_2+2x_3&=8\\ -x_1-2x_2+3x_3&=1\\ 3x_1-7x_2+4x_3&=10 \end{aligned}$$

(2)
$$\begin{aligned} 2x_1+2x_2+2x_3&=0\\ -2x_1+5x_2+2x_3&=1\\ 8x_1+x_2+4x_3&=-1 \end{aligned}$$

(3)
$$\begin{aligned} x-y+2z-w&=-1\\ 2x+y-2z-2w&=-2\\ -x+2y-4z+w&=1\\ 3x\qquad\qquad -3w&=-3 \end{aligned}$$

(4)
$$\begin{aligned} -2y+3z&=1\\ 3x+6y-3z&=-2\\ 6x+6y+3z&=5 \end{aligned}$$

4. 다음 각 연립방정식을 가우스-조르단 소거법으로 풀어라.

(1)
$$\begin{aligned} 5x_1-2x_2+6x_3&=0\\ -2x_1+x_2+3x_3&=1 \end{aligned}$$

(2) $\begin{aligned} x_1 - \ 2x_2 + \ \ \ x_3 - \ 4x_4 &= 1 \\ x_1 + \ 3x_2 + \ 7x_3 + \ 2x_4 &= 2 \\ x_1 - 12x_2 - 11x_3 - 16x_4 &= 5 \end{aligned}$

(3) $\begin{aligned} 3x_1 + x_2 + x_3 + x_4 &= 0 \\ 5x_1 - x_2 + x_3 - x_4 &= 0 \end{aligned}$

(4) $\begin{aligned} w + 2x - \ y &= 4 \\ x - \ y &= 3 \\ w + 3x - 2y &= 7 \\ 2u + 4v + w + 7x \qquad &= 7 \end{aligned}$

5. 행렬 $A = \begin{pmatrix} 2 & 1 & 2 \\ 2 & 2 & -2 \\ 3 & 1 & 1 \end{pmatrix}$, $X = \begin{pmatrix} x_1 \\ x_2 \\ x_3 \end{pmatrix}$에 대하여 $AX = 4X$가 되는 X를 구하여라.

6. 다음 연립방정식이 해를 갖기 위한 b에 대한 조건을 구하여라.

(1) $\begin{aligned} x_1 + x_2 + 2x_3 &= b_1 \\ x_1 \qquad + \ x_3 &= b_2 \\ 2x_1 + x_2 + 3x_3 &= b_3 \end{aligned}$

(2) $\begin{aligned} x_1 - 2x_2 + 5x_3 &= b_1 \\ 4x_1 - 5x_2 + 8x_3 &= b_2 \\ 3x_1 + 3x_2 - 3x_3 &= b_3 \end{aligned}$

7. 서점을 운영하고 있는 민수는 A와 B 두 출판사로부터 로맨스 소설과 추리 소설을 구입하려고 한다. A출판사는 로맨스 소설 5권과 추리소설 5권으로 구성되는 패키지를 50,000원에 판매하겠다고 하고 B출판사는 로맨스 소설 15권과 추리소설 5권으로 구성되는 패키지를 150,000원에 판매하겠다고 제안하였다.

(1) 로맨스 소설 6,600권과 추리소설 4,500권을 구입하기 위하여 각 출판사에서 몇 개의 패키지를 구입하여야 하는가?

(2) 민수는 책 구입비용으로 500만원을 사용하려고 한다. B출판사 패키지 수의 2배를 A출판사에서 구입하기로 약속 했다면 각 출판사에서 몇 개의 패키지를 구입하여야 하는가?

8. K대학은 대학수학, 미분적분학, 컴퓨터기법의 과목을 개설하려한다. 다음 표는 각 과목의 분반의 수강 정원과 학생 1명당 수강료를 나타낸 것이다.

	대학수학	미분적분학	컴퓨터기법
수강 정원	40명	40명	10명
수강료	100,000원	150,000원	200,000원

대학은 총 6개의 분반을 개설하고 210명을 수용할 수 있으며 수입이 2,600만 원이 되기를 원하고 있다. 각 과목은 몇 개의 분반을 개설해야 하는가?

9. 인터넷 서점 A, B, C 세 사이트의 총 웹사이트 접속량은 매일 10,000번이다. A서점 사이트 접속자들의 10%만이 주문을 하는 반면 B서점과 C서점의 사이트에 접속하는 고객의 20%가 책을 주문한다고 한다. 사이트 3곳의 총 주문량은 1,500권이다. C서점이 3곳 중 가장 성공한 서점으로 다른 2곳의 주문량을 합한 만큼 주문을 받는다고 한다. 각 사이트 접속자는 한 번에 한 권씩만 주문한다고 가정할 때 각 사이트의 접속량을 구하여라.

10. K대학에 다니는 민희는 과학, 예술, 교양, 수학과목에서 총 124학점을 취득해야 졸업이 가능하다. 그런데 과학과 예술과목은 같은 학점을, 과학과 예술과목 학점을 합한 것의 두 배가 되는 수학과목의 학점을, 수학과목의 학점과 예술과목의 학점의 $\frac{1}{3}$을 합한 것과 같은 교양과목의 학점을 취득해야 한다. 민희가 졸업하기 위해 각 과목의 취득 학점의 계획을 어떻게 세워야 할까?

2.3 역행렬

선형방정식 $ax=b$의 해를 구하는 경우 $a \neq 0$라면 a의 곱셈에 대한 역원이 $\frac{1}{a}$이라는 사실을 이용하여

$$x = \frac{1}{a} \cdot b = \frac{b}{a}$$

임을 알고 있다. 앞 절에서 연립방정식을 행렬의 곱

$$AX = B$$

의 형태로 나타내어 첨가행렬의 가우스-조르단 소거법으로 해를 구하는 것을 알아보았다. 이제 실수의 경우처럼 행렬 A의 곱셈에 대한 역원을 이용하여 이 연립방정식의 해를 구할 수 있을까? 이것을 위해 우선 행렬의 곱셈에 대한 역원을 알아보자.

정의 2.3.1 [역행렬]

정사각행렬 A에 대하여

$$AX = XA = I$$

를 만족하는 행렬 X가 존재하면 이 행렬 X를 A의 **역행렬**(inverse matrix)라 하고 A^{-1}로 나타낸다. 즉,

$$AA^{-1} = A^{-1}A = I$$

이다. 행렬 A가 역행렬을 갖는 경우에 **가역적**(invertible)이라 하고 역행렬을 가지지 않은 경우에는 **비가역적**(non-invertible) 또는 **특이행렬**(singular matrix)이라 한다.

보기 1 $\begin{pmatrix} 2 & 1 \\ 3 & 2 \end{pmatrix}\begin{pmatrix} 2 & -1 \\ -3 & 2 \end{pmatrix} = \begin{pmatrix} 1 & 0 \\ 0 & 1 \end{pmatrix}$이고 $\begin{pmatrix} 2 & -1 \\ -3 & 2 \end{pmatrix}\begin{pmatrix} 2 & 1 \\ 3 & 2 \end{pmatrix} = \begin{pmatrix} 1 & 0 \\ 0 & 1 \end{pmatrix}$이다. 따라서

$$\begin{pmatrix} 2 & 1 \\ 3 & 2 \end{pmatrix}^{-1} = \begin{pmatrix} 2 & -1 \\ -3 & 2 \end{pmatrix} \text{이고 } \begin{pmatrix} 2 & -1 \\ -3 & 2 \end{pmatrix}^{-1} = \begin{pmatrix} 2 & 1 \\ 3 & 2 \end{pmatrix}$$

이다. 한편 임의의 실수 a, b, c, d에 대하여

$$\begin{pmatrix} 1 & 1 \\ 0 & 0 \end{pmatrix}\begin{pmatrix} a & b \\ c & d \end{pmatrix} = \begin{pmatrix} a+c & b+d \\ 0 & 0 \end{pmatrix} \neq \begin{pmatrix} 1 & 0 \\ 0 & 1 \end{pmatrix}$$

이므로 $\begin{pmatrix} 1 & 1 \\ 0 & 0 \end{pmatrix}$은 역행렬을 가지지 않는다.

정리 2.3.1 [역행렬의 유일성]

정사각행렬 A의 역행렬이 존재한다면, 그 역행렬은 유일하다. 즉,

$$AB = BA = I \text{이고 } AC = CA = I \text{이면 } B = C \text{이다.}$$

증명 만일 B와 C가 행렬 A의 역행렬이라면

$$AB = BA = I, \ AC = CA = I$$

따라서

$$B = IB = (CA)B = C(AB) = CI = C$$

따라서 역행렬은 단 하나밖에 없다.

이제 정사각행렬 A의 역행렬을 예제를 통해 구해보도록 하자.

예제 1 $A = \begin{pmatrix} 1 & 0 & 1 \\ 2 & -2 & -1 \\ 3 & 0 & 0 \end{pmatrix}$의 역행렬을 구하여라.

풀이 행렬 A의 역행렬을 구하는 문제는 $AA^{-1} = A^{-1}A = I$를 만족하는

$A^{-1} = \begin{pmatrix} x_{11} & x_{12} & x_{13} \\ x_{21} & x_{22} & x_{23} \\ x_{31} & x_{32} & x_{33} \end{pmatrix}$의 성분을 찾는 문제로 생각할 수 있다. 즉,

$$\begin{pmatrix}1 & 0 & 1\\ 2 & -2 & -1\\ 3 & 0 & 0\end{pmatrix}\begin{pmatrix}x_{11} & x_{12} & x_{13}\\ x_{21} & x_{22} & x_{23}\\ x_{31} & x_{32} & x_{33}\end{pmatrix}=\begin{pmatrix}1 & 0 & 0\\ 0 & 1 & 0\\ 0 & 0 & 1\end{pmatrix}$$

A^{-1}의 첫째 열의 성분 x_{11}, x_{21}, x_{31}을 구하기 위해서 연립방정식

$$\begin{pmatrix}1 & 0 & 1\\ 2 & -2 & -1\\ 3 & 0 & 0\end{pmatrix}\begin{pmatrix}x_{11}\\ x_{21}\\ x_{31}\end{pmatrix}=\begin{pmatrix}1\\ 0\\ 0\end{pmatrix}$$

를 풀면 된다. 이 연립방정식의 첨가행렬을 가우스-조르단 소거법을 이용하여 기약행계단형으로 만들면

$$\left(\begin{array}{ccc|c}1 & 0 & 1 & 1\\ 2 & -2 & -1 & 0\\ 3 & 0 & 0 & 0\end{array}\right) \sim \left(\begin{array}{ccc|c}1 & 0 & 0 & 0\\ 0 & 1 & 0 & -\dfrac{1}{2}\\ 0 & 0 & 1 & 1\end{array}\right)$$

이 된다. 따라서

$$x_{11}=0,\ x_{21}=-\frac{1}{2},\ x_{31}=1$$

A^{-1}의 둘째 열과 셋째 열도 같은 방법을 시행하면

$$\left(\begin{array}{ccc|c}1 & 0 & 1 & 0\\ 2 & -2 & -1 & 1\\ 3 & 0 & 0 & 0\end{array}\right) \sim \left(\begin{array}{ccc|c}1 & 0 & 0 & 0\\ 0 & 1 & 0 & -\dfrac{1}{2}\\ 0 & 0 & 1 & 0\end{array}\right)$$

$$\left(\begin{array}{ccc|c}1 & 0 & 1 & 0\\ 2 & -2 & -1 & 0\\ 3 & 0 & 0 & 1\end{array}\right) \sim \left(\begin{array}{ccc|c}1 & 0 & 0 & \dfrac{1}{3}\\ 0 & 1 & 0 & \dfrac{1}{2}\\ 0 & 0 & 1 & -\dfrac{1}{3}\end{array}\right)$$

이 된다. 이것은 계수행렬은 같고 상수항만 다른 연립방정식이 되므로

$$\left(\begin{array}{ccc|ccc} 1 & 0 & 1 & 1 & 0 & 0 \\ 2 & -2 & -1 & 0 & 1 & 0 \\ 3 & 0 & 0 & 0 & 0 & 1 \end{array}\right) \sim \left(\begin{array}{ccc|ccc} 1 & 0 & 0 & 0 & 0 & \frac{1}{3} \\ 0 & 1 & 0 & -\frac{1}{2} & -\frac{1}{2} & \frac{1}{2} \\ 0 & 0 & 1 & 1 & 0 & -\frac{1}{3} \end{array}\right)$$

의 꼴로 쓸 수 있다. 따라서

$$A^{-1} = \begin{pmatrix} 0 & 0 & \frac{1}{3} \\ -\frac{1}{2} & -\frac{1}{2} & \frac{1}{2} \\ 1 & 0 & -\frac{1}{3} \end{pmatrix}$$

주의 정사각행렬 A에 대하여 $AX = I$인 X가 존재하면 $XA = I$가 된다는 사실이 잘 알려져 있으므로 $AX = I$인 경우만 생각해도 충분하다.

위의 예제의 풀이와 같이 생각하면, 일반적인 정사각행렬의 역행렬을 구하는 방법을 얻을 수 있다.

[$n \times n$ 행렬의 역행렬]

$n \times n$ 행렬 A의 역행렬을 구하는 과정은 다음과 같다.

1. $n \times 2n$ 행렬 $[A \mid I_n]$을 만든다.
2. $[A \mid I_n] \sim [I_n \mid B]$이면 A는 가역행렬이고 $A^{-1} = B$이다.
3. $[A \mid I_n] \sim [I_n \mid B]$의 꼴로 쓸 수 없다면 A는 특이행렬이다.

특히, 2×2 행렬 $\begin{pmatrix} a & b \\ c & d \end{pmatrix}$에서 $ad - bc \neq 0$이면 $\begin{pmatrix} a & b \\ c & d \end{pmatrix}^{-1} = \frac{1}{ad - bc}\begin{pmatrix} d & -b \\ -c & a \end{pmatrix}$이고 $ad - bc = 0$이면 행렬 $\begin{pmatrix} a & b \\ c & d \end{pmatrix}$는 특이행렬이다.

예제 2 다음 행렬의 역행렬이 존재하는지를 판단하고 존재한다면 그 역행렬을 구하여라.

(1) $P=\begin{pmatrix} 1 & -1 \\ -1 & -1 \end{pmatrix}$ (2) $Q=\begin{pmatrix} 1 & 0 & 1 \\ 2 & -2 & -1 \\ 3 & 0 & 0 \end{pmatrix}$ (3) $R=\begin{pmatrix} 1 & 1 & 2 \\ -2 & 0 & 4 \\ 3 & 1 & -2 \end{pmatrix}$

풀이

(1) $$\left(\begin{array}{cc|cc} 1 & -1 & 1 & 0 \\ -1 & -1 & 0 & 1 \end{array}\right) \overset{R_1+R_2}{\sim} \left(\begin{array}{cc|cc} 1 & -1 & 1 & 0 \\ 0 & -2 & 1 & 1 \end{array}\right)$$

$$\overset{-\frac{1}{2}R_2}{\sim} \left(\begin{array}{cc|cc} 1 & -1 & 1 & 0 \\ 0 & 1 & -\frac{1}{2} & -\frac{1}{2} \end{array}\right) \overset{R_2+R_1}{\sim} \left(\begin{array}{cc|cc} 1 & 0 & \frac{1}{2} & -\frac{1}{2} \\ 0 & 1 & -\frac{1}{2} & -\frac{1}{2} \end{array}\right)$$

$$\therefore\ P^{-1}=\begin{pmatrix} \frac{1}{2} & -\frac{1}{2} \\ -\frac{1}{2} & -\frac{1}{2} \end{pmatrix}$$

(2) $$\left(\begin{array}{ccc|ccc} 1 & 0 & 1 & 1 & 0 & 0 \\ 2 & -2 & -1 & 0 & 1 & 0 \\ 3 & 0 & 0 & 0 & 0 & 1 \end{array}\right) \overset{\substack{-2R_1+R_2 \\ -3R_1+R_3}}{\sim} \left(\begin{array}{ccc|ccc} 1 & 0 & 1 & 1 & 0 & 0 \\ 0 & -2 & -3 & -2 & 1 & 0 \\ 0 & 0 & -3 & -3 & 0 & 1 \end{array}\right)$$

$$\overset{-\frac{1}{2}R_2}{\sim} \left(\begin{array}{ccc|ccc} 1 & 0 & 1 & 1 & 0 & 0 \\ 0 & 1 & \frac{3}{2} & 1 & -\frac{1}{2} & 0 \\ 0 & 0 & -3 & -3 & 0 & 1 \end{array}\right)$$

$$\overset{-\frac{1}{3}R_3}{\sim} \left(\begin{array}{ccc|ccc} 1 & 0 & 1 & 1 & 0 & 0 \\ 0 & 1 & \frac{3}{2} & 1 & -\frac{1}{2} & 0 \\ 0 & 0 & 1 & 1 & 0 & -\frac{1}{3} \end{array}\right)$$

$$\overset{\substack{-R_3+R_1 \\ -\frac{3}{2}R_3+R_2}}{\sim} \left(\begin{array}{ccc|ccc} 1 & 0 & 0 & 0 & 0 & \frac{1}{3} \\ 0 & 1 & 0 & -\frac{1}{2} & -\frac{1}{2} & \frac{1}{2} \\ 0 & 0 & 1 & 1 & 0 & -\frac{1}{3} \end{array}\right)$$

$$\therefore\ Q^{-1}=\begin{pmatrix} 0 & 0 & \frac{1}{3} \\ -\frac{1}{2} & -\frac{1}{2} & \frac{1}{2} \\ 1 & 0 & -\frac{1}{3} \end{pmatrix}$$

(3) $$\left(\begin{array}{ccc|ccc} 1 & 1 & 2 & 1 & 0 & 0 \\ -2 & 0 & 4 & 0 & 1 & 0 \\ 3 & 1 & -2 & 0 & 0 & 1 \end{array}\right) \overset{\substack{2R_1+R_2 \\ -3R_1+R_3}}{\sim} \left(\begin{array}{ccc|ccc} 1 & 1 & 2 & 1 & 0 & 0 \\ 0 & 2 & 8 & 2 & 1 & 0 \\ 0 & -2 & -8 & -3 & 0 & 1 \end{array}\right)$$

$$\overset{R_2+R_3}{\sim} \left(\begin{array}{ccc|ccc} 1 & 1 & 2 & 1 & 0 & 0 \\ 0 & 2 & 8 & 2 & 1 & 0 \\ 0 & 0 & 0 & -1 & 1 & 1 \end{array}\right)$$

왼쪽의 행렬이 단위행렬이 될 수 없으므로, 이 행렬은 특이행렬이다.

미지수의 개수와 식의 개수가 같은 연립방정식 $AX=B$에서 A가 가역행렬이면

$$A^{-1}AX=A^{-1}B \quad \Rightarrow \quad IX=A^{-1}B$$

이므로 연립방정식 $AX=B$는 유일한 해 $X=A^{-1}B$를 가지게 된다.

보기 2 연립방정식 $\begin{cases} 2x \quad\ \ + z = 9 \\ 2x+y-z=9 \\ 3x+y-z=9 \end{cases}$은 $AX=B$로 쓸 수 있다. 여기서

$$A=\begin{pmatrix} 2 & 0 & 1 \\ 2 & 1 & -1 \\ 3 & 1 & -1 \end{pmatrix},\ X=\begin{pmatrix} x \\ y \\ z \end{pmatrix},\ B=\begin{pmatrix} 9 \\ 9 \\ 9 \end{pmatrix}$$

$A^{-1}=\begin{pmatrix} 0 & -1 & 1 \\ 1 & 5 & -4 \\ 1 & 2 & -2 \end{pmatrix}$이므로 $X=A^{-1}B=\begin{pmatrix} 0 & -1 & 1 \\ 1 & 5 & -4 \\ 1 & 2 & -2 \end{pmatrix}\begin{pmatrix} 9 \\ 9 \\ 9 \end{pmatrix}=\begin{pmatrix} 0 \\ 18 \\ 9 \end{pmatrix}$이다.

예제 3 역행렬을 사용하여 다음 연립방정식을 풀어라.

(1) $\begin{cases} 2x \quad\ \ + z = 1 \\ 2x+y-z=1 \\ 3x+y-z=1 \end{cases}$ (2) $\begin{cases} 2x \quad\ \ + z = 0 \\ 2x+y-z=1 \\ 3x+y-z=2 \end{cases}$ (3) $\begin{cases} 2x \quad\ \ + z = 0 \\ 2x+y-z=0 \\ 3x+y-z=0 \end{cases}$

풀이 이 연립방정식은 계수행렬이 모두 같으므로 세 연립방정식은 행렬의 곱으로 쓰면

$$(1)\ AX = B \qquad (2)\ AX = C \qquad (3)\ AX = D$$

여기서

$$A = \begin{pmatrix} 2 & 0 & 1 \\ 2 & 1 & -1 \\ 3 & 1 & -1 \end{pmatrix},\ X = \begin{pmatrix} x \\ y \\ z \end{pmatrix},\ B = \begin{pmatrix} 1 \\ 1 \\ 1 \end{pmatrix},\ C = \begin{pmatrix} 0 \\ 1 \\ 2 \end{pmatrix},\ D = \begin{pmatrix} 0 \\ 0 \\ 0 \end{pmatrix}$$

이므로 이 방정식의 해들은

$$(1)\ X = A^{-1}B \qquad (2)\ X = A^{-1}C \qquad (3)\ X = A^{-1}D$$

가 된다. 가우스-조르단 소거법을 사용하여 A의 역행렬을 구하면,

$$A^{-1} = \begin{pmatrix} 0 & -1 & 1 \\ 1 & 5 & -4 \\ 1 & 2 & -2 \end{pmatrix}$$

이므로

(1) $X = A^{-1}B = \begin{pmatrix} 0 & -1 & 1 \\ 1 & 5 & -4 \\ 1 & 2 & -2 \end{pmatrix}\begin{pmatrix} 1 \\ 1 \\ 1 \end{pmatrix} = \begin{pmatrix} 0 \\ 2 \\ 1 \end{pmatrix}$이다.

(2) $X = A^{-1}C = \begin{pmatrix} 0 & -1 & 1 \\ 1 & 5 & -4 \\ 1 & 2 & -2 \end{pmatrix}\begin{pmatrix} 0 \\ 1 \\ 2 \end{pmatrix} = \begin{pmatrix} 1 \\ -3 \\ -2 \end{pmatrix}$이다.

(3) $X = A^{-1}D = \begin{pmatrix} 0 & -1 & 1 \\ 1 & 5 & -4 \\ 1 & 2 & -2 \end{pmatrix}\begin{pmatrix} 0 \\ 0 \\ 0 \end{pmatrix} = \begin{pmatrix} 0 \\ 0 \\ 0 \end{pmatrix}$이다.

2.3 연습문제

1. 주어진 행렬이 서로 역행렬이 되는지를 조사하여라.

(1) $A=\begin{pmatrix}0 & 1\\1 & 0\end{pmatrix}$ $B=\begin{pmatrix}0 & 1\\1 & 0\end{pmatrix}$

(2) $A=\begin{pmatrix}2 & 0\\0 & 3\end{pmatrix}$ $B=\begin{pmatrix}\frac{1}{2} & 0\\0 & \frac{1}{2}\end{pmatrix}$

(3) $A=\begin{pmatrix}a & 0 & 0\\0 & b & 0\\0 & 0 & c\end{pmatrix}$ $B=\begin{pmatrix}\frac{1}{a} & 0 & 0\\0 & \frac{1}{b} & 0\\0 & 0 & \frac{1}{c}\end{pmatrix}$

2. 다음 행렬의 역행렬이 존재하는지를 판단하고 존재한다면 그 역행렬을 구하여라.

(1) $\begin{pmatrix}1 & 4\\2 & 7\end{pmatrix}$ (2) $\begin{pmatrix}-3 & 6\\4 & 5\end{pmatrix}$ (3) $\begin{pmatrix}6 & -4\\-3 & 2\end{pmatrix}$

(4) $\begin{pmatrix}3 & 4 & -1\\1 & 0 & 3\\2 & 5 & -4\end{pmatrix}$ (5) $\begin{pmatrix}-1 & 3 & -4\\2 & 4 & 1\\-4 & 2 & -9\end{pmatrix}$ (6) $\begin{pmatrix}1 & 0 & 1\\0 & 1 & 1\\1 & 1 & 0\end{pmatrix}$

3. 역행렬을 이용하여 다음 연립방정식을 풀어라.

(1)
$$\begin{aligned} x_1+2x_2+3x_3 &= 5\\ 2x_1+5x_2+3x_3 &= 3\\ x_1 \qquad\quad +8x_3 &= 17 \end{aligned}$$

(2)
$$\begin{aligned} x_1+3x_2+x_3 &= 4\\ 2x_1+2x_2+x_3 &= -1\\ 2x_1+3x_2+x_3 &= 3 \end{aligned}$$

(3)
$$\begin{aligned} 5x_1+3x_2+2x_3 &= 4\\ 3x_1+3x_2+2x_3 &= 2\\ x_2+\ x_3 &= 5 \end{aligned}$$

4. 다음 연립방정식을 역행렬을 이용하여 해를 구하여라.

(1) $\begin{aligned} -x-4y+2z &= 8 \\ x \qquad\ \ - z &= 3 \\ x+\ y-\ z &= 8 \end{aligned}$

(2) $\begin{aligned} -x-4y+2z &= 8 \\ x \qquad\ \ - z &= 3 \\ x+\ y-\ z &= 2 \end{aligned}$

(3) $\begin{aligned} -x-4y+2z &= 0 \\ x \qquad\ \ - z &= 0 \\ x+\ y-\ z &= 0 \end{aligned}$

5. 다음 행렬방정식을 X에 관하여 풀어라.

$$\begin{pmatrix} 1 & -1 & 1 \\ 2 & 3 & 0 \\ 0 & 2 & -1 \end{pmatrix} X = \begin{pmatrix} 2 & -1 & 5 & 7 & 8 \\ 4 & 0 & -3 & 0 & 1 \\ 3 & 5 & -7 & 2 & 1 \end{pmatrix}$$

2.4 입출력 모델

행렬의 응용 중에서 20세기 중반 Wassily Leontief가 개발한 경제학의 **입출력 모델**(Input–output model)을 살펴보자.

Wassily Leontief는 입출력모델의 연구가 경제학에 끼친 공로를 인정받아 1973년에 노벨 경제학상을 받았다. 이 모델은 경제의 여러 부분들이 어떻게 서로 연관이 되어있는가를 살펴봄으로서 국가 간 또는 한 나라 안에서의 경제문제를 분석한 것이다. 이 이론은 너무 방대하므로 여기서는 단순한 모델링을 이용해서 이론적인 아이디어를 간략하게 소개하고자 한다.

문제를 간단하게 생각하기 위해서 두 개의 회사가 있다고 가정하자. 하나는 전기회사이고 다른 하나는 가스회사인데, 두 회사의 생산량은 그 가치를 화폐(원) 단위로 측정한다. 또한 이 두 회사는 각각 전기와 가스를 생산하기 위해 아래와 같이 일정량의 전기와 가스를 사용한다고 가정하자.

1. 전기회사는 100원어치의 전기를 생산하기 위해 50원어치의 전기와 10원어치의 가스를 사용한다.
2. 가스회사는 100원어치의 가스를 생산하기 위해 25원어치의 전기와 25원어치의 가스를 사용한다.

이것은 전기와 가스를 생산하기위한 **내부적인 수요**(internal demand)이다. 그리고 일정한 기간 동안 두 상품의 경제의 다른 부분에서 필요한 **외부적인 수요**(external demand)가 다음과 같다고 가정하자.

$d_1 =$ 700,000원어치의 전기

$d_2 =$ 1,400,000원어치의 가스

이러한 가정 하에서 내부적인 수요와 외부적인 수요를 충족시키기 위해 전기와 가스를 얼마나 많이 공급해야 할까? 이것은

$$\text{총 공급} = \text{총 수요}$$

가 되어야 한다는 것을 이용한다. 이제 전기회사에서 공급하는 전기의 양을 $x_1 \times 100$(원), 가스회사에서 공급하는 가스의 양을 $x_2 \times 100$(원)이라 하자. 전기회사의 총 공급은 전기의 총 수요와 같고 가스회사의 총 공급은 가스의 총 수요와 같다. 즉

$$
\begin{aligned}
x_1 &= 0.5x_1 + 0.25x_2 + \ \ 7,000 \\
x_2 &= 0.1x_1 + 0.25x_2 + 14,000
\end{aligned}
$$

이것은 미지수가 두 개이고 식이 두 개인 선형연립방정식이다. 이것을 행렬의 곱으로 나타내면 다음과 같다.

$$\begin{pmatrix} x_1 \\ x_2 \end{pmatrix} = \begin{pmatrix} 0.5 & 0.25 \\ 0.1 & 0.25 \end{pmatrix}\begin{pmatrix} x_1 \\ x_2 \end{pmatrix} + \begin{pmatrix} 7,000 \\ 14,000 \end{pmatrix} \text{ 또는 } X = AX + D$$

여기서 $X = \begin{pmatrix} x_1 \\ x_2 \end{pmatrix}$를 **생산벡터**(production vector)라 한다. 행렬 X의 성분은 두 회사에서 공급하는 전기와 가스의 총량이다.

행렬 $D = \begin{pmatrix} 7,000 \\ 14,000 \end{pmatrix}$을 **외부수요 벡터**(external demand vector), 행렬 $A = \begin{pmatrix} 0.5 & 0.25 \\ 0.1 & 0.25 \end{pmatrix}$를 **기술행렬**(technology matrix)라 한다. 기술행렬의 성분들은 다음을 의미한다.

$a_{11} =$ 전기 한 단위를 생산하기위해 필요한 전기의 단위 수

$a_{12} =$ 가스 한 단위를 생산하기위해 필요한 전기의 단위 수

$a_{21} =$ 전기 한 단위를 생산하기위해 필요한 가스의 단위 수

$a_{22} =$ 가스 한 단위를 생산하기위해 필요한 가스의 단위 수

위 식에서 $X - AX = D$이므로 $(I - A)X = D$이다. 만약 행렬 $I - A$가 역행렬을 가진다면, 해는

$$X = (I - A)^{-1}D$$

이 방법으로 처음 구하려고 했던 전기와 가스의 양을 계산해 보자.

$$A = \begin{pmatrix} 0.5 & 0.25 \\ 0.1 & 0.25 \end{pmatrix} \text{와 } D = \begin{pmatrix} 7,000 \\ 14,000 \end{pmatrix}$$

이고

$$I-A=\begin{pmatrix} 0.5 & -0.25 \\ -0.1 & 0.75 \end{pmatrix}$$

이다. $(I-A)^{-1}=\begin{pmatrix} \frac{15}{7} & \frac{5}{7} \\ \frac{2}{7} & \frac{10}{7} \end{pmatrix}$이므로

$$\begin{pmatrix} x_1 \\ x_2 \end{pmatrix}=\begin{pmatrix} \frac{15}{7} & \frac{5}{7} \\ \frac{2}{7} & \frac{10}{7} \end{pmatrix}\begin{pmatrix} 7,000 \\ 14,000 \end{pmatrix}=\begin{pmatrix} 25,000 \\ 22,000 \end{pmatrix}$$

즉, 수요를 충족시키기 위해 전기회사에서는 2,500,000원어치의 전기를 생산해야 하고 가스회사에서는 2,200,000원어치의 가스를 생산해야 한다.

위의 모델을 국가적인 차원에서 보면 두 회사가 아니라 두 분야를 모델로 할 수 있다. 다음 예제는 미국 경제에서의 실제적인 통계자료를 사용한 것이다. 대부분 국가적인 통계자료에서는 기술행렬 대신 입출력표가 주어져 있고 이 표를 가지고 기술행렬을 얻을 수 있다.

예제 1 미국 경제의 여러 섹터 중의 두 섹터, 원유와 자연가스(원유) 그리고 정제된 휘발유와 관련된 산업(정제유), 만을 살펴보자. 정부 수치에 따르면 1977년에 원유섹터는 자신의 생산품 20억 달러 어치와 정제된 상품 3억 달러 어치를 사용하여 400억 달러 어치의 원유상품을 생산했다. 같은 해에 정제유 섹터는 원유상품 600억 달러 어치와 자신의 생산품 80억 달러 어치를 사용하여 1,000억 달러 어치의 정제유 제품을 생산했다.

(1) 이 두 섹터에 대한 기술행렬은 무엇인가?

(2) 경제의 다른 부분에 의한 사용 또는 수출을 위하여 각 섹터에 남겨둔 것은 무엇인가?

풀이 (1) 먼저 주어진 자료를 입출력표로 만들어 보면 다음과 같다.

		…로	
		원유	정제유
…에서	원유	20	600
	정제유	3	80
총 출력		400	1,000

기술행렬의 원소는

"a_{ij} =섹터 j의 한 단위를 생산하기 위한 섹터 i의 단위 수"

이다. 예를 들어 a_{11}은 원유 1단위를 생산하기 위한 원유의 단위 수이므로

$$a_{11} = \frac{20}{400} = 0.05$$

이다. 같은 방법으로 기술행렬 A를 구하면 다음과 같다.

$$A = \begin{pmatrix} \frac{20}{400} & \frac{600}{1000} \\ \frac{3}{400} & \frac{80}{1000} \end{pmatrix} = \begin{pmatrix} 0.05 & 0.6 \\ 0.0075 & 0.08 \end{pmatrix}$$

즉, 기술행렬은 입출력 표에서 섹터 1열의 각 성분을 섹터 1의 총 출력으로, 섹터 2열의 각 성분을 섹터 2의 총 출력으로 나누어서 구할 수 있다.

(2) 한편, 각 섹터의 총 생산량을 알고 있으므로 생산벡터가 다음과 같이 주어진다.

$$X = \begin{pmatrix} 400 \\ 1000 \end{pmatrix}$$

식 $X = AX + D$으로부터 외부수요벡터 D를 구하면 다음과 같다.

$$D = X - AX = \begin{pmatrix} 400 \\ 1000 \end{pmatrix} - \begin{pmatrix} 0.05 & 0.6 \\ 0.0075 & 0.08 \end{pmatrix}\begin{pmatrix} 400 \\ 1000 \end{pmatrix} = \begin{pmatrix} -220 \\ 917 \end{pmatrix}$$

여기에서 행렬 D의 첫째 성분 −220은 외국에서 원유섹터 제품의

수입이 있었음을 뜻하고 둘째 성분 917억 달러는 정제유 섹터에서 생산된 양으로 경제의 다른 부분에 사용하거나 수출할 수 있는 양을 뜻한다.

한편 외부수요벡터 D는 입출력 표를 이용하여 쉽게 계산할 수도 있다. 원유섹터에서 내부 사용단위 수는 섹터로부터의 입력의 합이다. 즉

$$20 + 600 = 620$$

그런데 원유섹터에서는 400억 달러어치가 생산되었으므로 $620 - 400 = 220$억 달러어치의 부족분이 발생했고 이 양만큼 수입했다는 것이다. 정제유섹터에서는 생산량 1,000억 달러어치에서 내부 사용량 83억 달러어치를 빼주면 917억 달러어치가 남게 된다.

[입출력 표]

국가 경제의 통계자료는 **입출력 표**(input–output table)의 형태로 주어진다.

(1) 입출력표의 윗부분의 ij번째 성분은 섹터 i에서 섹터 j로 가는 단위의 수를 나타내고 총 출력은 각 섹터에서 생산된 단위의 총 수를 뜻한다.

(2) 입출력 표에서 섹터 j의 총 출력으로 섹터j 열의 각 성분을 나누는 방법으로 기술행렬을 얻을 수 있다.

보기 1 입출력 표가 다음과 같이 주어졌다고 하자.

		…로	
		A	B
…에서	A	20	0
	B	100	500
총 출력		200	5,000

이것으로부터 기술행렬을 구하면 다음과 같다.

$$A=\begin{pmatrix}\frac{20}{200} & \frac{0}{5000}\\ \frac{100}{200} & \frac{500}{5000}\end{pmatrix}=\begin{pmatrix}0.1 & 0\\ 0.5 & 0.1\end{pmatrix}$$

예제 2 예제 1의 문제에서 정제유에 대한 외부수요가 950억 달러로 증가했지만 원유에 대한 수요는 −220억 달러로 그대로 남아있다고 가정하자. 예제 1에서 고려한 두 섹터의 생산수준은 어떻게 변해야 할까?

풀이 이제 외부수요벡터

$$D=\begin{pmatrix}-220\\ 950\end{pmatrix}$$

이고 기술행렬 $A=\begin{pmatrix}0.05 & 0.6\\ 0.0075 & 0.08\end{pmatrix}$이므로

$$I-A=\begin{pmatrix}0.95 & -0.6\\ -0.0075 & 0.92\end{pmatrix}$$

이고

$$(I-A)^{-1}=\begin{pmatrix}1.058 & 0.6901\\ 0.008626 & 1.093\end{pmatrix}$$

이다. 이제 $X=(I-A)^{-1}D$로부터 생산벡터 X를 구하면 다음과 같다.

$$X=(I-A)^{-1}D=\begin{pmatrix}1.058 & 0.6901\\ 0.008626 & 1.093\end{pmatrix}\begin{pmatrix}-220\\ 950\end{pmatrix}\approx\begin{pmatrix}422\\ 1036\end{pmatrix}$$

이 벡터를 예제 1에서 사용된 생산벡터와 비교해 보면 원유섹터에서 생산이 400억 달러에서 422억 달러로, 정제유섹터에서는 1,000억 달러에서 1,036억 달러로 생산수준이 바뀌었다.

이 결과를 보면 원유섹터에 대한 외부수요의 변화가 없을지라도 정제유에 대한 외부수요의 증가는 정제유의 생산을 증가시키기 위해 원유섹터에서의 생산이 더 필요하다는 것을 알 수 있다. 그 이유는 정제유의 생산을 증가시키기 위해 정제섹터가 더 많은 원유를 사용

할 필요가 있기 때문이다. 따라서 원유에 대한 내부수요가 상승한다.

예제 2를 약간 다른 방법으로 풀 수도 있다. 원유에 대한 외부수요의 변화가 없으므로 0이고 정제유는 외부수요가 917에서 950으로 증가했으므로 33억 달러어치의 외부수요의 변화가 발생하였다. 이 변화를 나타내는 행렬 $D^+ = \begin{pmatrix} 0 \\ 33 \end{pmatrix}$을 $(I-A)^{-1}$에 곱하면

$$(I-A)^{-1}D^+ = \begin{pmatrix} 1.058 & 0.6901 \\ 0.008626 & 1.093 \end{pmatrix}\begin{pmatrix} 0 \\ 33 \end{pmatrix} \approx \begin{pmatrix} 22 \\ 36 \end{pmatrix}$$

이 되고 이것은

$$(I-A)^{-1} \times \text{수요의 변화} = \text{생산의 변화}$$

를 나타낸다. 즉, 정제유에서 33억 달러어치의 외부 수요의 변화가 원유섹터에서 22억 달러어치의 생산 증가와 정제유섹터에서 36억 달러어치의 생산 증가를 가져왔다.

위 계산에서 33억 달러를 1달러로 바꾸어보면 정제유에 대한 외부수요 1달러의 증가는 정제유섹터에서 1.093달러의 생산증가뿐만 아니라 원유섹터에서 0.6901달러의 생산증가를 가져오는 것을 알 수 있다. 이것이 $(I-A)^{-1}$의 성분의 의미이다. 따라서 $(I-A)X=D$의 해를 구할 때 가우스-조르단 소거법으로 풀기보다는 역행렬 $(I-A)^{-1}$을 이용한다. $(I-A)^{-1}$를 관찰하면 원유에 대한 외부수요에서 1달러의 증가효과도 알 수 있는데 이것은 원유섹터에서 1.058달러의 생산증가와 정제유섹터에서 0.008626달러의 생산증가를 가져온다.

[$(I-A)^{-1}$의 해석 : 간접적인 효과]

A가 경제에 대한 기술행렬이라면 $(I-A)^{-1}$의 ij번째 성분은 섹터 j의 생산품에 대한 외부수요에서 한 단위 증가를 충족하기 위해 섹터 i가 생산해야 하는 단위 수의 변화이다. 증가하는 외부수요를 충족하기 위해 각 섹터에 대한 생산에서 필요한 변화는 다음 식으로 주어진다.

$$\text{생산에서의 변화} = (I-A)^{-1}D^+$$

여기서 D^+는 외부수요의 변화이다.

보기 2 섹터1은 스케이트보드이고 섹터2는 우드라 하고

$$(I-A)^{-1} = \begin{pmatrix} 1.1 & 0 \\ 0.6 & 1.1 \end{pmatrix}$$

이라 가정하자. 스케이트보드 100단위와 우드 400단위의 외부수요의 증가가 있다면, 생산에서 필요한 변화는

$$(I-A)^{-1}D^{+} = \begin{pmatrix} 1.1 & 0 \\ 0.6 & 1.1 \end{pmatrix}\begin{pmatrix} 100 \\ 400 \end{pmatrix} = \begin{pmatrix} 110 \\ 500 \end{pmatrix}$$

이므로 스케이트보드 110단위와 우드 500단위를 더 생산할 필요가 있다.

2.4 연습문제

1. 기술행렬 $A=\begin{pmatrix}0.2 & 0.05\\0.8 & 0.01\end{pmatrix}$이 주어져 있다. 섹터1은 종이이고 섹터2는 나무라 할 때, 나무 1단위를 생산하기 위한 나무와 종이의 단위 수는 각각 얼마이겠는가?

2. 전기 1단위를 생산하기 위해서 전기 0.2단위와 석탄 0.5단위가 필요하고, 석탄 1단위를 생산하기 위해서 전기 0.1단위와 석탄 0.3단위가 필요하다. 섹터1이 전기이고 섹터2가 석탄일 때, 기술행렬 A를 구하여라.

3. 입출력표가 다음과 같이 주어져 있다.

		…로		
		A	B	C
…에서	A	1000	2000	3000
	B	0	4000	0
	C	0	1000	3000
총 출력		5000	5000	6000

이 표를 이용하여 기술행렬을 구하여라.

4. 기술행렬이 $A=\begin{pmatrix}0.5 & 0.4\\0 & 0.5\end{pmatrix}$이고 외부수요벡터가 $D=\begin{pmatrix}10{,}000\\20{,}000\end{pmatrix}$일 때, 생산벡터를 구하여라.

5. 기술행렬이 $A=\begin{pmatrix}0.1 & 0.4\\0.2 & 0.5\end{pmatrix}$일 때, 섹터1에서 50단위의 외부수요의 증가와 섹터2에서 10단위의 외부수요의 증가가 있다면 각 섹터별로 생산을 얼마나 더 해야 되겠는가?

6. 기술행렬 A에 대하여 $(I-A)^{-1}=\begin{pmatrix}1.5 & 0.1 & 0\\0.2 & 1.2 & 0.1\\0.1 & 0.7 & 1.6\end{pmatrix}$이다. 섹터1에서 외부수요

1단위의 증가가 있다면, 각 섹터는 생산을 얼마나 더 해야 되겠는가?

7. 두 개의 산업분야 A, B로 구성된 경제 시스템의 기술행렬이 다음과 같다.

$$\begin{matrix} & A & B \\ A & \multicolumn{2}{c}{} \\ B & & \end{matrix} \quad \begin{array}{c} \\ A \\ B \end{array}\begin{array}{c} \begin{matrix} A & \;\;B \end{matrix} \\ \begin{pmatrix} 0.2 & 0.4 \\ 0.4 & 0.3 \end{pmatrix} \end{array}$$

(1) 산업 A는 30,000억 원의 가치를 지닌 재화를 생산하고 산업 B는 40,000억 원의 가치를 지니는 재화를 생산한다고 한다면 소비자에게 공급할 수 있는 재화의 양은 얼마인가?

(2) 산업 A에서 생산하는 재화에 대한 소비자의 수요가 40,000억 원이고 산업 B에서 생산하는 재화에 대한 소비자의 수요가 32,000억 원이라 할 때, 각 산업분야에서 생산해야 할 재화의 양은 얼마인가?

8. 다음과 같은 기술행렬 A와 외부 수요벡터 D가 주어졌을 때 생산 벡터 X를 구하여라.

투입 \ 산출	모바일	애니메이션	음악 · 영상
모바일 산업	0.2	0.1	0.2
애니메이션산업	0.5	0.2	0.1
음악 · 영상산업	0.2	0.2	0.1

$$D = \begin{pmatrix} 1,000 \\ 1,200 \\ 800 \end{pmatrix}$$

9. 다음과 같이 기술행렬 A가 주어져 있다.

투입 \ 산출	I	II
I	0.2	0.4
II	0.6	0.1

산업 I은 70,000만원의 가치를 지니는 산출물을 생산하고, 산업 II는 80,000만원의 가치를 지니는 산출물을 생산할 것이라 하면 소비자에게 공급되는 양은 얼마나 되는가?

10. 산업 A에서 만원의 가치를 지니는 재화와 서비스를 생산하기 위해서는 천원의 가치를 지니는 산업 A자체의 재화와 3천원의 가치를 지니는 산업 B에서 생산한 재화를 필요로 한다. 한편 산업 B에서 만원의 가치를 지니는 재화와 서비스를 생산하기 위해서는 2천원의 가치를 지니는 산업 B자체의 재화와 4천원의 가치를 지니는 산업 A에서 생산한 재화를 필요로 한다.

(1) 산업 A에서 생산하는 재화에 대한 소비자의 수요가 42,000억 원이고, 산업 B에서 생산하는 재화에 대한 소비자 수요가 27,000억 원일 때, 각 산업분야에서 생산할 재화의 가치는 얼마이겠는가?

(2) 만약 산업 A에서 생산하는 재화에 대한 소비자 수요가 23% 증가한다면 각 산업분야에서 생산해야 할 재화의 가치는 어떻게 변하겠는가?

제 3 장

선형계획법

3.1 선형부등식의 영역

3.2 그래프 해법 :
미지수가 2개인 선형계획법 문제

3.3 심플렉스법 :
표준형 최대화 선형계획법 문제

3.4 심플렉스법 :
일반적인 선형계획법 문제

3.1 선형부등식의 영역

정의 3.1.1 [부등식의 영역]

좌표평면 상에서 두 변수로 된 부등식을 만족하는 점 (x, y) 전체의 집합을 그 **부등식의 영역**이라 한다.

이 절에서는 선형부등식의 영역을 좌표평면에 나타내는 것을 알아본다. 선형부등식 $ax+by \leq c$의 영역을 나타내기 전에, 예를 들어

$$2x+3y \leq 6$$

의 영역을 구해보자. 이 부등식의 영역을 구하기 위해 먼저 직선 $2x+3y=6$의 그래프를 그리게 되면 부등식 $2x+3y \leq 6$의 영역은 직선 $2x+3y=6$을 포함한 직선의 아래쪽에 놓이게 된다. 왜냐하면 점 $P(x_1, y_1)$를 직선 $2x+3y=6$위에 있는 점이라 하고 점 $Q(x_1, y_2)$을 점 P의 바로 아래에 있는 점이라 하면 점 P의 x좌표와 점Q의 x좌표는 같고, 점 Q의 y좌표는 점 P의 y좌표보다 더 작게 된다. 따라서 점 Q에서의 $2x+3y$의 값은 점 P에서의 값 6보다 작다.

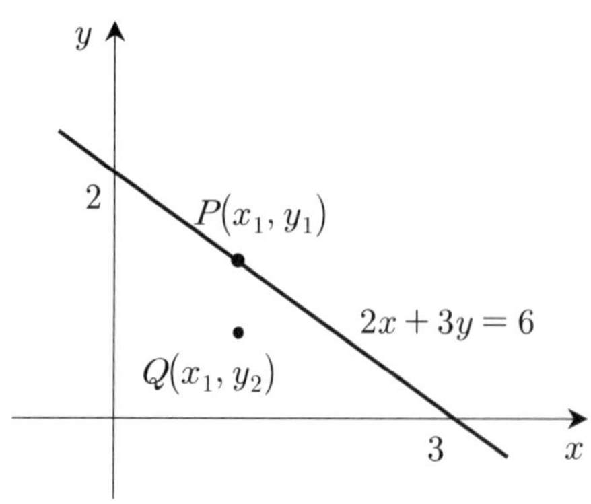

[그림 1]

그러므로 점 Q에서는 $2x+3y<6$이므로 Q는 이 부등식의 해가 된다. 즉, 직선 $2x+3y=6$의 아래쪽에 있는 모든 점들은 부등식 $2x+3y<6$의 해가 된다. 한편, 직선의 위쪽에 있는 점에서는 항상 $2x+3y>6$이 되므로 직선의 위쪽에 있는 점들은 $2x+3y\le 6$의 해가 될 수 없다. 따라서 일반적으로 $ax+by\le c$ 또는 $ax+by\ge c$의 해집합은 직선 $ax+by=c$를 포함한 직선 아래의 반평면 또는 위의 반평면이 됨을 알 수 있다. 일차 부등식의 해의 영역은 직선의 어느 한쪽 면이 되므로, 직선 위에 있지 않는 한 점이 부등식을 만족하면 그 점을 포함하는 쪽이 해집합이 되고 부등식을 만족하지 않으면 그 점을 포함하지 않는 쪽이 해집합이 된다. 이때 그 점을 **테스트 점**(test point)라 한다.

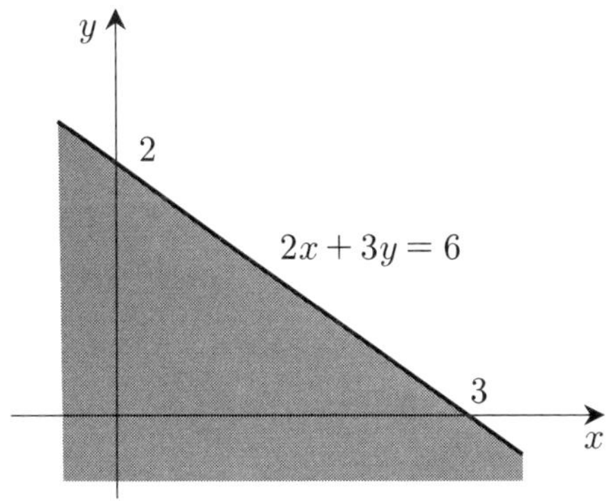

[그림 2]

두 변수로 된 선형부등식의 해집합의 영역을 그리는 방법
1. 주어진 부등식을 방정식으로 바꾸어서 직선의 그래프를 그린다. 2. 직선 위에 있지 않는 점을 테스트 점으로 택한다: 만약, 이 직선이 원점을 지나지 않는다면 원점 $(0,0)$를 택하면 간단해진다. 3. 테스트 점이 부등식을 만족하면 이 점을 포함하는 영역이 해집합이 된다. 그렇지 않으면 직선의 다른 영역이 해집합이 된다.

보기 1 부등식 $x+2y\ge 5$의 영역을 위의 단계에 따라 표시해 보자.

1 단계: 직선 $x+2y=5$의 그래프를 그린다.

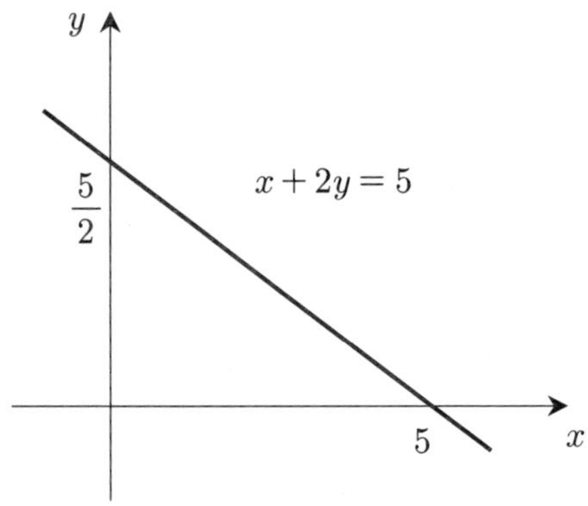

[그림 3]

2 단계: 원점 $(0, 0)$를 택하여 부등식에 대입한다. $0 + 2 \cdot 0 = 0 < 5$ 이므로 부등식이 성립하지 않는다.

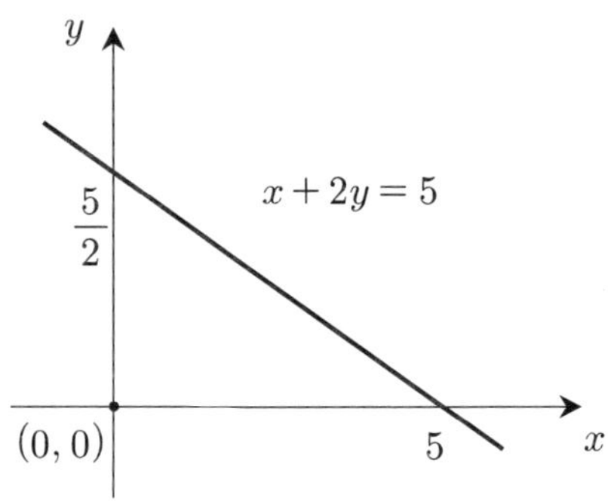

[그림 4]

3 단계: 원점 $(0, 0)$이 부등식을 만족하지 않으므로 $(0, 0)$을 포함하지 않는 영역이 해집합이다. 그림에서 색칠한 부분이다.

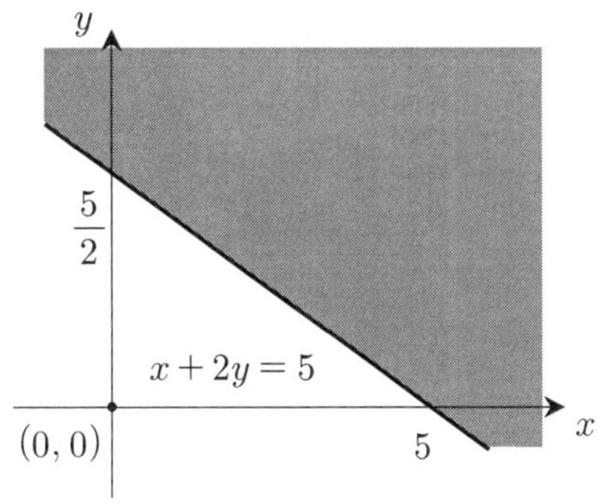

[그림 5]

예제 1 다음 부등식의 영역을 표시하여라.

(1) $3x-2y \le 6$　　(2) $6x \le 12+4y$　　(3)$x \le -1$

(4) $y \ge 0$　　(5) $x \ge 3y$

풀이 (1) 주어진 부등식 $3x-2y \le 6$에 원점 $(0,0)$을 대입하면 부등식이 성립하므로 원점을 포함하는 영역이 해집합이다.

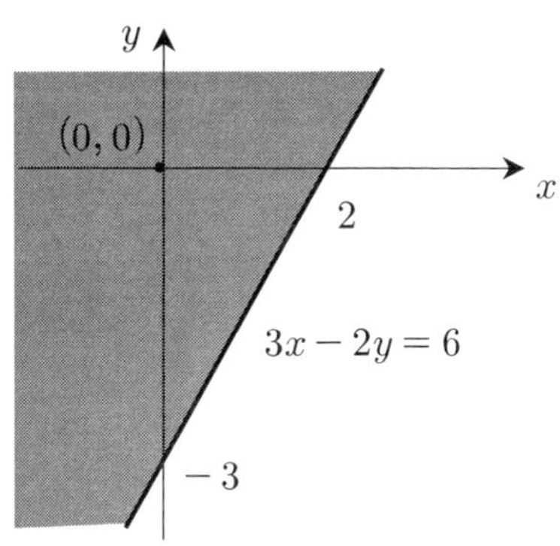

[그림 6]

(2) 부등식 $6x \le 12+4y$을 $ax+by \le c$의 꼴로 쓰면 $6x-4y \le 12$가 되고 이 식의 양변을 2로 나누면 $3x-2y \le 6$이 되어 (1)번과 같

다.

(3) 부등식 $x \le -1$에 $(0,0)$을 대입하면 부등식이 성립하지 않으므로 원점을 포함하지 않는 영역이 해집합이다.

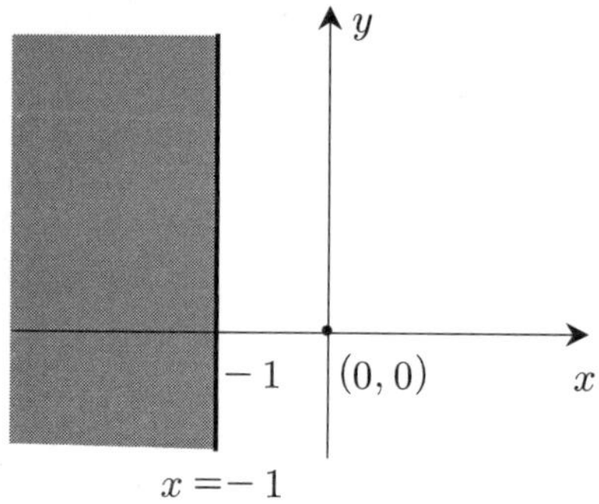

[그림 7]

(4) 점 $(0,0)$는 직선 $y=0$ 위의 점이므로 테스트 점으로 쓸 수 없다. 대신 점 $(0,1)$을 부등식 $y \ge 0$에 대입하면 성립하므로 $(0,1)$을 포함하는 영역이 해집합이다.

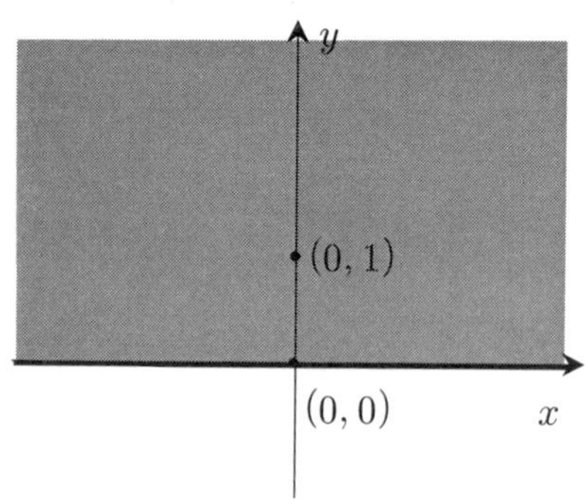

[그림 8]

(5) 점 $(0,0)$는 직선 $x=3y$ 위의 점이므로 테스트 점으로 쓸 수 없다. 대신 점 $(0,1)$을 부등식 $x \ge 3y$에 대입하면 성립하지 않으므로 $(0,1)$을 포함하지 않는 영역이 해집합이다.

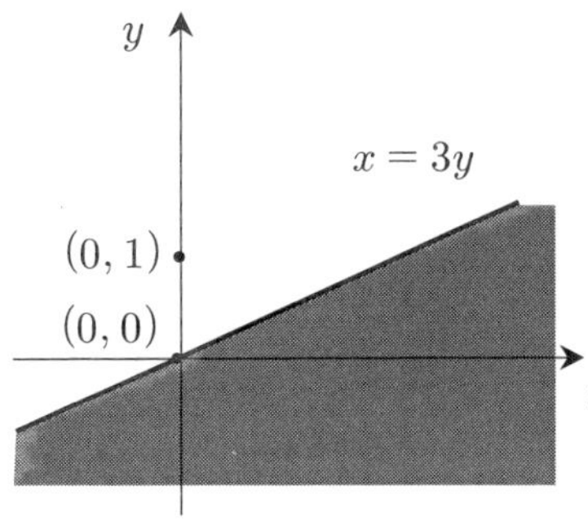

[그림 9]

예제 2 다음 두 부등식을 만족하는 영역을 그려라.

$$\begin{cases} 2x - 5y \le 10 \\ \;\; x + 2y \le \;\; 8 \end{cases}$$

풀이 두 부등식을 모두 만족하는 영역은 각 부등식의 영역의 공통인 부분을 구하면 된다.

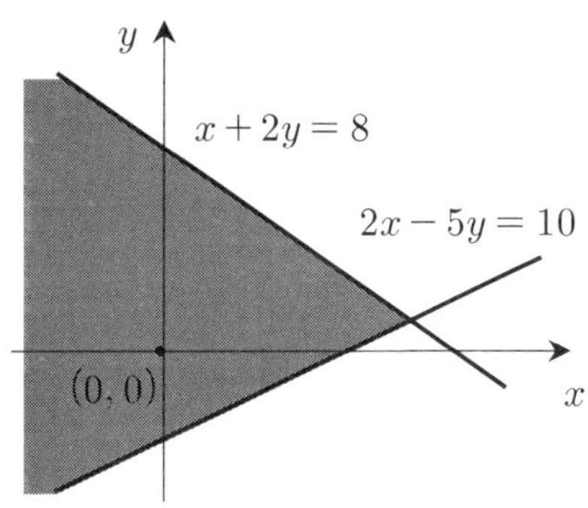

[그림 10]

예제 3 다음의 연립부등식의 해집합의 영역을 그리고 두 직선이 만나는 점의 좌표를 구하여라.

$$\begin{cases} 3x - 2y \le 6 \\ x + y \ge -5 \\ y \le 4 \end{cases}$$

풀이 세 부등식의 공통 영역은 다음과 같다. 그림에서 두 직선의 만나는 점을 A, B, C라 하자. 두 직선이 만나는 점을 **꼭지점**(corner point)라 한다.

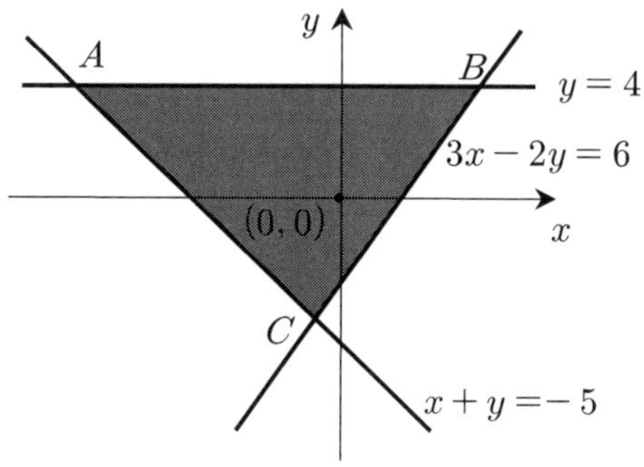

[그림 11]

꼭짓점의 좌표는 두 직선의 교점의 좌표를 구하면 되므로 두 직선에 관한 연립방정식을 풀면 된다. 이것을 표로 만들면 아래와 같다.

점	교점을 지나는 직선	좌표
A	$x+y=-5,\ y=4$	$(-9, 4)$
B	$3x-2y=6,\ y=4$	$\left(\frac{14}{3}, 4\right)$
C	$x+y=-5,\ 3x-2y=6$	$\left(-\frac{4}{5}, -\frac{21}{5}\right)$

예제 2와 예제 3에서의 부등식의 영역을 비교해 보자.

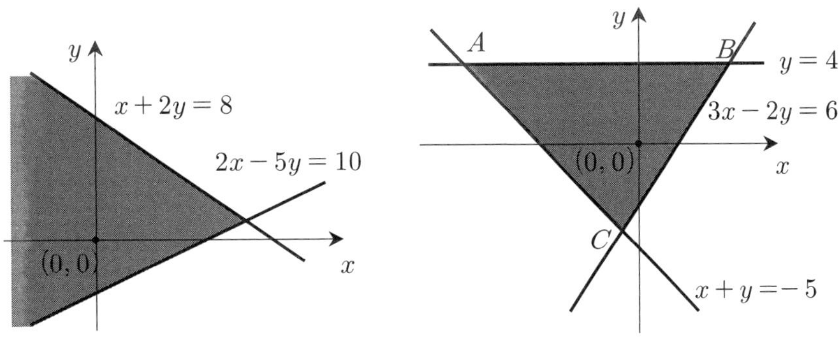

(1) 예제 2의 부등식의 영역 (2) 예제 3의 부등식의 영역

[그림 12]

그림 12의 (1)에서는 부등식의 영역이 왼쪽으로 무한히 확장될 수 있지만 (2)에서는 부등식의 영역이 경계로 둘러싸여 있다. 경계로 완전히 둘러싸인 영역을 **유계인(bounded) 영역**이라고 하고 한 방향 또는 그 이상으로 무한히 확장될 수 있는 영역을 **유계가 아닌(unbounded) 영역**이라고 한다. 예제 1의 모든 해집합의 영역들과 예제 2의 영역은 유계가 아닌 영역이고 예제 3의 영역은 유계인 영역이다.

예제 4 아이스크림 제조회사에서 두 가지 종류의 아이스크림을 만드는데, 하나는 바닐라 아이스크림이고 다른 하나는 모카 아이스크림이다. 각각의 아이스크림 한 통을 만드는데 필요한 계란과 크림, 그리고 하루에 이용가능한 계란과 크림의 양은 다음 표와 같다.

	바닐라 아이스크림	모카 아이스크림	이용가능한 양
계란(개)	2	1	500
크림(컵)	3	3	900

그래프를 이용하여 하루에 만들 수 있는 바닐라 아이스크림과 모카 아이스크림의 개수를 구하여라. 이 영역(연립부등식의 해집합)을 실현가능영역(feasible region)이라 한다.

풀이 하루에 만들 수 있는 바닐라 아이스크림의 개수를 x라 하고 하루에 만들 수 있는 모카 아이스크림의 개수를 y라 하자.

두 아이스크림을 만드는데 사용된 계란은 $2x+y$개이고 이용가능한 양이 500개이므로 이 회사는 더 많은 이익을 남길 수 있다면 계란을 더 적게 쓰기를 원할 것이다. 따라서

$$2x+y \leq 500$$

마찬가지로

$$3x+3y \leq 900$$

x와 y는 각각 생산하는 아이스크림의 개수이므로 둘 다 음수가 아니다. 즉,

$$x \geq 0,\ y \geq 0$$

따라서 실현가능영역은 제1사분면에서 그림과 같이 나타난다.

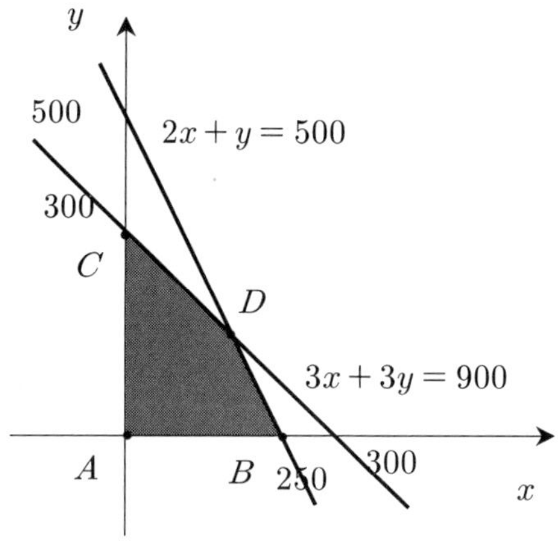

[그림 13]

예제 4에서 실현가능영역 내에 있는 모든 점들은 아이스크림 회사에 주어진 제약조건을 만족한다. 예를 들면 점 $(100, 100)$은 영역 내에 있으므로 이 회사는 이용가능한 계란과 크림을 가지고 100개의 바닐라 아이스크림과 100개의 모카 아이스크림을 만들 수 있다. ($2 \cdot 100+100=300 \leq 500$이고 $3 \cdot 100+3 \cdot 100=600$

≤ 900이므로) 이러한 실현가능영역 내에서 회사가 아이스크림을 판매해서 최대의 이익을 얻고 싶다면 바닐라 아이스크림과 모카 아이스크림을 얼마나 생산해야 할까?

다음 절에서 실현가능영역 내에서 최댓값과 최솟값을 구하는 문제를 다룬다.

3.1 연습문제

1. 다음 부등식의 영역을 좌표평면에 나타내어라.

(1) $x-y \leq 2$ (2) $x+y \geq 3$

(3) $2x-y \geq 2$ (4) $3x \leq 2y$

(5) $\frac{x}{3}+\frac{y}{6} \leq 1$ (6) $y \leq 1$

2. 다음 부등식들에 대응하는 영역을 좌표평면에 그려라.

(1) $0 \leq x \leq 1$ (2) $x \leq y \leq 1$

(3) $x \leq y \leq 3x$ (4) $0 \leq x+y \leq x$

(5) $\begin{aligned} 2x+y &\leq 4 \\ x-2y &\geq 2 \end{aligned}$ (6) $\begin{aligned} x-y &\leq 1 \\ x+y &\leq 1 \end{aligned}$

3. 다음의 연립부등식의 해집합의 영역을 나타내고 그 영역이 유계인지 아닌지를 결정하고 영역의 꼭짓점을 찾아라.

(1) $\begin{aligned} x+y &\geq 3 \\ x &\leq 5 \\ y &\leq 10 \\ x \geq 0&, y \geq 0 \end{aligned}$ (2) $\begin{aligned} x-y &\leq 1 \\ x+y &\leq 1 \\ x \geq 0&, y \geq 0 \end{aligned}$

(3) $\begin{aligned} x-y &\geq 1 \\ x+y &\leq 1 \\ x \geq 0&, y \geq 0 \end{aligned}$ (4) $\begin{aligned} -3x+2y &\leq 5 \\ 3x-2y &\leq 6 \\ x &\leq 2y \\ x \geq 0&, y \geq 0 \end{aligned}$

(5) $\begin{aligned} -3x+2y &\leq 5 \\ 3x-2y &\geq 6 \\ y &\leq \frac{x}{2} \\ x \geq 0&, y \geq 0 \end{aligned}$ (6) $\begin{aligned} x-2y &\geq 0 \\ y &\leq 10 \\ x+y &\geq 4 \\ x \geq 0&, y \geq 0 \end{aligned}$

4. 아이스크림 제조 공장에서 바닐라 향과 모카 향이 나는 2가지 아이스크림을 만든다. 바닐라 향 아이스크림 한 통에는 계란 2개와 크림 1컵이 들어가고 모카 향 아이스크림 한 통에는 계란 1개와 크림 3컵이 들어간다고 한다. 하루에 사용할 수 있는 계란은 500개이고 크림은 900컵이라고 한다. 바닐라

향 아이스크림과 모카 향 아이스크림을 만들 수 있는 실현가능영역을 좌표평면에 나타내고 꼭짓점을 표시하여라.

5. 정엽이는 초등학교를 다니고 있고 학교 정규수업을 마치고 난 후에는 방과 후 수업을 듣기로 하였다. 정엽이네 학교의 방과 후 수업에는 예체능 강좌가 5개, 교과관련 강좌가 7개 개설되어있고 방과 후 수업 시간표에 따르면 일주일에 8강좌를 초과하여 수강할 수는 없도록 되어져 있다. 그리고 수강료는 예체능 강좌는 준비물 등을 포함하여 한 강좌에 4만원이고 교과관련 강좌는 3만원으로 책정되어져 있다. 정엽이네 부모님은 정엽이의 방과 후 수업료를 30만원까지 지출할 계획을 가지고 있다. 정엽이가 방과 후 수업을 수강할 수 있는 예체능 강좌의 수와 교과관련 강좌의 수의 실현가능영역을 좌표평면에 나타내고 꼭짓점을 표시하여라.

3.2 그래프 해법: 미지수가 2개인 선형계획법 문제

3.1절의 예제 4에서 본 것처럼 제약조건이 선형부등식으로 주어지면 실현가능 영역은 이러한 부등식의 해집합으로 나타나게 된다. 이 영역내의 가능한 여러 경우 중 회사가 가장 이익을 많이 남길 수 있는 경우를 찾는 것은 당연한 것이다. 이러한 종류의 문제를 **선형계획법 문제**(Linear Programming problem, 간단히 LP문제)라 한다.

정의 3.2.1 [선형계획법 문제]

미지수가 2개인 선형계획법 문제는 다음과 같은 선형표현

$$ax + by$$

의 최댓값 또는 최솟값을 몇 개의 선형부등식

$$cx + dy \leq e \text{ 또는 } cx + dy \geq e$$

의 조건하에서 구하는 것이다. 선형계획법 문제에서 사용하는 용어를 설명하면 다음과 같다.

(1) $ax + by$를 **목적함수**(object function)라 한다.
(2) 목적함수의 최댓값 또는 최솟값을 **최적값**(optimal value)라 한다.
(3) 최적값을 주는 x와 y의 쌍 (x, y)를 **최적해**(optimal solution)라 한다.
(4) 목적함수에 대한 선형부등식의 조건을 **제약조건**(constraints)이라 한다.
(5) 제약조건을 만족하는 점 (x, y)의 집합을 그 문제의 **실현가능영역**(feasible region)이라 한다.

다음과 같이 잘 알려진 사실을 이용하여 선형계획법 문제를 풀 수 있다.

정리 3.2.1 [선형계획법 문제의 기본정리]

1. 공집합이 아닌 유계인 실현가능영역을 가지는 선형계획법 문제는 반드시 최적해를 가진다.
2. 선형계획법 문제가 최적해를 갖는다면, 이들 해 중에는 적어도 하나는 실현가능영역의 꼭짓점이다.

예제 1 다음의 제약조건하에서 $p = x + y$의 최댓값을 구하여라.

$$\text{제약조건}: \begin{aligned} x + 2y &\le 12 \\ 2x + y &\le 12 \\ x \ge 0,\ y &\ge 0 \end{aligned}$$

풀이 우선 문제에 대한 실현가능영역을 그린다. 실현가능영역내의 각 점(이 점을 **실현가능점**이라 한다)들은 문제의 제약조건을 만족하는 점들이다. 이 문제는 이들 중 어느 점이 목적함수 $p = x + y$의 최댓값을 주는 점인지를 찾는 것이다.

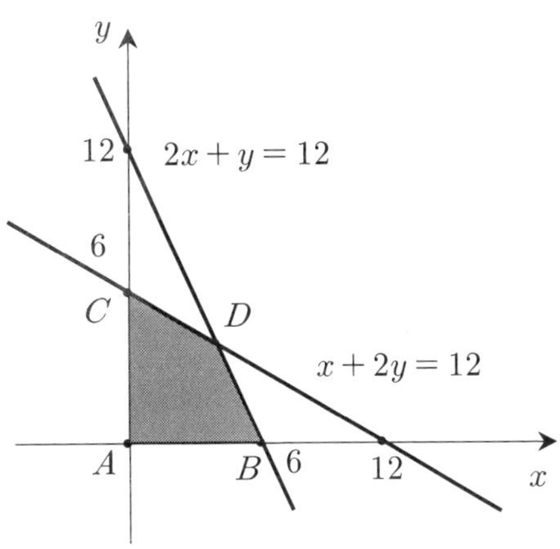

[그림 14]

선형계획법의 기본정리는 목적함수의 최댓값은 실현가능영역의 꼭짓점에서 생긴다는 것이다. 따라서 꼭짓점의 좌표와 각 꼭짓점에서 목적함수의 값을 구해서 표로 만들면 다음과 같다.

꼭짓점	교점을 지나는 직선	좌표	$p=x+y$
A	x축, y축	$(0,0)$	0
B	x축, $2x+y=12$	$(6,0)$	6
C	y축, $x+2y=12$	$(0,6)$	6
D	$2x+y=12$, $x+2y=12$	$(4,4)$	8

이제 목적함수 $p=x+y$가 최댓값을 가지는 점을 찾아보면 점 D이다. 따라서 이 문제에서 최적값은 8이고 최적해는 $(4,4)$이다.

이제 왜 꼭짓점 중 하나에서 최적값을 가지는지 그 이유를 알아보자. 우리의 목적은 실현가능영역의 어느 점에서 목적함수 p가 최댓값을 갖겠느냐는 것이다. 예제 1의 목적함수와 제약조건하에서 생각해보자.

우선 목적함수 $p=x+y$의 값이 고정된 상수가 되는 점 (x,y)을 찾아보자. 예를 들어 $p=2$가 되는 점들은 무엇일까? 이 점들은 직선 $x+y=2$위에 놓인 점들이다. 즉, 그림 15에서 $p=2$로 표시된 직선 위의 점들이다. $p=4$가 되는 점을 찾아보면 직선 $x+y=4$위에 있는 점들이 되고 이것을 그림 15에서 $p=4$로 표시하였다. 이 직선은 직선 $p=2$와 평행이고 $p=2$보다 더 높은 곳에 놓여있다. (만일 p가 이익을 나타내는 함수라고 할 때, 이 직선들을 **유사이익직선**(isoprofit line) 또는 **상수이익직선**(constant-profit line)이라 한다) 그림 15에서 이 직선을 아래로 평행이동하면 p의 값은 작아지고, 위로 평행이동하면 p의 값은 커진다는 것을 알 수 있다. 만일 위로 평행이동하여 $p=10$이 되면 이 직선은 실현가능영역과 만나지 않게 된다. 이것은 실현가능영역에서는 $p=10$이 될 수 없다는 것이다. 따라서 $p=2$에서 시작하여 p의 값이 커지도록 직선을 위로 평행이동하여 실현가능영역과 만날 수 있는 맨 위의 직선을 구해보면 $p=8$이 된다. 이 직선 $p=8$은 꼭짓점 D와 한 점에서 만나게 됨을 알 수 있다. 따라서 이 경우 실현가능영역의 점들 중 꼭짓점 D에서 목적함수 p가 최댓값을 가지게 된다.

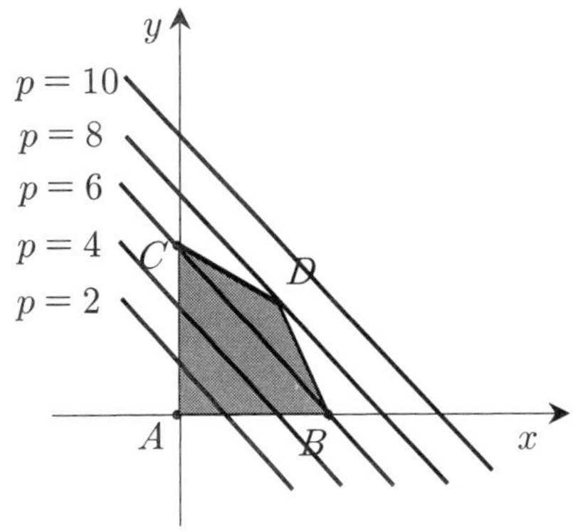

[그림 15]

만약 같은 제약조건하에서 목적함수가 달라진다면 최적해도 달라진다. 가령 목적함수를 $p = x + 3y$라 하면 이 목적함수에 대한 유사이익직선은 그림 16과 같이 나타나고 p가 증가함에 따라 만나게 되는 실현가능영역의 최종점은 C가 됨을 알 수 있다. 따라서 목적함수가 $p = x + 3y$인 경우에 최적해는 꼭짓점 (0,6)이 되고 최적값은 $p = 18$이다.

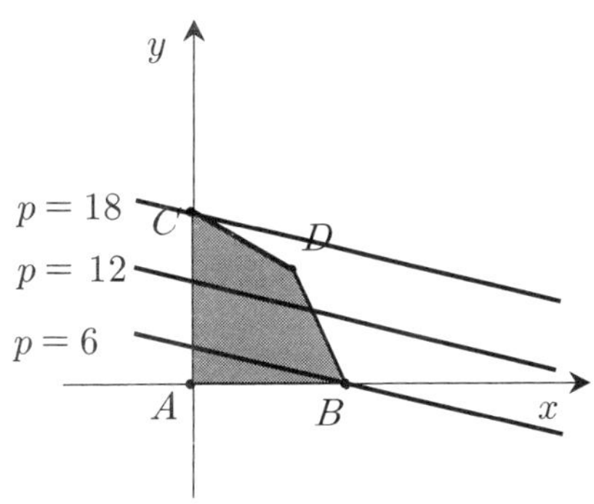

[그림 16]

두 점 이상의 꼭짓점에서 최적해가 나타날 수 있을까? 예제 1의 문제에서 목적함수를 $p = x + 2y$라 하면 그림 17과 같이 꼭짓점 C와 D 그리고 C와 D를 연결하는 선분 위의 모든 점들이 최적해가 됨을 알 수 있다.

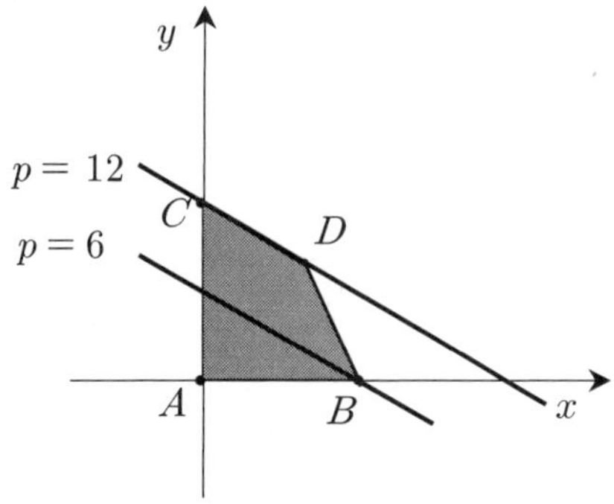

[그림 17]

이러한 사실을 종합하여 미지수가 2개인 선형계획법 문제를 푸는 단계를 요약하면 다음과 같다.

[미지수가 2개인 선형계획법 문제의 그래프 해법(유계인 실현가능영역인 경우)]
1. 실현가능영역을 그리고 유계인 영역이 되는지 확인한다. 2. 꼭짓점의 좌표를 구한다. 3. 목적함수에 꼭짓점의 좌표를 대입해서 값을 구한다. 4. 구한 값들 중에서 최댓값(또는 최솟값)이 되는 것을 택한다.

예제 2 주스회사에서 일반형 사과주스와 고급형 사과주스를 만든다고 하자.

일반형 1병은 물 30온스와 사과주스원액 2온스로 만들고

고급형 1병은 물 20온스와 사과주스원액 12온스로 만든다.

이 회사는 매일 물 30,000온스와 주스원액 3,600온스를 이용할 수 있다. 주스 한 병당 판매이익은 일반형이 200원이고 고급형은 300원이다. 이때 최대의 이익을 남기기 위해서는 주스를 각각 몇 병을 만들어야 할까? 만일 한 병당 판매이익이 일반형은 400원이고 고급형은 200원으로 된다면 최대의 이익을 남기기 위해 만들어야 할 주스 병의 개수는 어떻게 변하는가?

풀이 주어진 문제에서 미지수 x, y를 각각

x = 매일 만들어야 할 일반형 주스의 병 수
y = 매일 만들어야 할 고급형 주스의 병 수

라 하자. (이때, x와 y는 최대 이익을 얻기 위해서 결정해야 할 값이므로, **결정변수**(decision variables)라고 부르기도 한다.) 문제의 조건들을 표로 만들어 보면 다음과 같다.

	일반형(x)	고급형(y)	이용가능한 양
물(온스)	30	20	30,000
원액(온스)	2	12	3,600
이익(원)	200	300	

표를 이용하여 부등식을 만들면

$$\begin{aligned} 30x + 20y &\le 30000 \\ 2x + 12y &\le 3600 \end{aligned}$$

이 되고 첫째 부등식을 10으로 나누고 둘째 부등식을 2로 나누면

$$\begin{aligned} 3x + 2y &\le 3000 \\ x + 6y &\le 1800 \end{aligned}$$

이 된다. x와 y는 각각 생산하는 주스 병의 수이므로 음수가 될 수 없다. 따라서

$$x \ge 0,\ y \ge 0$$

문제에서 이익의 최댓값을 구하여야 하므로

$$p = 200x + 300y$$

의 최댓값을 구하면 된다. 이것을 정리하면 다음의 선형계획법 문제가 된다.

$$\begin{aligned} &\text{Maximize} \ \ p = 200x + 300y \\ &\text{subject to} \ \ 3x + 2y \le 3000 \\ &\qquad\qquad\quad\ \ x + 6y \le 1800 \\ &\qquad\qquad\quad\ \ x \ge 0,\ y \ge 0 \end{aligned}$$

위의 선형계획법 문제의 실현가능영역은 그림 18과 같이 나타난다.

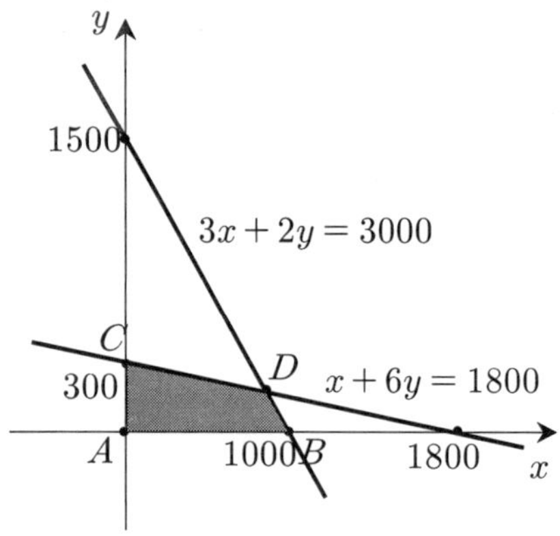

[그림 18]

꼭짓점에서 목적 함수의 값은 다음과 같다.

점	점을 지나는 직선	좌표	$p = 200x + 300y$
A	x축, y축	$(0, 0)$	0
B	x축, $3x + 2y = 3000$	$(1000, 0)$	200,000
C	y축, $x + 6y = 1800$	$(0, 300)$	90,000
D	$3x + 2y = 3000, x + 6y = 1800$	$(900, 150)$	225,000

목적함수 p의 최댓값을 주는 꼭짓점을 찾으면 D에서 최댓값이 되므로 유일한 최적해는 D이다. 따라서 회사는 최대이익 225,000원을 얻기 위해서 일반형 주스 900병과 고급형 주스 150병을 만들어야 한다.

만일 회사가 일반형 주스 한 병에서 400원을 남기고 고급형 주스 한 병에서 200원의 이익을 남긴다면 이익함수는 $p = 400x + 200y$가 된다. 이때, 꼭짓점에서의 목적함수의 값을 구하면 아래와 같다.

점	점을 지나는 직선	좌표	$p=400x+200y$
A	x축, y축	$(0,0)$	0
B	x축, $3x+2y=3000$	$(1000,0)$	400,000
C	y축, $x+6y=1800$	$(0,300)$	60,000
D	$3x+2y=3000, x+6y=1800$	$(900,150)$	390,000

따라서 이 경우 회사는 최대이익 400,000원을 얻기 위하여 일반형 주스만 1,000병을 만들어야 한다.

예제 3 주택은행에서 주택 구매자에게 융자해주기 위하여 25억 원의 자금을 마련했다. 은행에서는 호화주택 구매자에게는 적어도 10억 원의 돈을 빌려주려고 한다. 또한 정부 주택정책에 따르면 대출금액 중에서 적어도 $\frac{1}{3}$은 저소득층의 주택자금으로 빌려주어야 한다.

(1) 호화주택 구매자에 대한 대출이율은 연 12%이고 저소득층주택 구매자의 대출이율은 연 10%라 한다. 이때, 은행에서는 최대이익을 얻기 위해서 대출을 얼마씩 해야 하겠는가?

(2) 대출이율을 둘 다 연 12%로 한다면 어떻게 되겠는가?

풀이 x를 호화주택 구매자를 위한 대출금(단위는 억 원)이라 하고 y를 저소득층주택 구매자를 위한 대출금이라 하자. 총 대출자금이 25억 원이므로

$$x+y \le 25$$

(은행에서는 25억 원을 다 투자할 필요는 없고 최대 25억 원까지 투자할 수 있다.) 호화주택 구매자에게 적어도 10억 원을 빌려 준다고 했으므로

$$x \ge 10$$

세 번째 조건에서 대출금액에서 적어도 $\frac{1}{3}$은 저소득층 주택자금으로 빌려주어야 하므로

$$y \geq \frac{1}{3}(x+y)$$

이 식을 선형부등식의 표준 형태로 바꾸어 쓰면

$$-x+2y \geq 0$$

매년 생기는 대출이익은

$$p = 0.12x + 0.1y$$

이 된다. 이것을 정리하면 제약조건하에서 대출이익이 최대가 되는 최적해를 구하는 선형계획법 문제가 된다.

$$\begin{aligned} &\text{Maximize} \ \ p = 0.12x + 0.1y \\ &\text{subject to} \quad \begin{array}{r} x + \ \ y \leq 25 \\ -x + 2y \geq \ \ 0 \\ x \qquad \geq 10 \\ x \geq 0,\ y \geq 0 \end{array} \end{aligned}$$

이 문제에 대한 실현가능영역은 그림 19와 같다.

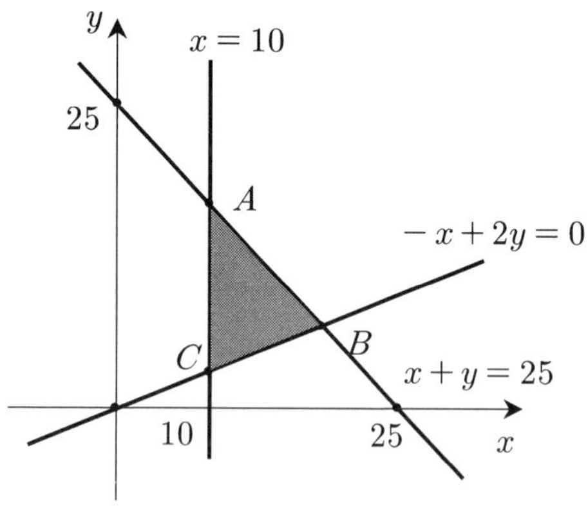

[그림 19]

각 꼭짓점에서 목적함수의 값을 구하면 다음의 표와 같다.

점	점을 지나는 직선	좌표	$p=0.12x+0.1y$
A	$x=10,\ x+y=25$	$(10, 15)$	2.7
B	$x+y=25,\ -x+2y=0$	$\left(\frac{50}{3}, \frac{25}{3}\right)$	2.833
C	$x=10,\ -x+2y=0$	$(10, 5)$	1.7

표로부터 수입이 최대가 되는 x와 y의 값은 $x=\frac{50}{3}$, $y=\frac{25}{3}$이며 그때의 최대수입은 2.833억 원이다. 즉, 최적의 투자는 호화주택 구매자에게 16.667억 원과 저소득층주택 구매자에게 8.333억 원을 대출할 때이고 이때 대출이익은 2.833억 원이 된다.

(2) (1)과 제약조건은 같고 목적함수가 다른 경우의 선형계획법 문제이다.

$$\begin{aligned} \text{Maximize } & p = 0.12x + 0.12y \\ \text{subject to } & x + y \le 25 \\ & -x + 2y \ge 0 \\ & x \ge 10 \\ & x \ge 0,\ y \ge 0 \end{aligned}$$

각 꼭짓점에서 목적함수의 값을 구하면 다음의 표와 같다.

점	점을 지나는 직선	좌표	$p=0.12x+0.12y$
A	$x=10,\ x+y=25$	$(10, 15)$	3
B	$x+y=25,\ -x+2y=0$	$\left(\frac{50}{3}, \frac{25}{3}\right)$	3
C	$x=10,\ -x+2y=0$	$(10, 5)$	1.8

이 표를 보면 두 꼭짓점 A, B에서 같은 연간 최대수입을 얻는다는 것을 알 수 있다. 따라서 최대수입을 얻기 위해서 두 점 중 하나를 선택할 수 있다. 사실 이 경우 목적함수가 직선 AB와 평행하기 때문에 선분 AB위의 모든 점에서 최대수입 3억 원이 됨을 알 수 있다.

지금까지 생각한 예제들은 실현가능영역이 모두 유계인 경우였다. 이제 유계가 아닌 실현가능영역에서 최적값을 구하는 문제를 보자. 실현가능영역이 유계가 아닌 경우에도 최적해가 있다면 선형계획법의 기본정리를 적용할 수 있다.

[유계가 아닌 실현가능영역에서 선형계획법 문제의 그래프 해법]

1. 실현가능영역의 꼭짓점이 직사각형 안에 들어갈 수 있도록 직사각형을 충분히 크게 그린다.

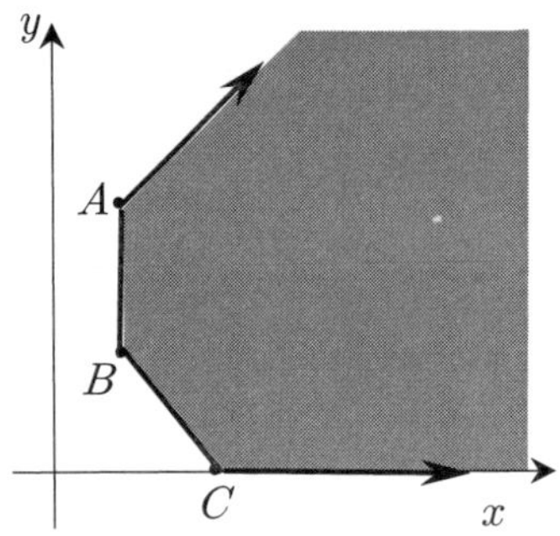

꼭짓점 A, B, C

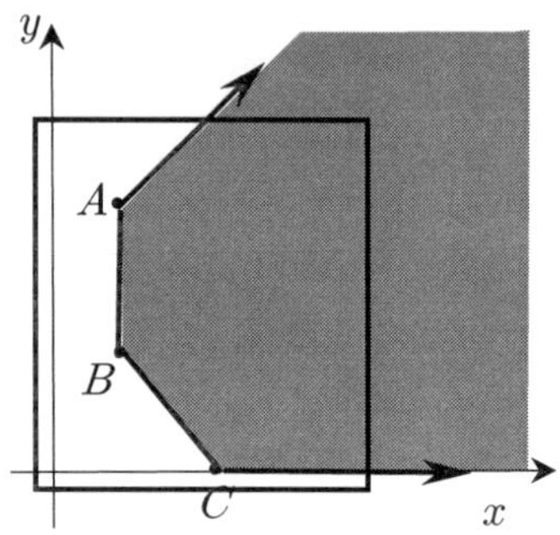

직사각형 내의 꼭짓점

2. 직사각형과 실현가능영역의 공통부분을 새로운 유계인 실현가능영역으로 정의하고 꼭짓점을 표시한다.

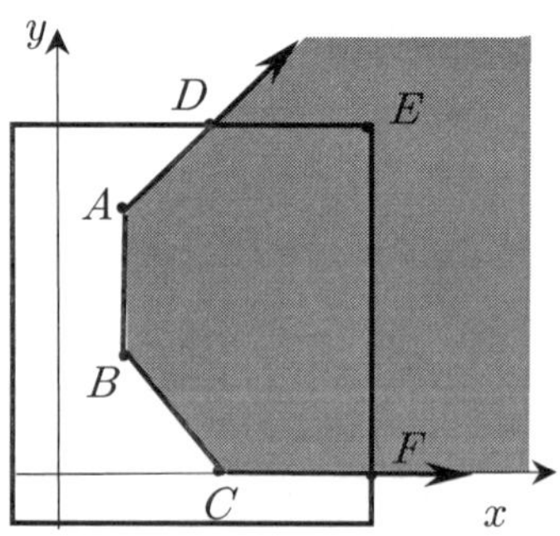

새로운 꼭짓점 : D, E, F

3. 새로운 유계인 실현가능영역에서 최적해를 구한다.

4. 만약 최적해가 원래의 꼭짓점(그림에서는 점 A, B, C)중 하나에서 생긴다면, 주어진 선형계획법 문제는 이 꼭짓점이 최적해가 된다. 그렇지 않은 경우, 이 선형계획법 문제는 최적해가 없다. 이때 목적함수의 값은 계속 커지기 때문에(양 또는 음의 방향으로), 목적함수는 최적값을 갖지 않는다.

유계가 아닌 실현가능영역에서 목적함수의 최적값을 다음의 예제에서 구해보자.

예제 4 모자와 선글라스 등을 파는 가게가 있다. 이 가게에서는 새로 나온 모자와 선글라스를 팔기위한 판촉행사를 계획하고 있다. 그런데 선글라스 공급자는 이번 시즌 새로 나온 선글라스를 100개를 초과해서 공급해 줄 수 없다고 한다. 가게주인은 모자를 선글라스보다 2배 이상 팔기 위해서 모자를 2개 이상 사는 사람에게만 선글라스를 팔려고 한다. 그리고 이 가게에서는 두 가지 품목을 합해서 적어도 210개는 주문하려고 한다.

(1) 가게주인은 모자는 한 개 팔 때마다 3,000원의 손해를, 선글라스는 한 개 팔 때마다 2,000원의 손해를 보고 판매하려고 한다. 이러한 제약조건하에서 가게주인이 이 판촉행사에서 손해를 최소로 하려면 몇 개의 모자와 선글라스를 주문해야 할까?

(2) 만일 모자는 한 개 팔 때마다 1,000원의 손해를 보고 대신 선글라스는 한 개 팔 때마다 5,000원의 이익을 본다면, 이익을 최대로 하기위해서 몇 개의 모자와 선글라스를 주문해야 할까?

(3) 만일 모자는 한 개당 1,000원의 이익을 선글라스는 한 개당 5,000원의 손해를 보고 판다면 이때는 이익을 최대로 하기위해서 몇 개의 모자와 선글라스를 주문해야 할까?

풀이 (1)

$$x = \text{주문하는 모자의 수}$$
$$y = \text{주문하는 선글라스의 수}$$

라 하자. 구하고자 하는 것은

$$C = 3x + 2y \quad (\text{단위는 천원})$$

을 최소화하는 것이다. 제약조건을 식으로 쓰면 아래와 같다. 모자를 선글라스의 2배 이상 팔기를 원하므로

$$x \geq 2y \text{ 즉, } x - 2y \geq 0$$

또한 선글라스는 100개를 넘을 수 없으므로

$$y \leq 100$$

두 품목을 합해서 적어도 210개를 주문한다는 것은

$$x + y \geq 210$$

따라서 아래와 같은 선형계획법 문제가 된다.

$$\begin{aligned} &\text{Minimize} \quad C = 3x + 2y \\ &\text{subject to} \quad x - 2y \geq 0 \\ &\qquad\qquad\qquad y \leq 100 \\ &\qquad\qquad\quad x + y \geq 210 \\ &\qquad\qquad\quad x \geq 0, y \geq 0 \end{aligned}$$

그러므로 실현가능영역은 아래 그림 20의 (1)과 같게 된다.

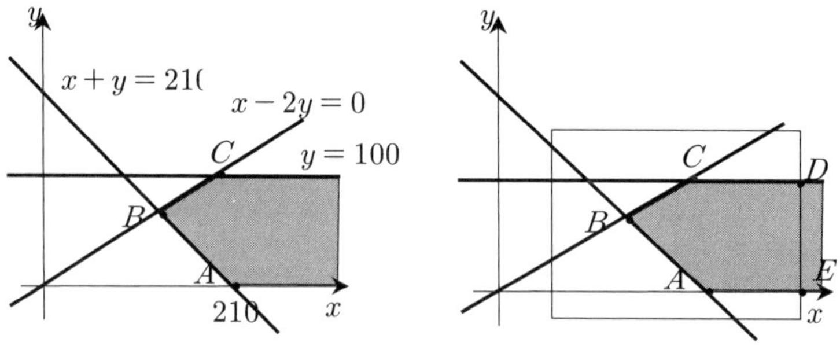

(1) (2)

[그림 20]

실현가능 영역이 유계가 아니므로 최적해가 있다는 보장을 할 수 없다. 위에서 설명한대로 꼭짓점을 다 포함할 수 있도록 직사각형을 충분히 크게 그린다. (이때 새로운 꼭짓점의 좌표가 간단하게 되도록 직사각형을 그린다.) 새로운 유계인 영역에서 꼭짓점과 각 꼭짓점에서 목적함수 C의 값은 아래와 같다.

점	점을 지나는 직선	좌표	$C=3x+2y$
A	$x+y=210$, x축	$(210, 0)$	630
B	$x+y=210$, $x-2y=0$	$(140, 70)$	560
C	$x-2y=0$, $y=100$	$(200, 100)$	800
D	$x=300$, $y=100$	$(300, 100)$	1100
E	$x=300$, x축	$(300, 0)$	900

꼭짓점 B에서 목적함수 C는 최솟값을 갖게 되고, B는 원래의 실현 가능 영역 내의 꼭짓점이었으므로 이 선형계획법 문제는 꼭짓점 B에서 최적해를 갖게 된다. 따라서 손해가 최소가 되려면 모자 140개와 선글라스 70개를 판매할 때이다.

(2) 조건에 맞는 선형계획법 문제는 다음과 같다.

$$\begin{aligned} \text{Maximize} \quad & P=-x+5y \ \text{(단위는 천원)} \\ \text{subject to} \quad & x-2y \geq 0 \\ & y \leq 100 \\ & x+y \geq 210 \\ & x \geq 0, y \geq 0 \end{aligned}$$

실현가능 영역은 (1)과 같으므로 각 꼭짓점에서 목적함수 P의 값을 구하면 된다.

점	점을 지나는 직선	좌표	$P=-x+5y$
A	$x+y=210$, x축	$(210, 0)$	-210
B	$x+y=210$, $x-2y=0$	$(140, 70)$	210
C	$x-2y=0$, $y=100$	$(200, 100)$	300
D	$x=300$, $y=100$	$(300, 100)$	200
E	$x=300$, x축	$(300, 0)$	-300

꼭짓점 C에서 목적함수 P는 최댓값을 갖게 되고 C는 원래의 실현 가능 영역내의 꼭짓점이었으므로 이 선형계획법 문제는 C에서 최적값을 갖게 된다. 따라서 이익이 최대가 되려면 모자 200개와 선글라

스 100개를 판매할 때이다.

(3) 이때는 목적함수 $P = x - 5y$이고 (2)의 목적함수와 부호가 반대인 경우이다. 즉

점	점을 지나는 직선	좌표	$P = x - 5y$
A	$x + y = 210$, x축	$(210, 0)$	210
B	$x + y = 210$, $x - 2y = 0$	$(140, 70)$	-210
C	$x - 2y = 0$, $y = 100$	$(200, 100)$	-300
D	$x = 300$, $y = 100$	$(300, 100)$	-200
E	$x = 300$, x축	$(300, 0)$	300

이때 꼭짓점 E에서 목적함수 P가 최댓값이 되고, E는 원래의 실현가능 영역내의 꼭짓점이 아니므로 이 선형계획법 문제는 최적해를 갖지 않는다. 그림 20의 (2)에서 유계가 아닌 실현가능 영역에서 점 E보다 더 오른쪽에 있는 점을 택하면 P의 값을 얼마든지 크게 할 수 있다. 이것은 모자를 더 많이 팔수록 얼마든지 더 큰 이익을 얻을 수 있다는 뜻이다.

3.2 연습문제

※ 다음에 주어진 선형계획법 문제의 최적값과 최적해를 구하여라. 만약 최적해가 없다면 실현가능영역이 공집합인지 유계가 아닌 영역인지를 결정하여라. (1~8)

1. Maximize $p = x + y$

$$\begin{aligned} \text{subject to} \quad x + 2y &\le 3 \\ 2x + y &\le 3 \\ x \ge 0,\ y &\ge 0 \end{aligned}$$

2. Maximize $p = 3x + y$

$$\begin{aligned} \text{subject to} \quad x + 2y &\le 3 \\ 2x + y &\le 3 \\ x \ge 0,\ y &\ge 0 \end{aligned}$$

3. Minimize $c = x + 3y$

$$\begin{aligned} \text{subject to} \quad x + 2y &\ge 3 \\ 2x + y &\ge 3 \\ x \ge 0,\ y &\ge 0 \end{aligned}$$

4. Maximize $p = x - y$

$$\begin{aligned} \text{subject to} \quad x + 2y &\ge 3 \\ 2x + y &\ge 3 \\ y &\le 8 \\ x \ge 0,\ y &\ge 0 \end{aligned}$$

5. Maximize $p = x - y$

$$\begin{aligned} \text{subject to} \quad x + 2y &\ge 3 \\ 2x + y &\ge 3 \\ x &\le 5 \\ y &\le 8 \\ x \ge 0,\ y &\ge 0 \end{aligned}$$

6. Minimize $c = x - y$

$$\begin{aligned} \text{subject to} \quad x + 2y &\ge 3 \\ 2x + y &\ge 3 \\ x &\le 5 \\ y &\le 8 \\ x \ge 0,\ y &\ge 0 \end{aligned}$$

7. Minimize $c = 2x - y$

$$\begin{aligned} \text{subject to} \quad x + y &\ge 2 \\ x - y &\le 2 \\ x - y &\ge -2 \\ x \le 10,\ y &\le 10 \end{aligned}$$

8. Maximize $p = 2x - y$

$$\begin{aligned} \text{subject to} \quad x + y &\ge 2 \\ x - y &\le 2 \\ x - y &\ge -2 \\ x \le 10,\ y &\le 10 \end{aligned}$$

9. 전자회사에서 30인치와 34인치 TV를 생산하고 있다. 30인치와 34인치 TV 생산에 소요되는 조립시간 및 검사시간 그리고 대당 이익을 조사해 본 결과 다음과 같은 표로 작성할 수 있었다.

품목	조립시간	검사시간	대당 이익(만원)
30인치 TV	3	1	8
34인치 TV	6	1	10

한편, 현재 고용하고 있는 기술 인력을 감안해 볼 때, 월 평균 사용가능한 조립시간은 480시간이고 검사기간은 100시간인 것으로 조사되었다. 이 전자회사에서 이익을 최대화하기 위해 30인치와 34인치 TV를 각각 몇 대 생산하여야 하겠는가?

10. 시 의회는 도시 내부의 공동체 문제에 대해 연구하기로 결정했다. 이 연구에는 근처 대학교의 사회학 교수와 연구조교가 참여한다. 일주일을 기준으로 사회학 교수와 연구조교의 근로시간과 사회학 교수와 연구조교에게 지불되는 비용은 다음 표와 같다.

	근로시간		일주일 기준 최소 근로시간
	사회학 교수	연구조교	
현장조사	10	30	180
연구센터	30	10	140
일주일 비용(천원)	500	300	

비용을 최소화하기 위해서 사회학 교수와 연구조교를 몇 명 고용하는 것이 좋겠는가?

3.3 심플렉스법: 표준형 최대화 선형계획법 문제

미지수가 2개인 선형계획법 문제는 앞 절에서 그래프 해법으로 해를 구할 수 있었다. 그러나 미지수가 3개 혹은 그 이상인 경우는 평면상에 그릴 수가 없으므로 시각적으로 이해하는 것이 쉽지 않다. 미지수가 3개 이상인 경우 선형계획법 문제는 선형연립방정식에서 다루었던 대수적 방법으로 해결할 수 있다. 우리가 사용할 방법은 1947년 단찌히(George Dantzig)가 개발한 심플렉스법(Simplex method)인데 오늘날에도 선형계획법 문제를 푸는 방법으로 널리 사용되고 있다. 이 절에서는 **표준형 최대화 문제**(Standard maximization problem)로 제한해서 생각하기로 한다.

정의 3.3.1 [표준형 최대화 문제]

n개의 미지수를 갖는 표준형 최대화 문제를 아래와 같이 정의한다.

$$\text{목적함수 : } P = c_1x_1 + c_2x_2 + \cdots + c_nx_n,\quad c_1, c_2, \cdots, c_n\text{: 상수}$$

의 최댓값(최솟값은 아님)을 다음의 제약조건에서 구하여라.

$$\begin{aligned}\text{제약조건 : } & x_1 \geq 0,\ x_2 \geq 0,\ \cdots,\ x_n \geq 0\\ & a_{11}x_1 + a_{12}x_2 + \cdots + a_{1n}x_n \leq b_1\\ & a_{21}x_1 + a_{22}x_2 + \cdots + a_{2n}x_n \leq b_2\\ & \cdots\\ & a_{m1}x_1 + a_{m2}x_2 + \cdots + a_{mn}x_n \leq b_m\end{aligned}$$

여기서 $b_1 \geq 0,\ b_2 \geq 0,\ \cdots,\ b_m \geq 0$.

보기 1 표준형 최대화 문제 :

$$\text{Maximize } P = 3x + 2y + z$$

$$\begin{aligned} \text{subject to} \quad & 2x \quad\;\; + z \le 7 \\ & -x + 3y - 6z \le 6 \\ & x \ge 0, y \ge 0, z \ge 0 \end{aligned}$$

보기 2 표준형 최대화 문제가 아닌 문제 :

$$\text{Maximize} \quad P = 2x - 3y + 3z$$

$$\begin{aligned} \text{subject to} \quad & 2x \quad\;\; + z \ge 7 \\ & -x + 3y - 6z \le 6 \\ & x \ge 0, y \ge 0, z \ge 0 \end{aligned}$$

제약조건에서 $2x + z \ge 7$은 표준형 최대화 문제의 조건을 만족하지 않는다. 만일 부등식의 양변에 -1을 곱하면 $-2x - z \le -7$이 되지만 $b_i \ge 0$ ($-7 < 0$이므로)의 조건을 만족하지 않게 된다.

[심플렉스법의 아이디어]

모든 선형계획법 문제에는 실현가능영역이 있다. 미지수가 2개라면 평면 위의 영역이고, 미지수가 3개라면 공간상에서 입체영역이 된다. 그러나 미지수가 4개 또는 그 이상이 되면 추상적인 고차원 영역이 될 것이다. 이때에도 실현가능영역은 꼭짓점들을 갖는 깍은 면(가령 다이아몬드 같은 결정체의 깍은 면)이 되고 이 꼭짓점들 중 한 점이 최적해가 됨을 알 수 있다. 기하학적으로 심플렉스법은 모든 미지수가 0인 하나의 꼭짓점에서 시작하여 옆에 있는 다른 꼭짓점으로 옮겨가며 목적함수의 값을 증가시켜 가장 적합한 꼭짓점을 찾는 것이다. 대수적으로 이러한 방법은 선형 연립방정식의 해법에서 사용했던 것과 같은 과정을 쓰는 것이다.

예제를 통하여 심플렉스법을 설명해 보자.

예제 1

$$\text{Maximize} \quad P = 3x + 2y + z$$

$$\begin{aligned} \text{subject to} \quad & 2x + 2y + \;\; z \le 10 \\ & x + 2y + 3z \le 15 \\ & x \ge 0, y \ge 0, z \ge 0 \end{aligned}$$

풀이 **1단계** : 연립방정식의 모양으로 바꾸기

제약조건에서 주어진 부등식의 좌변에 영 이상인 어떤 수를 더해 줌으로써 방정식으로 만들 수 있다. x, y, z가 어떤 값인지 모르므로 이 수는 어떤 것이 될지 알 수 없다. 따라서 **여유변수(slack variable)**라는 새로운 변수를 도입한다. 이러한 방법으로 주어진 선형 계획법문제는 다음과 같은 연립방정식의 형태로 쓸 수 있다.

$$\begin{aligned} 2x+2y+\ z+s \qquad &=10 \\ x+2y+3z \quad +t \quad &=15 \\ -3x-2y-\ z \qquad +P&=0 \end{aligned}$$

위의 연립방정식으로 바꾸어 쓸 때 다음의 사실에 유의하자.

첫째 : 모든 변수가 2장의 연립방정식에서처럼 열로 잘 정렬되어 있다.

둘째 : 목적함수 $P=3x+2y+z$를 다시 쓸 때 P의 계수를 $+1$로 하기위해서 다른 항들을 P의 방향으로 이항한다.
즉, $3x+2y+z-P=0$의 형태로 쓰지 않도록 한다.

셋째 : 이 연립방정식은 미지수의 개수보다 식의 수가 더 적으므로 해가 있다면 무수히 많은 해가 있게 된다.

2단계 : 초기표 만들기(initial tableau)

선형 연립방정식을 아래의 표로 만들어 준다. 이 표를 초기표라 한다.

x	y	z	s	t	P	
2	2	1	1	0	0	10
1	2	3	0	1	0	15
−3	−2	−1	0	0	1	0

맨 위의 문자는 각 열이 어느 변수에 속하는지를 나타내기 위해 쓴 것이다. 변수 s, t열과 P열을 앞으로 옮기면 아래와 같은 행계단형 행렬이 된다.

$$\begin{array}{cccccc} s & t & P & x & y & z \end{array}$$
$$\begin{pmatrix} 1 & 0 & 0 & 2 & 2 & 1 & 10 \\ 0 & 1 & 0 & 1 & 2 & 3 & 15 \\ 0 & 0 & 1 & -3 & -2 & -1 & 0 \end{pmatrix}$$

이 행렬로부터 연립방정식의 일반해를 구하면 아래와 같다.

$$\begin{aligned} s &= 10 - 2x - 2y - z \\ t &= 15 - x - 2y - 3z \\ P &= 0 + 3x + 2y + z \end{aligned}$$

x, y, z는 임의의 실수

따라서 이 연립방정식은 x, y, z의 값에 따라 무수히 많은 해를 가지게 된다. 특히, $x=0$, $y=0$, $z=0$일 때 한 특수해

$$s=10,\ t=15,\ P=0$$

을 가지게 된다. 이 해를 위의 초기표에 따른 **기본해**(basic solution)라 한다. 변수 s와 t를 **활성변수**(active variable), x, y와 z를 **비활성변수**(inactive variables)라 한다(혹은 **기본변수**(basic variable)와 **비기본변수**(non–basic variable)라는 용어를 쓰기도 한다).

초기표로부터 바로 기본해를 구하는 방법은 아래와 같다.

- 활성변수는 성분 1을 제외하고는 모두 0인 열에 대응하는 변수이다.
- 활성변수가 아닌 다른 변수들은 모두 비활성변수이고 값은 0으로 둔다.

비활성 $x=0$	비활성 $y=0$	비활성 $z=0$	활성 $s=10$	활성 $t=15$	활성 $P=0$	
x	y	z	s	t	P	
2	2	1	1	0	0	10
1	2	3	0	1	0	15
−3	−2	−1	0	0	1	0

변수가 활성인지 비활성인지를 알아보기 쉽도록 각 행의 왼쪽에 활성변수에 해당하는 변수를 적어준다. 이렇게 하면 다음과 같은 완전

한 초기표가 완성된다.

	x	y	z	s	t	P	
s	2	2	1	1	0	0	10
t	1	2	3	0	1	0	15
P	-3	-2	-1	0	0	1	0

이 기본해는 xyz공간에서 실현가능영역의 시작점 $x=y=z=0$이다. 다음 단계에서 목적함수의 최댓값을 구하기 위해서 꼭짓점을 옮겨가면서 최적해를 구한다. 초기표의 처음 3열 중 한 열에서 **피봇**(pivot)을 택하여 피봇열의 나머지 성분을 0으로 만들어 준다. (이 과정은 제 2장에서 연립방정식의 해를 구할 때 사용한 방법과 같다.) 이렇게 하면 다른 꼭짓점에 대응하는 새로운 기본해를 얻을 수 있게 된다. 아래의 두 단계에서 적합한 피봇을 선택하는 과정을 보여준다.

주* 피봇(pivot)이란 행렬의 한 열에서 기본행연산을 사용해서 나머지 성분들을 0으로 만드는데 사용되는 성분이다. 피봇을 제외한 나머지 성분을 0으로 만드는 과정을 피봇팅(pivoting)이라 한다.

3단계 : 피봇열의 선택(피봇이 들어있는 열을 피봇열이라 한다.)
맨 아래 행의 왼쪽 성분들 중에서 절댓값이 가장 큰 음수를 선택해서 이 수를 포함하는 열이 피봇열이 된다. 이러한 수가 두 개 이상 있다면 어느 것을 선택하여도 좋다. 만일 맨 아래 행의 왼쪽 성분들의 값이 모두 0이거나 양수가 되면 이때의 기본해가 최적해이다.
문제에서 맨 아래 행에서 절댓값이 가장 큰 음수는 -3이므로 x열이 피봇열이 된다.

	x	y	z	s	t	P	
s	2	2	1	1	0	0	10
t	1	2	3	0	1	0	15
P	-3	-2	-1	0	0	1	0
	↑ 피봇열						

이러한 방법으로 피봇열을 선택하는 이유는 목적함수 $P=3x+2y+z$에서 P의 값을 증가시키기 위한 가장 빠른 방법이 x의 값을 증가시키는 것이기 때문이다. x열을 피봇열로 선택하면 x의 값을 0에서 양수로 증가하도록 할 수 있다.

4단계 : 피봇열에서 피봇 선택하기

1. 피봇은 반드시 양수이어야 한다.
2. 피봇열에 있는 양의 성분 b와 b가 속한 행의 가장 오른쪽 성분 a에 대하여 비율 $\frac{a}{b}$를 계산한다.

   (이 비율 $\frac{a}{b}$를 **테스트 비율**(test ratio)라 한다.)
3. 이 비율 중 가장 작은 것을 선택한다. 이때의 b가 피봇이다.

이 예제에서 첫째 행의 테스트 비율은 $\frac{10}{2}=5$이고 둘째행의 테스트 비율은 $\frac{15}{1}=15$이다. 따라서 2가 피봇이 된다.

	x	y	z	s	t	P		테스트 비율
s	[2]	2	1	1	0	0	10	$\frac{10}{2}=5$
t	1	2	3	0	1	0	15	$\frac{15}{1}=15$
P	−3	−2	−1	0	0	1	0	
	↑ 피봇열							

이렇게 피봇을 선택하여야 피봇팅 후에 기본해에 있는 모든 변수들이 음이 아닌 수가 된다. 즉 모든 변수들이 실현가능영역 내에 있게 된다는 것이다.

5단계 : 피봇을 사용하여 피봇팅 하기

2장에서 사용한 기본행연산을 사용한다. 우선 피봇을 1로 만들고 기본행연산으로 피봇열에서 피봇을 제외한 나머지 성분을 0으로 만들어 준다.

	x	y	z	s	t	P		
s	1	1	$\frac{1}{2}$	$\frac{1}{2}$	0	0	5	
t	1	2	3	0	1	0	15	$-R_1+R_2$
P	-3	-2	-1	0	0	1	0	$3R_1+R_3$

피봇팅 후에도 마지막 열의 성분은 여전히 음수가 아니다. x열에서 1을 제외한 나머지 성분은 모두 0이 되었으므로 x가 활성변수가 된다. 이제 왼쪽에 있는 변수에서 s를 x로 바꾸어 준다.

	x	y	z	s	t	P	
x	1	1	$\frac{1}{2}$	$\frac{1}{2}$	0	0	5
t	0	1	$\frac{5}{2}$	$-\frac{1}{2}$	1	0	10
P	0	1	$\frac{1}{2}$	$\frac{3}{2}$	0	1	15

이것이 두 번째 표이다.

6단계 : 다시 3단계로 가기

맨 아래 행에 음수가 있으면 3단계에서 5단계를 반복한다. 맨 아래에 음수가 없으면 풀이는 끝이 난다.

이 예제에서 맨 아래 행에 음수가 없으므로 풀이가 끝이 난 것이다. 활성변수는 x, t, P이고 비활성변수는 y, z, s가 되므로 $y=0$, $z=0$, $s=0$일 때, $x=5$, $t=10$, $P=15$가 기본해이다. 따라서 목적함수 P는 $x=5$, $y=0$, $z=0$일 때 최댓값 15를 갖는다. (이때, 여유변수는 $s=0, t=10$이 된다.) 이 표가 최적해가 되는 이유는 마지막 행으로부터

$$y+\frac{1}{2}z+\frac{3}{2}s+P=15$$

즉,

$$P = 15 - y - \frac{1}{2}z - \frac{3}{2}s$$

이것은 임의의 변수 y, z, s에 대한 연립방정식의 일반해의 형태이고 이 변수들은 음수가 아니므로 실현가능영역에서 P가 최대가 되려면 변수들이 0일 때이다. 따라서 이 기본해가 최적해이다.

예제 2

$$\begin{aligned} &\text{Maximize } P = 12x + 15y + 5z \\ &\text{subject to } \begin{aligned}[t] 2x + 2y + z &\le 8 \\ x + 4y - 3z &\le 12 \\ x \ge 0, y \ge 0&, z \ge 0 \end{aligned} \end{aligned}$$

풀이 1단계에서 여유변수를 도입하여 제약조건과 목적함수를 연립방정식의 형태로 쓰면 아래와 같다.

$$\begin{aligned} 2x + 2y + z + s \quad &= 8 \\ x + 4y - 3z \quad + t \quad &= 12 \\ -12x - 15y - 5z \quad + P &= 0 \end{aligned}$$

2단계로 초기표를 만든다.

	x	y	z	s	t	P		테스트 비율
s	2	2	1	1	0	0	8	$\frac{8}{2} = 4$
t	1	**[4]**	−3	0	1	0	12	$\frac{12}{4} = 3$
P	−12	−15	−5	0	0	1	0	

3단계로 마지막 열에서 절댓값이 가장 큰 −15가 포함된 y열을 피봇열로 택한다.

4단계와 5단계에서 피봇을 찾기 위하여 테스트 비율을 $\frac{8}{2} = 4$와 $\frac{12}{4} = 3$ 중에서 더 작은 쪽인 3을 택한다. 따라서 피봇은 4가 되고 기본행연산을 사용하여 4를 1로 만들고 1을 포함한 y열의 나머지 성분을 0으로 만들어 준다.

	x	y	z	s	t	P		
s	2	2	1	1	0	0	8	$-2R_2+R_1$
t	$\frac{1}{4}$	$\boxed{1}$	$-\frac{3}{4}$	0	$\frac{1}{4}$	0	3	
P	-12	-15	-5	0	0	1	0	$15R_2+R_3$

	x	y	z	s	t	P	
s	$\frac{3}{2}$	0	$\boxed{\frac{5}{2}}$	1	$-\frac{1}{2}$	0	2
y	$\frac{1}{4}$	1	$-\frac{3}{4}$	0	$\frac{1}{4}$	0	3
P	$-\frac{33}{4}$	0	$-\frac{65}{4}$	0	$\frac{15}{4}$	1	45

맨 마지막 행의 원소에 음수가 있으므로 다시 3단계로 가서, 절댓값이 가장 큰 $-\frac{65}{4}$를 포함한 z열을 피봇열로 택한다. 음수는 피봇이 될 수 없으므로 $\frac{5}{2}$를 피봇으로 택하여 1로 만들어 주고 z열의 나머지 성분을 0으로 만들어 준다.

	x	y	z	s	t	P		
s	$\frac{3}{5}$	0	$\boxed{1}$	$\frac{2}{5}$	$-\frac{1}{5}$	0	$\frac{4}{5}$	
y	$\frac{1}{4}$	1	$-\frac{3}{4}$	0	$\frac{1}{4}$	0	3	$\frac{3}{4}R_1+R_2$
P	$-\frac{33}{4}$	0	$-\frac{65}{4}$	0	$\frac{15}{4}$	1	45	$\frac{65}{4}R_1+R_3$

	x	y	z	s	t	P	
z	$\frac{3}{5}$	0	$\boxed{1}$	$\frac{2}{5}$	$-\frac{1}{5}$	0	$\frac{4}{5}$
y	$\frac{7}{10}$	1	0	$\frac{3}{10}$	$\frac{1}{10}$	0	$\frac{18}{5}$
P	$\frac{3}{2}$	0	0	$\frac{13}{2}$	$\frac{1}{2}$	1	58

마지막 행에 음수가 없으므로 풀이가 끝난 것이다. 즉, $x=0$,

$y=\dfrac{18}{5}$, $z=\dfrac{4}{5}$일 때, 최댓값 $P=58$이 된다.

예제 2의 문제는 초기표에서 $P=0$에서 출발하여 두 번째 표에서 $P=45$ 그리고 최종적으로 $P=58$까지 증가하며 최댓값이 되었다. 구한 답이 문제의 조건에 맞는지 보기 위해서 목적함수와 제약조건에 대입해 보면

$$
\begin{aligned}
58 &= 12\cdot 0+15\cdot \frac{18}{5}+5\cdot \frac{4}{5} \\
2\cdot 0+2\cdot \frac{18}{5}+\frac{4}{5} &= \frac{40}{5}=8 \\
0+4\cdot \frac{18}{5}-3\cdot \frac{4}{5} &= \frac{60}{5}=12
\end{aligned}
$$

로 조건을 만족함을 알 수 있다.

예제 3 어떤 식품회사에서 바닐라 푸딩과 초콜릿 푸딩을 생산한다. 바닐라 푸딩 한 병에는 설탕 2티스푼과 물 25온스가 필요하고, 초콜릿 푸딩 한 병에는 설탕 3티스푼과 물 15온스가 필요하다고 하자. 이 회사에서 매일 이용할 수 있는 설탕은 3,600티스푼이고 물은 22,500온스이다. 그리고 이 회사는 바닐라 푸딩은 하루에 600병 이하로 제조한다. 바닐라 푸딩을 한 병 제조하면 100원의 이익이 초콜릿 푸딩을 한 병 제조하면 70원의 이익을 남길 수 있다고 하면, 이익을 최대로 하려면 각각 몇 병을 제조하여야 하는가? 그리고 그때 이익은 얼마가 될까?

풀이 주어진 문제에서 미지수를 각각

x=바닐라 푸딩의 병 수

y=초콜릿 푸딩의 병 수

라 하자. 문제의 조건으로부터 표를 만들어 보면 다음과 같다.

	바닐라 푸딩	초콜릿 푸딩	이용가능한 양
설탕(티스푼)	2	3	3600
물(온스)	25	15	22500

표를 이용하여 부등식을 만들면

$$\begin{aligned} 2x + \ \ 3y &\le \ \ 3600 \\ 25x + 15y &\le 22500 \\ x \qquad\quad &\le \ \ \ 600 \end{aligned}$$

가 되고 문제에서 구하고자 하는 것이 이익의 최댓값이므로 $P = 100x + 70y$의 최댓값을 구하면 된다. 이것을 정리하면 다음의 선형계획법 문제가 된다.

$$\begin{aligned} &\text{Maximize} \ \ P = 100x + 70y \\ &\text{subject to} \ \ x \qquad \le \ \ 600 \\ &\qquad\qquad\quad 2x + 3y \le 3600 \\ &\qquad\qquad\quad 5x + 3y \le 4500 \\ &\qquad\qquad\quad x \ge 0, \ y \ge 0 \end{aligned}$$

여유변수를 도입하여 연립방정식의 형태로 쓰고 초기표를 만든다.

$$\begin{aligned} x \qquad\quad + s \qquad\qquad\qquad &= \ \ 600 \\ 2x + \ 3y \qquad + t \qquad\qquad &= 3600 \\ 5x + \ 3y \qquad\qquad + u \qquad &= 4500 \\ -100x - 70y \qquad\qquad\qquad + P &= \ \ \ \ 0 \end{aligned}$$

	x	y	s	t	u	P		
s	[1]	0	1	0	0	0	600	
t	2	3	0	1	0	0	3600	$-2R_1 + R_2$
u	5	3	0	0	1	0	4500	$-5R_1 + R_3$
P	−100	−70	0	0	0	1	0	$100R_1 + R_4$

	x	y	s	t	u	P	
x	1	0	1	0	0	0	600
t	0	3	−2	1	0	0	2400
u	0	[3]	−5	0	1	0	1500
P	0	−70	100	0	0	1	60000

	x	y	s	t	u	P		
x	1	0	1	0	0	0	600	
t	0	3	-2	1	0	0	2400	$-3R_3+R_2$
u	0	$\boxed{1}$	$-\frac{5}{3}$	0	$\frac{1}{3}$	0	500	
P	0	-70	100	0	0	1	60000	$70R_3+R_4$

	x	y	s	t	u	P	
x	1	0	1	0	0	0	600
t	0	0	$\boxed{3}$	1	-1	0	900
y	0	1	$-\frac{5}{3}$	0	$\frac{1}{3}$	0	500
P	0	0	$-\frac{50}{3}$	0	$\frac{70}{3}$	1	95000

	x	y	s	t	u	P		
x	1	0	1	0	0	0	600	$-R_2+R_1$
t	0	0	$\boxed{1}$	$\frac{1}{3}$	$-\frac{1}{3}$	0	300	
y	0	1	$-\frac{5}{3}$	0	$\frac{1}{3}$	0	500	$\frac{5}{3}R_2+R_3$
P	0	0	$-\frac{50}{3}$	0	$\frac{70}{3}$	1	95000	$\frac{50}{3}R_2+R_4$

	x	y	s	t	u	P	
x	1	0	0	$-\frac{1}{3}$	$\frac{1}{3}$	0	300
s	0	0	$\boxed{1}$	$\frac{1}{3}$	$-\frac{1}{3}$	0	300
y	0	1	0	$\frac{5}{9}$	$-\frac{2}{9}$	0	1000
P	0	0	0	$\frac{50}{9}$	$\frac{160}{9}$	1	100000

맨 아래 행에 음수가 없으므로 여기서 끝내면 되고, $x=300$, $y=1,000$일 때 최댓값 $P=100,000$원이다. (이때 여유변수 $s=300$, $t=0$, $u=0$이다.)

주의 예제 3은 두 개의 변수인 경우의 선형계획법 문제이므로 그래프 해법으로 푸는 것이 더 간편하다. 실현가능영역이 다음 그림과 같으므로 꼭짓점에서 목적함수의 값을 구하면 된다.

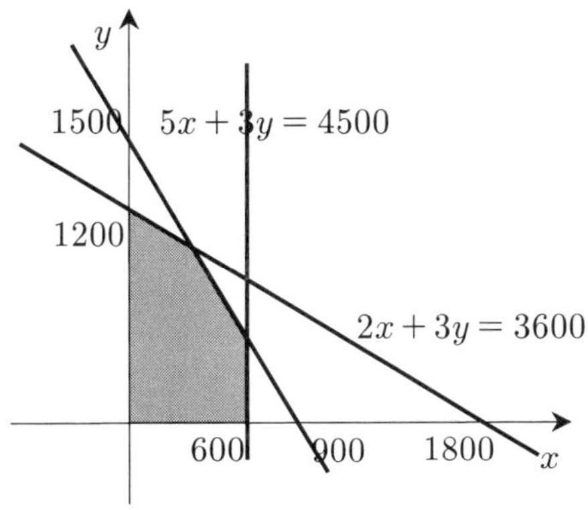

[그림 21]

여기에서 심플렉스법과 그래프해법을 비교해보자.

심플렉스법에서 각 표들에서 얻어지는 기본해는 실현가능영역의 꼭짓점과 일치한다. 심플렉스법의 각 표에서 기본해는 각각 $(x, y)=$ $(0, 0)$, $(600, 0)$, $(600, 500)$, $(300, 1000)$으로 되고 이것은 그림 22에서 꼭짓점이 옮겨가는 것과 같다.

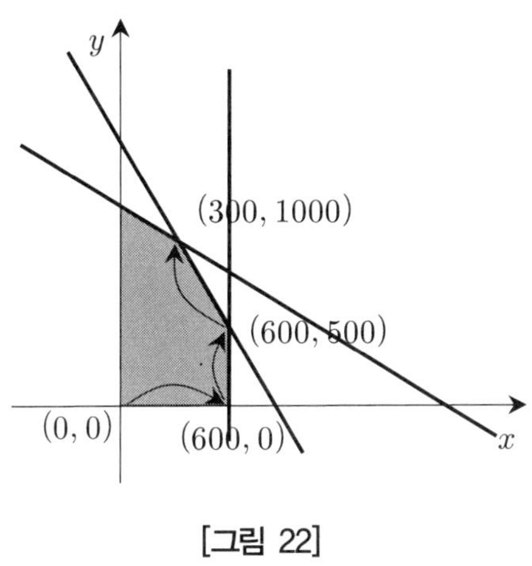

[그림 22]

일반적으로 심플렉스법은 실현가능영역의 한 꼭짓점에서 다른 꼭짓점으로 계속 옮겨가면서 최적해를 찾는 방법이라고 할 수 있다.

3.3 연습문제

※ 심플렉스법을 사용하여 다음에 주어진 선형계획법 문제의 최적값과 최적해를 구하여라. (1~6)

1. Maximize $p = x + y$

subject to
$$x + 2y \le 3$$
$$2x + y \le 3$$
$$x \ge 0,\ y \ge 0$$

2. Maximize $p = 3x + y$

subject to
$$x + 2y \le 3$$
$$2x + y \le 3$$
$$x \ge 0,\ y \ge 0$$

3. Maximize $p = 5x - 4y + 3z$

subject to
$$x + z \le 10$$
$$y - z \le 5$$
$$x - y \le 5$$
$$x \ge 0,\ y \ge 0,\ z \ge 0$$

4. Maximize $p = 3x + 4y + 2z$

subject to
$$3x + y + z \le 5$$
$$x + 2y + z \le 5$$
$$x + y + z \le 4$$
$$x \ge 0,\ y \ge 0,\ z \ge 0$$

5. Maximize $p = x + y + z + w$

subject to
$$x + y + z \le 3$$
$$y + z + w \le 4$$
$$x + z + w \le 5$$
$$x + y + w \le 6$$
$$x \ge 0,\ y \ge 0,\ z \ge 0,\ w \ge 0$$

6. Maximize $p = x - y + z + w$

subject to
$$x + y + z \le 3$$
$$y + z + w \le 3$$
$$x + z + w \le 4$$
$$x + y + w \le 4$$
$$x \ge 0,\ y \ge 0,\ z \ge 0,\ w \ge 0$$

7. 어느 악세사리 공장에서 A, B, C 세 종류의 악세사리를 3번의 공정과정을 거쳐서 만들고 있다. 첫 번째 과정의 기계에서는 A와 C 제품은 1번의 작동을 거치고 B 제품은 2번의 작동을 거쳐야 하며 이 기계는 하루에 430번 작동할 수 있다. 두 번째 과정의 기계에서는 A 제품은 3번의 작동을 거치고 B 제품은 이 과정을 거치지 않아도 되며 C 제품은 2번의 작동을 거쳐야 하며 이 기계는 하루에 460번 작동할 수 있다. 또한 세 번째 과정의 기계에서는 A 제품은 1번의 작동을 거치고 B 제품은 4번의 작동을 거쳐야 하고 C 제품은 이 과정을 거치지 않아도 되며 이 기계는 하루에 420번 작동

할 수 있다. A, B, C 세 제품에 대한 이익이 각각 3만원, 2만원, 5만원이라고 한다.

(1) 이 회사가 얻는 최대이익은 얼마인가?

(2) 이 회사가 최대이익을 얻기 위해 생산해야 하는 세 제품의 개수는 몇 개인가?

8. 어느 음료 제조회사의 하나의 생산라인에서 배와 복숭아를 주원료로 하는 혼합음료 I, II, III 세 가지 제품을 생산하고 있다. 배합과정에서 1분당 사용할 수 있는 배와 복숭아의 양과 각 제품 1개당 사용되는 배와 복숭아의 양은 다음과 같다.(단위는 ml)

	혼합음료 I	혼합음료 II	혼합음료 III	분당 사용량
배	20	10	16	3200
복숭아	10	20	16	4000

캔 처리 과정에서는 1분당 600개를 처리할 수 있고 혼합음료 I은 2회 포장을 해야 하고 혼합음료 II와 III는 1회 포장을 해야 하는데 포장과정에서는 1분당 400회 포장을 할 수 있다고 한다.

(1) 혼합음료 I은 개당 100원, 혼합음료 II는 개당 60원 그리고 혼합음료 III는 개당 80원의 이익이 생긴다면, 이 생산라인에서 1시간에 얻을 수 있는 최대 이익은 얼마인가?

(2) 또한 이 생산라인에서 시간당 최대 이익을 얻으려면 혼합음료 I, II, III를 1시간에 각각 몇 개씩 생산해야 하는가?

3.4 심플렉스법: 일반적인 선형계획법 문제

3.3절에서는 선형계획법 문제가 표준형 최대화 문제가 되는 경우만 다루었다. 3.2절에서도 보았듯이 모든 선형계획법 문제가 표준형 최대화 문제가 되는 것은 아니다. 표준형 최대화 문제가 아닌 일반적인 선형계획법 문제는 크게 두 가지로 나누어서 생각할 수 있다.

첫째, 제약조건에서 부등호가 $\geq$ 또는 $=$가 되는 경우이다.

예를 들면, $2x+3y+z \geq 4$ 또는 $2x+3y+z=4$

둘째, 목적함수의 최댓값 대신 최솟값을 구하는 경우이다.

일반적인 선형계획법 문제도 표준형 최대화 문제의 심플렉스법을 조금 변형시켜서 해결할 수 있다.

먼저 표준형이 아닌 최대화 문제의 해법을 예제를 통해 알아보자.

표준형이 아닌 최대화 문제

예제 1 Maximize $P=4x+12y+6z$

$$\begin{aligned} \text{subject to} \quad x+\ \ y+\ \ z &\leq 100 \\ 4x+10y+7z &\leq 480 \\ x+\ \ y+\ \ z &\geq 60 \\ x \geq 0, y \geq 0, z &\geq 0 \end{aligned}$$

풀이 처음 두 부등식은 표준형이므로 여유변수를 써서 방정식으로 바꿀 수 있다. 세 번째 부등식을 방정식으로 바꾸어 쓰기 위해서는 영 이상인 어떤 수를 빼주어야 한다. 이 수 u를 **잉여변수**(surplus variable)라 한다. 이렇게 하면 주어진 선형계획법 문제를 아래와 같은 연립방정식의 형태로 쓸 수 있게 된다.

$$\begin{aligned} x + \quad y + \quad z + s \qquad\qquad\quad &= 100 \\ 4x + 10y + 7z \quad + t \qquad\quad &= 480 \\ x + \quad y + \quad z \qquad\quad - u \quad &= \ 60 \\ -4x - 12y - 6z \qquad\qquad + P &= \ \ 0 \end{aligned}$$

이것으로부터 초기표를 만들면 아래와 같다.

	x	y	z	s	t	u	P	
s	1	1	1	1	0	0	0	100
t	4	10	7	0	1	0	0	480
u*	1	1	1	0	0	−1	0	60
P	−4	−12	−6	0	0	0	1	0

이때 초기표에서 기본해를 구해 보면

$$x = y = z = 0,\ s = 100,\ t = 480,\ u = -60,\ P = 0$$

이 된다. 이것은 두 가지 문제점이 있다.

첫째, $x = y = z = 0$은 $x + y + z \geq 60$을 만족하지 않으므로 실현가능영역내의 점이 아니라는 것이다.

둘째, 잉여변수 u는 영 이상인 수라고 가정했는데 음수가 되었다.

이러한 문제점은 활성변수 u가 음수인 것에서 생겼으므로 그것을 표시하기 위하여 u에 *를 붙이도록 한다. 표준이 아닌 문제에서 부등호가 $\geq$인 경우 이런 일이 생기게 된다. 앞 절에서 표준형 최대화 문제를 심플렉스법으로 풀 때 기본해가 실현가능영역에서 시작했으므로 표준이 아닌 최댓값 문제도 *가 붙은 행을 제거하여 실현가능영역에서 시작할 수 있도록 만들면 그 다음 절차는 표준형 최대화 문제의 심플렉스법과 같아지게 된다.

[일반적인 선형계획법 문제의 심플렉스 해법]

활성변수가 음이 되는 경우 변수의 오른쪽 옆에 *를 붙인다. *가 붙은 행이 있는 경우 국면 I에서 시작하여야 한다.

국면 I : 실현가능영역으로 진입하기(*를 제거하기)

*가 붙은 행에서 가장 큰 양수를 택한다. 그 수를 포함하는 열에서 테스트 비율이 가장 작게 되는 양수를 피봇으로 택한다.

(만약 가장 작은 비율이 되는 수가 *가 붙은 행과 *가 붙지 않은 행에서 똑같이 나타나면 *가 붙은 행의 성분을 피봇으로 택한다.)

피봇팅을 한 후 *가 붙은 행이 없어질 때까지 국면 I에서 계속하고 *가 붙은 행이 없어지면 국면 II로 넘어간다.

국면 II : 표준형 최대화 문제의 심플렉스법을 사용하기

*가 붙은 행이 없어졌으므로 앞 절에서 사용한 심플렉스법으로 해결할 수 있다.

예제에서 *가 붙은 행이 있으므로 국면 I에서 시작하여야 한다. *가 붙은 행에서 가장 큰 양수는 1인데 1이 3개 있다. 이때는 아무것이나 택해도 되므로 첫 번째 1을 택하여 그 열에서 피봇을 찾는다. 테스트 비율이 가장 작은 수는 u*행에 있는 1이므로 그것을 피봇으로 택한다.

	x	y	z	s	t	u	P		
s	1	1	1	1	0	0	0	100	$-R_3+R_1$
t	4	10	7	0	1	0	0	480	$-4R_3+R_2$
u*	[1]	1	1	0	0	−1	0	60	
P	−4	−12	−6	0	0	0	1	0	$4R_3+R_4$
	↑ 피봇열								

	x	y	z	s	t	u	P	
s	0	0	0	1	0	1	0	40
t	0	6	3	0	1	4	0	240
x	1	1	1	0	0	−1	0	60
P	0	−8	−2	0	0	−4	1	240

두 번째 표에서 기본해는

$$x = 60,\ y = 0,\ z = 0,\ s = 40,\ t = 240,\ u = 0,\ P = 240$$

이고 어떤 변수도 음수가 아니므로 *가 제거되었다. 이 기본해는 실현가능영역 내에 있게 되어서 제약조건을 만족하게 된다. *가 붙은 행이 없으므로 바로 국면 II로 가서 심플렉스법을 사용하면 된다.

	x	y	z	s	t	u	P	
s	0	0	0	1	0	1	0	40
t	0	$\boxed{6}$	3	0	1	4	0	240
x	1	1	1	0	0	−1	0	60
P	0	−8	−2	0	0	−4	1	240

↑ 피봇열 (y 열)

	x	y	z	s	t	u	P		
s	0	0	0	1	0	1	0	40	
t	0	$\boxed{1}$	$\frac{1}{2}$	0	$\frac{1}{6}$	$\frac{2}{3}$	0	40	
x	1	1	1	0	0	−1	0	60	$-R_2 + R_3$
P	0	−8	−2	0	0	−4	1	240	$8R_2 + R_4$

	x	y	z	s	t	u	P	
s	0	0	0	1	0	1	0	40
y	0	1	$\frac{1}{2}$	0	$\frac{1}{6}$	$\frac{2}{3}$	0	40
x	1	0	$\frac{1}{2}$	0	$-\frac{1}{6}$	$-\frac{5}{3}$	0	20
P	0	0	2	0	$\frac{4}{3}$	$\frac{4}{3}$	1	560

따라서 $x = 20$, $y = 40$, $z = 0$일 때 최댓값 $P = 560$이고여유변수와 잉여변수는 각각 $s = 40$, $t = 0$, $u = 0$이다.

예제 2 Maximize $P = 2x + y$

subject to
$$\begin{aligned} x + \ \ y &\ge 35 \\ x + 2y &\le 60 \\ 2x + \ \ y &\ge 60 \\ x \qquad &\le 25 \\ x \ge 0, y &\ge 0 \end{aligned}$$

풀이 주어진 선형계획법 문제를 여유변수와 잉여변수를 써서 연립방정식으로 만들고 초기표를 만들면 다음과 같다.

$$\begin{aligned} x + \ \ y - s \qquad\qquad\qquad &= 35 \\ x + 2y \quad + t \qquad\qquad &= 60 \\ 2x + \ \ y \qquad - u \qquad &= 60 \\ x \qquad\qquad\qquad + v \quad &= 25 \\ -2x - \ \ y \qquad\qquad\qquad + P &= 0 \end{aligned}$$

	x	y	s	t	u	v	P		
s^*	1	1	−1	0	0	0	0	35	$-R_4 + R_1$
t	1	2	0	1	0	0	0	60	$-R_4 + R_2$
u^*	2	1	0	0	−1	0	0	60	$-2R_4 + R_3$
v	[1]	0	0	0	0	1	0	25	
P	−2	−1	0	0	0	0	1	0	$2R_4 + R_5$

↑ 피봇열 (x)

*가 붙은 행 중 첫 번째 행에서 가장 큰 양수는 1이고 두 개 중에 x 열의 1을 택하자. 테스트 비율이 가장 작은 것은 v행의 1이므로이것을 피봇으로 택한다.

	x	y	s	t	u	v	P		
s^*	0	[1]	−1	0	0	−1	0	10	
t	0	2	0	1	0	−1	0	35	$-2R_1 + R_2$
u^*	0	1	0	0	−1	−2	0	10	$-R_1 + R_3$
x	1	0	0	0	0	1	0	25	
P	0	−1	0	0	0	2	1	50	$R_1 + R_3$

↑ 피봇열 (y)

기본해는 $x=25$, $y=0$, $s=-10$, $t=35$, $u=-10$, $v=0$, $P=50$이므로 여전히 s와 u가 음수이므로 *가 붙어있게 된다. *를 없애기 위해 첫 번째 행에서 0아닌 수를 보면 y열의 1밖에 없으므로 그 열이 피봇열이 되고 첫 번째 행의 1이 테스트 비율이 가장 적으므로 피봇이 된다.

	x	y	s	t	u	v	P	
y	0	1	−1	0	0	−1	0	10
t	0	0	2	1	0	1	0	15
u	0	0	1	0	−1	−1	0	0
x	1	0	0	0	0	1	0	25
P	0	0	−1	0	0	1	1	60

표로부터 기본해는 $x=25$, $y=10$, $s=0$, $t=15$, $u=0$, $v=0$, $P=60$이므로 모두 실현가능영역에 있게 된다. 따라서 국면 II로 넘어간다.

	x	y	s	t	u	v	P		
y	0	1	−1	0	0	−1	0	10	R_3+R_1
t	0	0	2	1	0	1	0	15	$-2R_3+R_2$
u	0	0	[1]	0	−1	−1	0	0	
x	1	0	0	0	0	1	0	25	
P	0	0	−1	0	0	1	1	60	R_3+R_5

	x	y	s	t	u	v	P	
y	0	1	0	0	−1	−2	0	10
t	0	0	0	1	[2]	3	0	15
s	0	0	1	0	−1	−1	0	0
x	1	0	0	0	0	1	0	25
P	0	0	0	0	−1	0	1	60

	x	y	s	t	u	v	P		
y	0	1	0	0	-1	-2	0	10	R_2+R_1
t	0	0	0	$\frac{1}{2}$	$\boxed{1}$	$\frac{3}{2}$	0	$\frac{15}{2}$	
s	0	0	1	0	-1	-1	0	0	R_2+R_3
x	1	0	0	0	0	1	0	25	
P	0	0	0	0	-1	0	1	60	R_2+R_5

	x	y	s	t	u	v	P	
y	0	1	0	$\frac{1}{2}$	0	$-\frac{1}{2}$	0	$\frac{35}{2}$
u	0	0	0	$\frac{1}{2}$	$\boxed{1}$	$\frac{3}{2}$	0	$\frac{15}{2}$
s	0	0	1	$\frac{1}{2}$	0	$\frac{1}{2}$	0	$\frac{15}{2}$
x	1	0	0	0	0	1	0	25
P	0	0	0	$\frac{1}{2}$	0	$\frac{3}{2}$	1	$\frac{135}{2}$

이제 맨 아래 행에 음수가 없으므로 표를 읽어주면 해가 된다. $x=25$, $y=\frac{35}{2}$일 때 최댓값 $P=\frac{135}{2}$가 되고 이때 여유변수와 잉여변수는 $s=\frac{15}{2}$, $t=0$, $u=\frac{15}{2}$, $v=0$이 된다.

주의 예제 2는 미지수가 2개인 경우의 선형계획법 문제이므로 그래프 해법으로 푸는 것이 더 쉽다. 실제로 그림 23에서 실현가능영역에서 꼭짓점이 움직이는 것이 기본해가 움직이는 것과 같다.

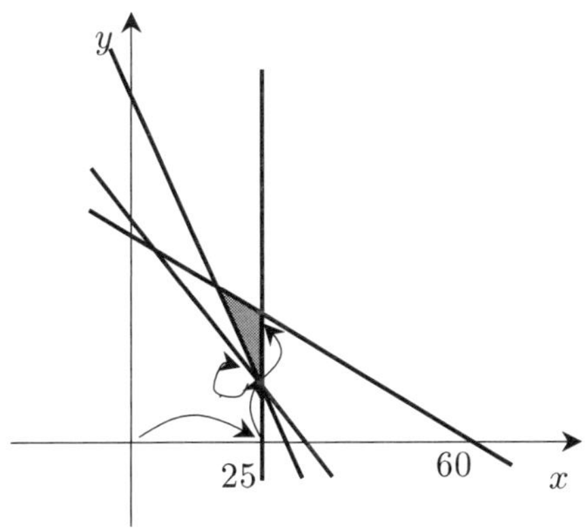

[그림 23]

최소화 문제

이제 목적함수의 최솟값을 구하는 문제를 생각하자. 목적함수의 최솟값을 구하는 것은 최댓값을 구하는 문제로 바꾸어서 해결할 수 있다. 예를 들어 어떤 제약조건 하에서 $C=10x-30y$의 최솟값을 구하고 싶다면 먼저 $P=-C=-10x+30y$인 P를 택한다. 그렇게 하면 P의 값을 크게 하면 C의 값은 작아질 것이다. 따라서 C의 최솟값을 구하고 싶다면 P의 최댓값을 구하면 된다. 즉, $C=10x-30y$의 최솟값을 구하는 문제는 $P=-10x+30y$의 최댓값을 구하는 문제가 된다. 그리고 다른 제약조건은 바꾸지 않고 그대로 두면 된다. 예제를 통해서 알아보자.

예제 3 어느 회사에서 사무실에 쓸 가구를 주문하려고 한다. 이 회사는 최소한 책상 200개와 의자 500개 그리고 컴퓨터 책상 300개가 필요하다. A 가구회사에서는 200만원에 책상 20개와 의자 25개 그리고 컴퓨터 책상 18개를 패키지로 판매하고 있고, B 가구회사에서는 300만원에 책상 10개와 의자 50개 그리고 컴퓨터 책상 24개를 패키지로 판매하고 있다. 총 비용을 최소화하려면 각 가구점으로부터 몇 개의 패키지를 구입해야 하는가?

풀이 주어진 문제에서 미지수를 각각

$x=$A 가구회사로부터 구매하는 패키지의 수

$y=$B 가구회사로부터 구매하는 패키지의 수

라 하자. 문제의 조건으로부터 표를 만들어 보면 다음과 같다.

	A 회사	B회사	필요한 수량
책상	20	10	200
의자	25	50	500
컴퓨터 책상	18	24	300
비용	200(만원)	300(만원)	

이것으로부터 선형계획법 문제를 만들면 다음과 같다.

$$\begin{aligned} &\text{Minimize} \quad C=200x+300y \\ &\text{subject to} \quad 20x+10y \geq 200 \\ &\qquad\qquad\quad\ 25x+50y \geq 500 \\ &\qquad\qquad\quad\ 18x+24y \geq 300 \\ &\qquad\qquad\quad\ x \geq 0, y \geq 0 \end{aligned}$$

최솟값 문제를 최댓값 문제로 바꾸고 제약조건에서 계수들을 간단히 하면 다음의 선형계획법 문제가 된다.

$$\begin{aligned} &\text{Maximize} \quad P=-200x-300y \\ &\text{subject to} \quad 2x+y \geq 20 \\ &\qquad\qquad\quad\ x+2y \geq 20 \\ &\qquad\qquad\quad\ 3x+4y \geq 50 \\ &\qquad\qquad\quad\ x \geq 0, y \geq 0 \end{aligned}$$

잉여변수를 도입해서 연립방정식으로 바꾸어 쓰고 대응하는 초기표를 만들면 다음과 같다.

$$\begin{array}{rl} 2x+y-s & =20 \\ x+2y-t & =20 \\ 3x+4y-u & =50 \\ 200x+300y+p & =0 \end{array}$$

	x	y	s	t	u	P		
s^*	$\boxed{2}$	1	−1	0	0	0	20	$\frac{1}{2}R_1$
t^*	1	2	0	−1	0	0	20	
u^*	3	4	0	0	−1	0	50	
P	200	300	0	0	0	1	0	
	↑ 피봇열							

(기본해: $x=0,\ y=0,\ s=t=-20,\ u=-50,\ P=0$)

*가 붙은 첫 번째 행에서 가장 큰 양수는 2이고 2가 포함된 열에서 테스트 비율이 가장 작은 수도 2이므로 2가 피봇이다. 일반적인 선형계획법 문제의 심플렉스 해법을 적용하면 다음과 같은 풀이를 얻을 수 있다.

	x	y	s	t	u	P		
s^*	$\boxed{1}$	$\frac{1}{2}$	$-\frac{1}{2}$	0	0	0	10	
t^*	1	2	0	−1	0	0	20	$-R_1+R_2$
u^*	3	4	0	0	−1	0	50	$-3R_1+R_3$
P	200	300	0	0	0	1	0	$-200R_1+R_4$

	x	y	s	t	u	P		
x	1	$\frac{1}{2}$	$-\frac{1}{2}$	0	0	0	10	
t^*	0	$\boxed{\frac{3}{2}}$	$\frac{1}{2}$	−1	0	0	10	$\frac{2}{3}R_2$
u^*	0	$\frac{5}{2}$	$\frac{3}{2}$	0	−1	0	20	
P	0	200	100	0	0	1	−2000	
		↑ 피봇열						

(기본해: $x=10,\ y=s=0,\ t=-10,\ u=-20,\ P=-2000$)

	x	y	s	t	u	P		
x	1	$\frac{1}{2}$	$-\frac{1}{2}$	0	0	0	10	$-\frac{1}{2}R_2+R_1$
t^*	0	$\boxed{1}$	$\frac{1}{3}$	$-\frac{2}{3}$	0	0	$\frac{20}{3}$	
u^*	0	$\frac{5}{2}$	$\frac{3}{2}$	0	-1	0	20	$-\frac{5}{2}R_2+R_3$
P	0	200	100	0	0	1	-2000	$-200R_2+R_4$

	x	y	s	t	u	P		
x	1	0	$-\frac{2}{3}$	$\frac{1}{3}$	0	0	$\frac{20}{3}$	
y	0	1	$\frac{1}{3}$	$-\frac{2}{3}$	0	0	$\frac{20}{3}$	
u^*	0	0	$\frac{2}{3}$	$\boxed{\frac{5}{3}}$	-1	0	$\frac{10}{3}$	$\frac{3}{5}R_3$
P	0	0	$\frac{100}{3}$	$\frac{400}{3}$	0	1	$-\frac{10000}{3}$	
				↑ 피봇열				

(기본해: $x=\frac{20}{3}$, $y=\frac{20}{3}$, $s=t=0$, $u=-\frac{10}{3}$, $P=-\frac{10000}{3}$)

	x	y	s	t	u	P		
x	1	0	$-\frac{2}{3}$	$\frac{1}{3}$	0	0	$\frac{20}{3}$	$-\frac{1}{3}R_3+R_1$
y	0	1	$\frac{1}{3}$	$-\frac{2}{3}$	0	0	$\frac{20}{3}$	$\frac{2}{3}R_3+R_2$
u^*	0	0	$\frac{2}{5}$	$\boxed{1}$	$-\frac{3}{5}$	0	2	
P	0	0	$\frac{100}{3}$	$\frac{400}{3}$	0	1	$-\frac{10000}{3}$	$-\frac{400}{3}R_3+R_4$

	x	y	s	t	u	P		
x	1	0	$-\frac{4}{5}$	0	$\frac{1}{5}$	0	6	
y	0	1	$\frac{3}{5}$	0	$-\frac{2}{5}$	0	8	
t	0	0	$\boxed{\frac{2}{5}}$	1	$-\frac{3}{5}$	0	2	$\frac{5}{2}R_3$
P	0	0	-20	0	80	1	-3600	
			↑ 피봇열					

(기본해: $x=6,\ y=8,\ s=u=0,\ t=2,\ P=-3600$)

이제 *가 붙은 행이 없으므로 국면 I는 끝났고 국면 II로 넘어가면 된다.

	x	y	s	t	u	P		
x	1	0	$-\frac{4}{5}$	0	$\frac{1}{5}$	0	6	$\frac{4}{5}R_3+R_1$
y	0	1	$\frac{3}{5}$	0	$-\frac{2}{5}$	0	8	$-\frac{3}{5}R_3+R_2$
t	0	0	$\boxed{1}$	$\frac{5}{2}$	$-\frac{3}{2}$	0	5	
P	0	0	-20	0	80	1	-3600	$20R_3+R_4$

	x	y	s	t	u	P	
x	1	0	0	2	-1	0	10
y	0	1	0	$-\frac{3}{2}$	$\frac{1}{2}$	0	5
s	0	0	1	$\frac{5}{2}$	$-\frac{3}{2}$	0	5
P	0	0	0	50	50	1	-3500

따라서 $x=10,\ y=5$일 때 최댓값 $P=-3500$(이때 $s=5,\ t=0,\ u=0$)이므로 $x=10,\ y=5$일 때 최솟값 $C=3500$(만원이다. 즉, A 가구회사에서 패키지 10개와 B 가구회사에서 패키지 5개를 구매할 때 최소비용 3,500만원이 든다.

위의 문제에서 잉여변수는 $s=5$, $t=0$, $u=0$이므로 책상의 수는 필요한 것보다 50개를 더 구매했고 (부등식을 10으로 나눈 후에 잉여변수 s를 도입했기 때문에 5×10개를 구입한 것이 된다.) 의자와 컴퓨터 책상은 필요한 수만큼 구입한 것이 된다.

주의 예제 3의 경우도 변수가 두 개인 선형계획법의 문제이므로 그래프 해법으로 푸는 것이 더 간단하다.

3.4 연습문제

※ 심플렉스법을 사용하여 다음에 주어진 선형계획법 문제의 최적값과 최적해를 구하여라. (1~6)

1. Maximize $p = x + y$

subject to
$$\begin{aligned} x + 2y &\ge 6 \\ -x + y &\le 4 \\ 2x + y &\le 8 \\ x \ge 0,\ y &\ge 0 \end{aligned}$$

2. Maximize $p = 2x + 5y + 3z$

subject to
$$\begin{aligned} x + y + z &\le 15 \\ x + y + z &\ge 10 \\ x \ge 0,\ y \ge 0,\ z &\ge 0 \end{aligned}$$

3. Minimize $c = x - y$

subject to
$$\begin{aligned} x + 2y &\ge 3 \\ 2x + y &\ge 3 \\ x &\le 5 \\ y &\le 8 \\ x \ge 0,\ y &\ge 0 \end{aligned}$$

4. Minimize $c = 2x + y + 3z$

subject to
$$\begin{aligned} x + y + z &\ge 10 \\ 2x + y &\ge 5 \\ y + z &\ge 5 \\ x \ge 0,\ y \ge 0,\ z &\ge 0 \end{aligned}$$

5. Minimize $c = x + y + z + w$

subject to
$$\begin{aligned} 5x - y + w &\ge 10 \\ z + w &\le 20 \\ x + y &\le 5 \\ x \ge 0,\ y \ge 0,\ z \ge 0,\ w &\ge 0 \end{aligned}$$

6. Minimize $c = x + y + z + w$

subject to
$$\begin{aligned} x + y &\ge 30 \\ x + z &\ge 20 \\ x + y - w &\le 10 \\ y + z - w &\le 10 \\ x \ge 0,\ y \ge 0,\ z \ge 0,\ w &\ge 0 \end{aligned}$$

7. 지혜가 살고 있는 도시에는 A와 B 두 개의 공원이 있다. 지혜는 공원에서 동물들을 구경하기도 하고 식물들을 관찰하기도 하고 가끔은 그림을 그리기도 하며 봉사활동도 하기 위해서 친구들과 공원에 간다. A공원을 가기위해서는 한번 환승을 해서 버스를 두 번 타야하고 B공원을 가기 위해서는 버스를 한번만 타면 된다. A공원은 입장료가 4,000원이고 B공원은 입장료가 3,000원이다. 지혜는 공원에 갈 때마다 2,000원어치 간식을 한 달 용돈 20,000원에서 사 먹는다. 하지만 A공원에는 할아버지께서 계셔서 갈 때마다 용돈을 5,000원을 얻는다. 지혜는 5월에 공원을 총 6번 이상을 갔고 공

원을 가기 위해서 버스는 10번 이상 탔다. 5월에는 용돈을 공원에서 간식을 사 먹는 것에만 썼는데 할아버지께서 주신 용돈과 합하여 14,000원 이상이 남아있다. 이때, 5월동안 입장료로 지불한 금액이 최소가 되려면 지혜가 A공원과 B공원을 각각 몇 번을 갔었어야 할까? 그리고 입장료로 지불한 최소 금액은 얼마인가?

8. 어느 대형서점에서 소설 4,000권과 비소설 6,000권을 구매하려고 한다. 두 출판사로부터 납품의향서를 받았다. A출판사는 소설 5권과 비소설 5권의 패키지를 50,000원에 납품할 수 있고 B출판사는 소설 5권과 비소설 10권의 패키지를 80,000원에 납품할 수 있다고 한다.

(1) 이 서점에서 최소의 비용으로 소설 4,000권과 비소설 6,000권을 구매하기 위해서 각 출판사에서 몇 개의 패키지를 구매하여야 하는가? 그리고 최소 비용은 얼마인가?

(2) B출판사보다 A출판사에서 20% 더 많은 패키지를 구매하기로 A출판사에 약속을 하였다면 최소 비용으로 구매하기 위해 각각 몇 개의 패키지를 구매하여야 하고 최소 비용은 얼마인가?

(3) 두 출판사 모두에게 총 금액이 같아지도록 구매할 것을 약속을 하였다면 최소 비용으로 구매하기 위해 각각 몇 개의 패키지를 구매하여야 하고 최소 비용은 얼마인가?

제 4 장

비선형모델

4.1 이차함수와 모델

1장에서 다룬 선형함수는 대단히 유용하지만 실제 생활에서 적용할 때 변수들의 범위가 아주 제한적인 범위에서 비교적 정확한 결과를 얻을 수 있다. 두 변량 사이의 관계는 직선보다는 곡선으로 모델링될 때가 더 많다. 비선형인 함수 중 가장 단순한 경우가 **이차함수**(quadratic function)이다.

정의 4.1.1 [이차함수]

변수 x에 대한 **이차함수**(quadratic function)는 다음 형태의 함수이다.

$$f(x) = ax^2 + bx + c,\ \ a(\neq 0), b, c\text{는 상수}$$

[포물선의 특징]

$y = ax^2 + bx + c$의 그래프는

$$\begin{aligned} y &= ax^2 + bx + c \\ &= a\left(x^2 + \frac{b}{a}x + \left(\frac{b}{2a}\right)^2 - \left(\frac{b}{2a}\right)^2\right) + c \\ &= a\left(x + \frac{b}{2a}\right)^2 + \frac{-b^2 + 4ac}{4a} \end{aligned}$$

이므로 다음과 같은 특징을 갖는 포물선이다.

1. $a > 0$이면 위로 오목이고 $a < 0$이면 아래로 오목인 포물선이다.
2. 꼭짓점(vertex)의 좌표는 $\left(-\frac{b}{2a}, \frac{-b^2 + 4ac}{4a}\right)$이다.
3. x절편(x−intercept)은 $\frac{-b \pm \sqrt{b^2 - 4ac}}{2a}$이다. (근의 공식)
4. y절편(y−intercept)은 c이다.
5. 직선 $x = -\frac{b}{2a}$에 대칭이다.

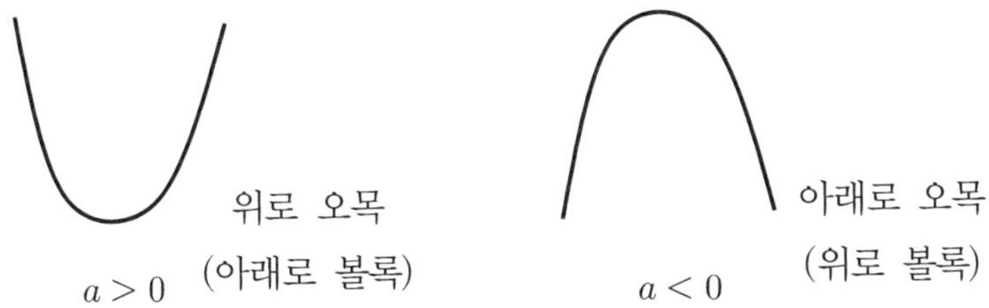

[그림 1]

예제 1 $f(x) = x^2 - 2x - 3$의 그래프를 그려라.

풀이 $y = x^2 - 2x - 3 = (x-1)^2 - 4$이므로 위로 오목이고 꼭짓점은 $(1, -4)$이고 x절편은 3과 -1이며 y절편은 -3이다. 그리고 직선 $x = 1$에 대칭이다. 즉,

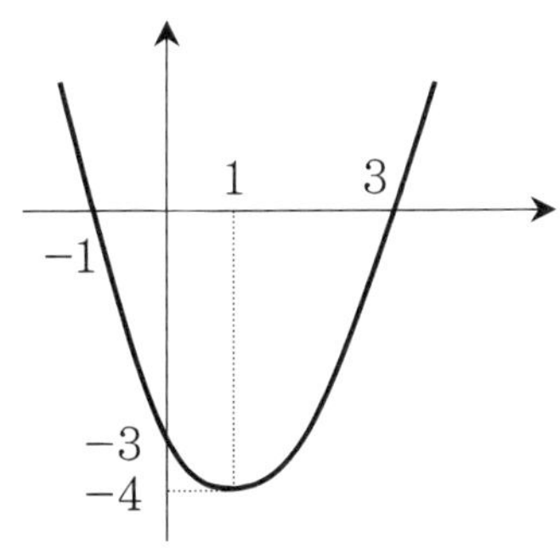

[그림 2]

예제 2 한 출판사가 공상과학소설의 판매에 대한 수요곡선을 다음과 같이 예측하였다.

$$q = -2{,}000p + 150{,}000$$

여기서 q는 권당 p(천)원으로 연간 판매할 수 있는 책의 권수이다. 최대 수입을 얻으려면 책 값을 얼마로 책정하여야 하나?

풀이 총 수입은

$$\begin{aligned} R &= pq \\ &= p(-2000p + 150000) \\ &= -2000p^2 + 150000p \end{aligned}$$

이다. 위의 총 수입함수는

$$a = -2000,\ b = 150000 \text{이고}\ \ c = 0$$

인 이차함수($y = ax^2 + bx + c$)이다. $a < 0$이므로 함수의 그래프는 아래로 오목이므로 꼭짓점에서 최대값을 갖게 된다. 꼭짓점의 p좌표는

$$p = -\frac{150000}{-4000} = 37.5$$

이고 이때, 최대 수입은 다음과 같다.

$$R = -2000(37.5)^2 + 150000(37.5) = 2{,}812{,}500(\text{천 원})$$

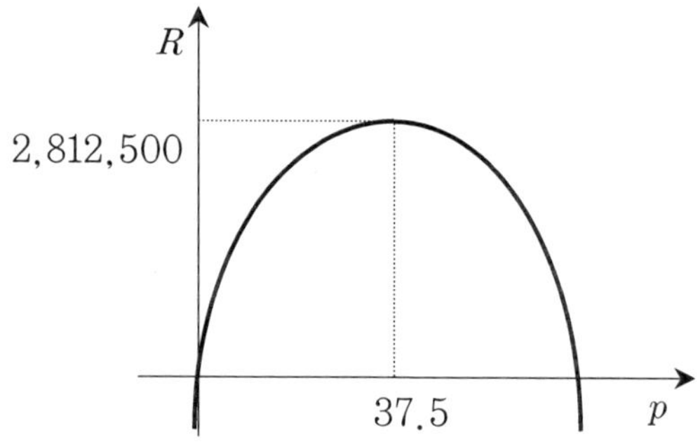

[그림 3]

4.1 연습문제

1. 다음 함수의 꼭짓점의 좌표와 절편을 구하고 그래프를 그려라.

(1) $f(x) = -x^2 + 4x - 4$　　(2) $f(x) = -x^2 - x$

(3) $f(x) = x^2 + x - 1$　　(4) $f(x) = 3x^2 + x - 2$

2. 세 점 $(0, 1)$, $(1, 3)$, $(-1, 1)$을 지나는 이차함수를 구하여라.

3. 수요방정식이 가격 p에 대한 선형함수 $q = -4p + 100$으로 주어졌을 때 총 수입함수를 구하고 그래프를 그려라. 또한 총 수입을 최대로 하는 가격 p를 결정하여라.

4. 품목당 가격 p의 함수로 주어진 수요함수가 $q = -3p + 300$일 때, 총 수입함수를 구하고 총 수입이 최대가 되는 가격을 구하여라.

5. 최고급 디자이너의 셔츠를 생산하는 어느 업체의 생산 원가 구조를 분석한 결과 생산량에 관계없이 월 8,000만원의 비용이 소요되며, 셔츠 1벌 당 자재 및 노무비는 8만원으로 추정되었다. p를 가격이라 하고 q를 판매량이라 할 때 셔츠에 대한 수요는

$$q = 400(50 - p)$$

의 형태를 취한다고 한다.

(1) 생산과 관련된 비용을 p의 함수로 나타내어라.

(2) 셔츠판매를 통한 총수입을 p의 함수로 나타내어라.

(3) 셔츠판매를 통한 이익을 p의 함수로 나타내어라.

(4) 가격을 얼마로 할 때, 이익이 최대가 되는가?

6. SUV 차량의 이산화탄소 배출량이 연료 효율성 x의 함수로 아래와 같이 주어진다고 하자.

$$W(x) = 32x^2 - 2080x + 44,000 \quad (12 \le x \le 33)$$

위의 모델을 가지고 이산화탄소의 배출량이 가장 적게 될 때의 연료 효율성을 구하여라.

7. 어느 헬스클럽의 수요방정식이 다음과 같다.

$$q = -0.06p + 84$$

여기서 q는 클럽 회원 수이고, p는 헬스클럽의 연회비(단위는 달러)이다.

(1) 헬스클럽은 운영비용으로 연간 20,000달러의 고정 비용이 들고 회원 한 명당 20달러의 비용이 더 든다. 연간 수입과 이익을 연회비 p의 함수로 나타내어라.

(2) 수입이 최대가 되는 연회비와 그때의 최대 수입을 구하여라.

(3) 이익이 최대가 되는 연회비와 그때의 최대 이익을 구하여라.

8. 어느 웹사이트 회사에 대한 최근 수요방정식이 다음과 같다.

$$q = -400x + 1200$$

여기서 q는 월 접속자 수이고, x는 부과되는 접속비이다. 이 사이트를 유지하기 위해서 매 달 20,000원이 들고 대용량 처리비는 접속당 500원이 든다. 접속비 x의 함수로 월 이익을 구하고, 월 이익이 최대가 되는 접속비와 그때의 최대 이익을 구하여라.

9. 1회용 종이접시에 대한 수요 함수가 아래와 같다고 하자.

$$q(p) = 361{,}201 - (p+1)^2$$

여기서 q는 종이접시 1장의 가격이 p원일 때 매달 판매되는 종이접시의 수이다. 이 함수를 사용하여 다음 물음에 답하여라.

(1) 종이접시 1장의 가격이 50원일 때 매달 팔 수 있는 종이접시의 수를 구하여라.

(2) 무료로 나누어 준다면 가지고 갈 종이접시의 수를 구하여라.

(3) 접시를 1장도 팔 수 없게 될 가격의 최저가격을 구하여라.

10. S전자의 스마트 폰의 수요가 가격이 50(만 원)일 때 40(만 개)이고 가격이 100(만 원)이면 24(만 개)인 선형함수로 나타난다고 하자. 총 수입함수를 가격 p의 함수로 나타내고 수입이 최대가 되는 가격을 결정하여라.

4.2 지수함수와 모델

4.1 절에서 비선형인 여러 가지 상황을 2차 함수로 모델링하는 경우를 살펴보았다. 그러나 인구의 증가나 방사선 동위원소의 붕괴 그리고 금융투자의 이익이나 손실 등에서는 2차 함수보다는 지수함수가 좋은 수학적인 모델이 되는 것으로 알려져 있다.

정의 4.2.1 [지수함수]

다음과 같은 형태의 함수를 **지수함수**(Exponential function)라고 한다.

$$f(x) = A\,b^x$$

여기서 A와 $b\,(>0)$는 상수이다. 이 때 b를 지수함수의 **밑**(base)이라 한다.

정리 4.2.1 [지수법칙]

양의 실수 b, c와 임의의 실수 x, y에 대하여 다음 성질이 성립한다.

$$b^0 = 1$$

$$b^x b^y = b^{x+y} \qquad \frac{b^x}{b^y} = b^{x-y} \qquad \frac{1}{b^y} = b^{-y}$$

$$(b^x)^y = b^{xy} \qquad (bc)^x = b^x c^x \qquad \left(\frac{b}{c}\right)^x = \frac{b^x}{c^x}$$

예제 1 함수 $f(x) = 20(2^x)$에 대하여 $f(3)$, $f(-3)$과 $f(0)$를 구하여라.

풀이 $f(3) = 20 \cdot 2^3 = 20 \cdot 8 = 160$

$f(-3) = 20 \cdot 2^{-3} = 20 \cdot \dfrac{1}{8} = 2.5$

$f(0) = 20 \cdot 2^0 = 20 \cdot 1 = 20$

예제 2 연리가 10%이고 연말에 이자를 재투자하는 지방채에 500만 원을 투자하였다고 가정하자. t년 후에는 얼마가 될지를 함수로 나타내어라.

풀이 5년 동안의 투자에 대한 가치를 표로 나타내면 다음과 같다.

연도 t	0	1	2	3	4	5
가치 V	500	550	605	665.5	732.05	805.255

매년 투자의 가치는 전년도의 1.1배이다. 따라서 연도 t가 1증가할 때마다 가치 V는 1.1배 증가한다. 즉,

$$V(t) = 500(1.1)^t$$

따라서 투자가치는 지수적인 모델이 된다.

일반적으로 $f(x) = Ab^x$이면 $f(x)$의 값은 x가 1증가할 때마다 원래 값의 b배가 된다.

예제 3 정의역이 실수인 두 함수 f와 g에 대한 몇 개의 함숫값이 주어져 있다. 이 두 함수 중에서 하나는 선형함수이고 다른 하나는 지수함수이다. 주어진 자료로부터 두 함수를 구분하고 그래프를 그려라.

x	-2	-1	0	1	2
$f(x)$	-7	-3	1	5	9
$g(x)$	$\frac{2}{9}$	$\frac{2}{3}$	2	6	18

풀이 함수 f는 x가 1증가할 때마다 4씩 증가한다. 따라서 함수 f는 기울기가 4인 선형함수가 되며, $f(0) = 1$이므로

$$f(x) = 4x + 1$$

한편, 함수 g는 x가 1증가할 때마다 $g(x)$의 값은 3배씩 증가하므로 지수함수가 되며, $g(0)=2$이므로

$$g(x)=2 \cdot 3^{x}$$

그래프는 다음과 같다.

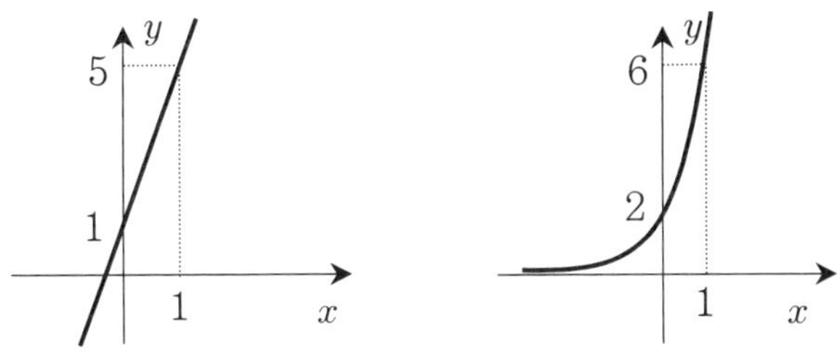

[그림 4]

예제 4 $f(x)=2^{x}$와 $g(x)=2^{-x}$의 그래프를 그려라.

풀이 함수 f와 g에 대한 몇 개의 함숫값을 표로 만들면 다음과 같다.

x	-3	-2	-1	0	1	2	3
$f(x)=2^{x}$	$\frac{1}{8}$	$\frac{1}{4}$	$\frac{1}{2}$	1	2	4	8
$g(x)=2^{-x}$	8	4	2	1	$\frac{1}{2}$	$\frac{1}{4}$	$\frac{1}{8}$

이 점들을 지나는 그래프의 개형은 다음과 같다.

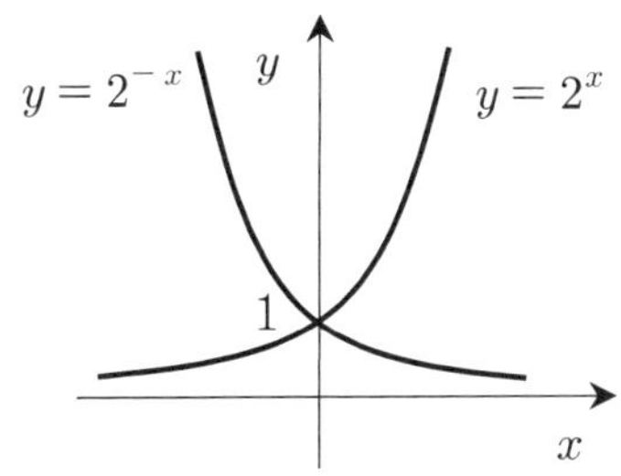

[그림 5]

일반적으로 지수함수의 그래프는 다음과 같다.

[지수함수의 그래프]

지수함수 $y = a^x$는 밑 a가 각각 $0 < a < 1$, $a = 1$ 그리고 $a > 1$일 때 다음과 같은 그래프를 가진다.

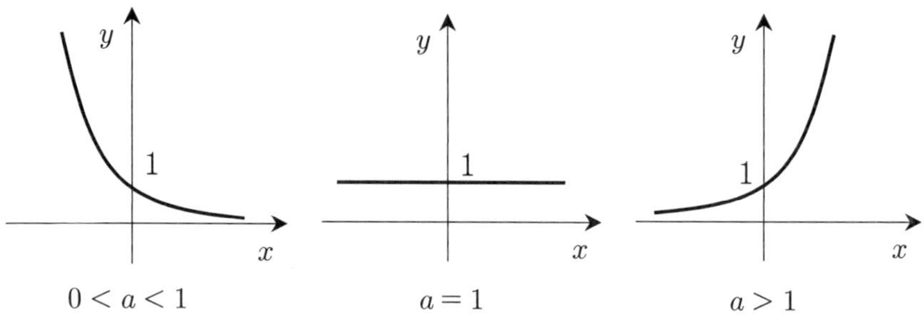

[그림 6]

예제 5 두 점 (1,6)과 (3,24)를 지나는 지수곡선의 방정식을 구하여라.

풀이 지수곡선은 $y = Ab^x$ $(b > 0)$의 형태이므로 이 식에 주어진 두 점을 대입하면 다음의 두 식을 얻는다.

$$6 = Ab$$

$$24 = Ab^3$$

둘째 방정식에서 첫째 방정식을 나누면

$$\frac{24}{6} = \frac{Ab^3}{Ab}$$

$$b^2 = 4$$

$b > 0$이므로

$$b = 2$$

이다. 이것을 $6 = Ab$에 대입하면

$$A = 3$$

이다. 따라서 구하는 지수곡선의 방정식은 다음과 같다.

$$y = 3 \cdot 2^x$$

예제 6 자료에 의하면 1980년대 AIDS전염병의 초기단계에서 감염된 사람의 수는 6개월마다 50%가 증가하였다. 1983년 초 미국에서 AIDS에 감염된 사람의 수는 1,600명이었다.

(1) 1983년을 시작으로 t년 후에 감염된 사람의 수를 예측하는 지수 모델을 구하여라.

(2) 모델을 사용하여 1986년 10월 초까지 감염된 사람의 수와 그 해 말까지 감염된 사람의 수를 예측하여라.

풀이 (1) 1983년 1월에 감염된 수가 1,600명이라고 하였으므로 지수함수 $y = Ab^t$에서 $A = 1600$이고 매 6개월마다 50%씩 증가한다고 하였으므로 1년 후에는 $(1.5)^2 = 2.25$배 증가하게 된다. 따라서 t년 후의 모델은

$$y = 1600(2.25)^t$$

으로 된다.

(2) 1986년 10월 초는 $t = 3.75$에 해당되므로

$$y = 1600(2.25)^{3.75} \approx 33481$$

이 되고 1886년 말은 $t = 4$이므로

$$y = 1600(2.25)^4 = 41006$$

이 된다.

(자료에 의하면 실제 감염자의 수는 약 41,700명이었다.)

위의 문제에서 어느 정도 시각이 흐르고 나면 감염자의 수가 매 6개월마다 50%씩 증가하지는 않는다. 만약 6개월마다 감염자의 수가 계속 50%씩 증가한다면 2003년 1월($t=20$)이 되면 감염자의 수는

$$1600(2.25)^{20} \approx 17,700,000,000\text{명}$$

이 되고, 이 수는 미국 인구의 50배가 넘는 수가 된다. 따라서 지수모델은 전염병의 초기 확산 예측에는 비교적 잘 맞는 모델이지만 장기적인 예측에는 맞지 않는 모델이다. 의생태학자들은 전염병의 확산을 예측하는 모델로, 어느 정도까지 확산이 되었을 때는 더 이상은 증가하지 않는 모델인, **로지스틱 함수**(logistic function)를 이용한다. 로지스틱 함수는 초기에는 지수함수의 모양으로 증가하다가 어느 정도 이상이 되면 안정 상태로 가는 양상을 보인다. 로지스틱 함수는 전염병의 확산 외에도 인구의 증가 또는 새로운 기술이나 신상품의 수요 모델에서도 볼 수 있다. 즉 전염병에 감염된 사람의 수는 처음에는 지수적으로 증가하지만 전체 인구 중 감염되기 쉬운 대부분의 사람이 감염된 후에는 감염속도가 느려진다.

정의 4.2.2 [로지스틱 함수]

상수 $A, N, b(b>0$그리고 $b \neq 1)$에 대하여

$$f(x) = \frac{N}{1+Ab^{-x}}$$

형태의 함수를 **로지스틱 함수**(logistic function)라고 한다.

보기 $N=6,\ A=2,\ b=1.1$이면 $f(x) = \dfrac{6}{1+2(1.1)^{-x}}$이다.

$$f(0) = \frac{6}{1+2} = 2$$

$$f(1000) = \frac{6}{1+2(1.1)^{-1000}} \approx \frac{6}{1+0} = 6$$

[로지스틱 함수의 그래프와 성질]

함수 $y=\dfrac{N}{1+Ab^{-x}}$의 성질

1. 그래프는 직선 $y=0$과 $y=N$ 사이에서 S-곡선을 그린다.
2. $b>1$이면 증가하고, $0<b<1$이면 감소한다.
3. y절편은 $\dfrac{N}{1+A}$이다.

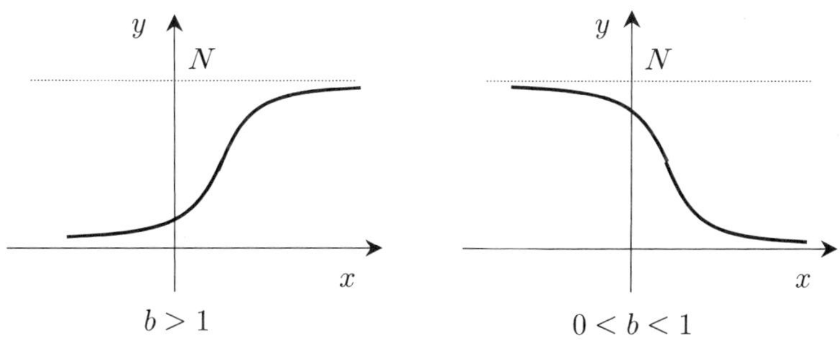

[그림 7]

로지스틱 함수와 지수함수를 비교하기 위해 로지스틱 함수 $f(x)=\dfrac{N}{1+Ab^{-x}}$에서 분모와 분자에 b^x를 곱하면

$$f(x)=\frac{Nb^x}{(1+Ab^{-x})b^x}=\frac{Nb^x}{b^x+A}$$

이 되고 x가 0으로 가까이 가면 b^x는 1에 가깝게 된다. 따라서 x가 0에 가까이 갈 때

$$f(x)\approx\frac{Nb^x}{1+A}=\left(\frac{N}{1+A}\right)b^x$$

즉, 로지스틱 함수는 x가 0으로 가까이 갈 때, 밑을 b로 하는 지수함수로 근사시킬 수 있다. 만일 x가 시간을 나타낸다면 초기의 로지스틱 함수는 지수함수와 비슷한 모양이 된다. 지수함수와 로지스틱 함수가 둘다 증가하는 현상을 나타내는 경우 지수함수는 계속 증가할 때의 모델이고 로지스틱 함수는 어느 정도 증가하고는 더 이상 증가하지 않을 때를 나타내는 모델이다.

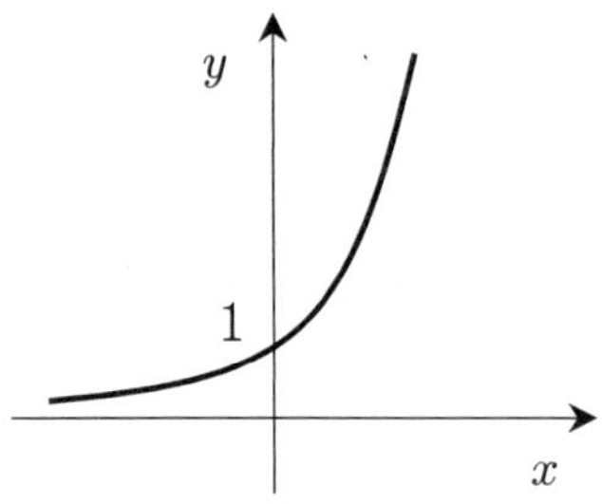

$y = b^x \;\; (b > 1)$

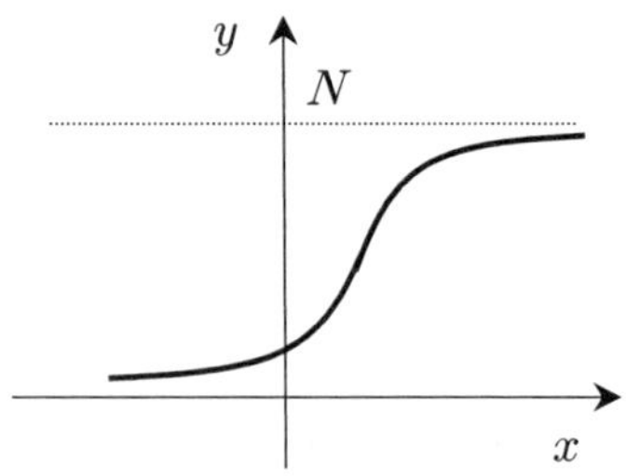

$y = \dfrac{N}{1 + Ab^{-x}} \;\; (b > 1)$

[그림 8]

예제 7 다음은 1994년부터 2003년까지 미국 내 개인용 컴퓨터(PC) 구매 가구 비율을 나타낸 표이다. ($t = 0$는 1994년을 나타낸다.)

년도(t)	0	1	2	3	4	5	6	7	8	9
PC 구매 가구(%) (p)	24	28	32	37	42	48	54	59	63	65

이 표를 관련된 로지스틱 함수로 모델링하고, 어느 정도 충분한 시간이 흐른 뒤 PC를 구매한 가구의 비율이 얼마에 가까워지는지 예측하여라.

풀이 이 표를 바탕으로 그래프를 그리면 다음과 같다.

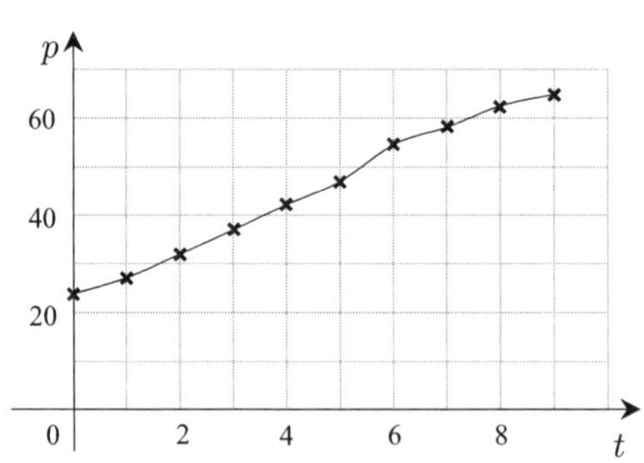

[그림 9]

그래프로부터 로지스틱 함수의 모델을 따른다는 것을 알 수 있다. 로지스틱 함수

$$p(t) = \frac{N}{1 + Ab^{-t}}$$

에 주어진 자료를 대입해서 구하면 (수치가 복잡하므로 계산기나 컴퓨터 프로그램(엑셀) 등을 이용해서 구한다.)

$$p(t) \approx \frac{84.573}{1 + 2.6428(1.2845)^{-t}}$$

이 됨을 알 수 있다. $N \approx 85$이므로 충분한 시간이 흐르고 나면 결국 85%의 가구가 PC를 구매하게 될 것으로 예측할 수 있다.

지수함수의 모델로써 복리로 이자를 주는 경우를 생각해 보자. 예를 들어 10,000원을 은행에 저금하여 1년 뒤에 10%의 이자를 지급하여 1년 뒤에 이자를 찾지 않으면 원금과 이자의 합인 11,000원에 대해 다시 10%의 이자를 지급한다고 하자. 그러면 2년 후에는 $10000(1+0.1)^2$원이 되고 이러한 과정이 계속 반복된다면 t년 후의 원금과 이자의 합계는 $10000(1+0.1)^t$가 된다.

만약, 이자 계산을 1년에 한번 하지 않고 매 분기별로 한번씩 하며 매 분기마다 2.5%의 이자를 지급한다면 1년 뒤의 원금과 이자의 합계는 $10000(1+0.025)^4$이 되며, t년 후에는 원리금의 총액이 $10000(1+0.025)^{4t}$가 된다. 같은 방법으로 연이율 10%를 1년에 m번 이자를 계산하여 지급한다면 t년 후의 원리금의 합계는

$$10000\left(1 + \frac{0.1}{m}\right)^{mt}$$

가 된다. 이것을 일반적으로 쓰면 다음과 같다.

[복리(Compound interest)]

금액 P를 연이율 r로 이자 계산을 1년에 m번 한다면 t년 동안 투자할 때, 원리금의 합계 A는

$$A(t) = P\left(1 + \frac{r}{m}\right)^{mt}$$

이다. 이것의 특별한 경우는 1년에 한 번 이자를 지급하는 경우이고 식은 다음과 같다.

$$A(t) = P(1+r)^t$$

그렇다면 1년 내내 계속적으로 이자를 계산하여 지급한다면, 다시 말해 m이 무한대로 커지게 된다면, 원리금의 합계는 얼마가 될 것인지를 생각해 보자. 금액 P를 연이율 r로 이자 계산을 m번 계산하였을 때, t년 투자한 원리금의 합계인

$$P\left(1+\frac{r}{m}\right)^{mt}$$

에서 m이 무한히 커지게 되는 경우이므로

$$\begin{aligned}A &= \lim_{m\to\infty} P\left(1+\frac{r}{m}\right)^{mt}\\ &= \lim_{m\to\infty} P\left(1+\frac{1}{(m/r)}\right)^{(m/r)rt}\\ &= \lim_{m\to\infty} P\left[\left(1+\frac{1}{(m/r)}\right)^{(m/r)}\right]^{rt} = Pe^{rt}\end{aligned}$$

이 된다. 여기서

$$\lim_{m\to\infty}\left(1+\frac{1}{m}\right)^{m} = e$$

임을 이용하였다(극한은 제 5장에서 설명한다). 이렇게 매 순간 연속적으로 이자를 계산하는 경우를 **연속적인 복리**(continuous compounding)라 한다.

> [연속적인 복리]
>
> 금액 P를 연이율 r로 연속적인 복리로 투자할 때, t년 후의 원리금의 합계 A는
>
> $$A(t) = Pe^{rt}$$

예제 8 1,000만 원을 연리 8%를 지급하는 은행에 투자하려고 한다. 이자를 1년에 한번, 6개월마다 한번, 매 분기별로 한번, 매달 한번, 매일 한 번씩 지불할 때, 그리고 연속적인 복리로 지불할 때 1년 후 원리금의 합계를 비교해 보아라.

풀이 연 이율 8%에 대해서 이자지급 방법에 따른 원리금의 합을 표로 만

들어 보면 다음과 같다.

1년 이자 지급 횟수	원리금의 총합 (만원)
1년에 1번 $m=1$	$A=1000\left(1+\frac{0.08}{1}\right)^1=1080.00$
6개월에 1번 $m=2$	$A=1000\left(1+\frac{0.08}{2}\right)^2=1081.60$
분기별로 1번 $m=4$	$A=1000\left(1+\frac{0.08}{4}\right)^4=1082.43$
매월 1번 $m=12$	$A=1000\left(1+\frac{0.08}{12}\right)^{12}\approx 1083.00$
매일 1번 $m=365$	$A=1000\left(1+\frac{0.08}{365}\right)^{365}\approx 1083.28$
연속적인 복리 $m\to\infty$	$A=1000e^{0.08}\approx 1083.29$

앞에서 살펴본 바와 같이 연 이자율이 같더라도 1년에 이자 계산을 몇 번하느냐에 따라 이자 총액은 달라진다. 이자 총액의 원금에 대한 비율을 **실효이자율**(effective interest rate)이라 한다.

금액 P를 연 이율 r로 1년에 m번 복리 계산을 했을 때, 1년 뒤의 이자 총액은

$$P\left(1+\frac{r}{m}\right)^m-P$$

가 되며 이를 원금에 대한 비율로 나타내면

$$\frac{P\left(1+\frac{r}{m}\right)^m-P}{P}\times 100\,\%=\left[\left(1+\frac{r}{m}\right)^m-1\right]\times 100\,\%$$

가 된다.

또한 금액 P를 연 이율 r로 연속적인 복리로 계산했을 때 1년 뒤의 이자 총액은

$$Pe^r-P$$

이고 이것을 원금에 대한 비율로 나타내면

$$\frac{Pe^r - P}{P} \times 100\% = (e^r - 1) \times 100\%$$

이므로 다음을 정의할 수 있다.

정의 4.2.3 [실효이자율]

다음을 연 이율 r로 1년에 m번 복리로 이자 계산을 했을 때의 **실효이자율**(effective interest rate)라 한다.

$$\left[\left(1 + \frac{r}{m}\right)^m - 1\right] \times 100\%$$

또한 연속적인 복리 r로 이자 계산을 했을 때의 실효이자율은 다음과 같다.

$$(e^r - 1) \times 100\%$$

예제 9 다음 세 가지의 투자 방법 중 실효이자율이 가장 높은 것은 어떤 것인가?

(1) 연 9%의 이자를 지급하는데, 이자 계산은 1년에 한 번만 한다. $(m = 1)$

(2) 연 8.8%의 이자를 지급하는데, 이자 계산은 3개월에 한 번씩 한다. $(m = 4)$

(3) 연 8.5%의 이자를 지급하는데, 연속적인 복리로 이자를 계산한다. $(m \to \infty)$

풀이 (1) $m = 1$이고 $r = 0.09$이므로

$$[(1 + 0.09) - 1] \times 100\% = 9\%$$

(2) $m = 4$이고 $r = 0.088$이므로

$$\left[\left(1 + \frac{0.088}{4}\right)^4 - 1\right] \times 100\% = 9.095\%$$

(3) $\left[e^{(0.085)(1)} - 1\right] \times 100\% = 8.872\%$

따라서 (2)의 방법이 실효이자율이 가장 높음을 알 수 있다.

4.2 연습문제

1. 다음 각 식을 간단히 하여라. 단, $a > 0$이다.

(1) $\left[\left(\frac{4}{9}\right)^{-\frac{2}{3}}\right]^{\frac{9}{4}}$　　　(2) $\left[(-3)^4\right]^{\frac{3}{4}}$

(3) $4 \times 24^{\frac{1}{3}} \times 81^{\frac{1}{3}} - 5 \times 192^{\frac{1}{3}}$　　　(4) $\sqrt{2\sqrt[3]{4\sqrt[4]{8}}}$

(5) $\sqrt{\frac{a}{\sqrt{a}} \times \sqrt[3]{a}}$　　　(6) $\frac{\sqrt{\sqrt{a} \times \sqrt[3]{a}}}{\sqrt[4]{\sqrt[3]{a^2}}}$

2. 다음 지수함수의 그래프를 그려라.

(1) $f(x) = 2^{x+1}$　　　(2) $f(x) = 2^{-x-1}$

3. 두 점 $(-1, 2)$와 $(3, 1)$을 지나는 그래프를 가진 지수함수를 찾으시오.

4. 세 점 $(0, 1)$, $(1, 4)$, $\left(-1, \frac{1}{2}\right)$을 지나는 그래프를 가진 지수함수가 존재하겠는가?

5. 한 지역의 어떤 병충해에 감염된 소나무의 숫자가 1990년 초에는 100그루였고 1994년 초에는 150그루였다고 하자.

(1) 1990년을 시작으로 t년 후에 감염된 소나무의 수를 예측하는 지수모델을 구하여라.

(2) 모델을 사용하여 2010년 초까지 감염된 소나무의 수를 예측하여라.

6. 어떤 바이러스의 확산에 따른 감염자의 수가 1980년 초에는 48만 명, 1982년 초에는 120만 명이었고 어느 정도 충분한 시간이 흐른 뒤 240만 명에서 더 이상 감염되지는 않게 되는 것을 알게 되었다.

(1) 1980년을 시작으로 t년 후에 감염된 감염자의 수를 예측하는 로지스틱 모델을 구하여라.

(2) (1)의 모델을 사용하여 1990년 초까지 감염된 감염자의 수를 구하여라.

7. 백만 원을 연리 4%를 지급하는 은행에 투자하려고 한다. 이자를 1년에 한

번, 6개월마다 한 번, 매 분기별로 한 번씩 지불할 때, 그리고 연속적인 복리로 지불할 때 2년 후 원리금의 합계를 각각 구하여라.

8. 백만 원을 연리 4%를 지급하는 은행에 투자하려고 한다. 이자를 1년에 한 번, 6개월마다 한 번, 매 분기별로 한 번씩 지불할 때, 그리고 연속적인 복리로 지불할 때, 각각의 경우 실효이자율을 구하여라.

9. 수찬이는 천만 원의 원금을 가지고 예금을 들려고 한다. A금융상품은 1년에 4.6%의 이자를 복리로 한 번만 지급하고 B금융상품은 3개월마다 1.1%의 이자를 복리로 지급한다고 한다. 천만 원을 10년간 예금하였을 때 각 금융상품의 이자 총액을 구하여라.

10. 이상적인 조건 하에서 박테리아의 수가 3시간마다 두 배가 된다고 한다. 처음 박테리아의 수가 100마리였다고 하자.

(1) 15시간 후에는 박테리아의 수가 몇 마리가 되겠는가?

(2) t시간 후에는 박테리아의 수가 몇 마리가 되겠는가?

4.3 로그함수와 모델

로그는 계산을 돕기 위한 수단으로 16세기 초 나피어(John Napier, 1550~1617)가 발견하였다. 로그의 발견은 행성의 궤도와 운동을 정확하게 묘사한 케플러(Johannes Kepler, 1571~1630)의 막대한 계산을 쉽게 할 수 있도록 하였다. 오늘날에는 컴퓨터와 계산기의 사용으로 로그 계산법은 거의 사용하지 않지만 로그함수의 모델은 물리학이나 금융·경제학에서 많이 볼 수 있다.

지수방정식

$$2^3 = 8$$

은 8은 2의 세제곱을 해야 한다는 것을 보여준다.

"8을 얻기 위한 2의 거듭제곱 수"

를

"$\log_2 8$"

로 쓴다. 따라서 위의 지수방정식을 다음과 같이 나타내기도 한다.

$$\log_2 8 = 3$$

일반적으로 로그를 정의하면 다음과 같다.

정의 4.3.1 [로그함수]

만약 $a > 0$, $a \neq 1$이면, 지수함수 $f(x) = a^x$는 증가함수이거나 감소함수이다. 그러므로 $f(x) = a^x$는 역함수를 가지며 이 역함수를 a를 밑으로 가지는 **로그함수**(logarithmic function)라고 하고 $f(x) = \log_a x$로 쓴다. 즉,

$$y = \log_a x \Leftrightarrow a^y = x \ (a > 0,\ a \neq 1)$$

로그함수는 지수함수의 역함수이므로 로그함수와 지수함수는 직선 $y=x$에 대하여 서로 대칭이 된다. 따라서 앞 절의 지수함수의 그래프를 이용하면 로그함수의 그래프는 아래와 같다.

[로그함수의 그래프]

로그함수 $y=\log_a x$는 밑 a가 각각 $0<a<1$, $a>1$일 때 다음과 같은 그래프를 가진다.

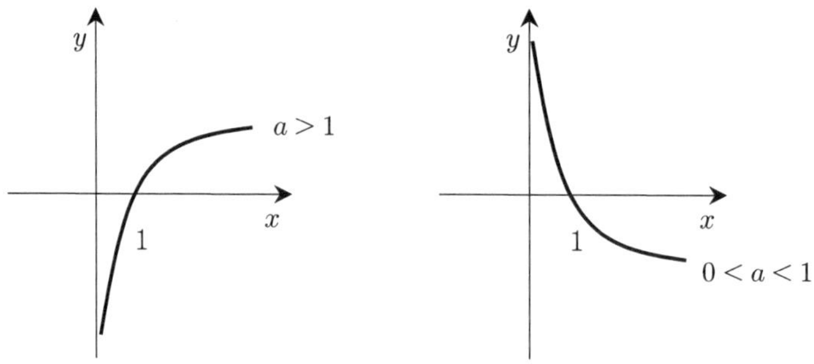

[그림 10]

예제 1 다음 로그의 값을 구하여라.

(1) $\log_3 9$ (2) $\log_{10} 10,000$

(3) $\log_9 1$ (4) $\log_3 \frac{1}{27}$

풀이 (1) $3^2=9$이므로 $\log_3 9=2$이다.

(2) $10^4=10000$이므로 $\log_{10} 10,000=4$이다.

(3) $9^0=1$이므로 $\log_9 1=0$이다.

(4) $3^{-3}=\frac{1}{27}$이므로 $\log_3 \frac{1}{27}=-3$이다.

정의 4.3.2 [상용로그와 자연로그]

로그에서 밑이 10인 로그를 **상용로그**(common logarithm)라고 하고 밑이 e인 로그를 **자연로그**(natural logarithm)라고 한다. 그리고 상용로그와 자연로그는 다음과 같이 축약하여 사용한다.

$$\log_{10} x \equiv \log x, \quad \log_e x \equiv \ln x$$

정리 4.3.1 [로그의 성질]

x, y와 $b(\neq 1)$는 양의 실수이고 r은 임의의 실수일 때, 다음이 성립한다.

$$\log_b b = 1, \qquad \log_b 1 = 0,$$

$$\log_b (xy) = \log_b x + \log_b y, \qquad \log_b \left(\frac{x}{y}\right) = \log_b x - \log_b y,$$

$$\log_b (x^r) = r \log_b x, \qquad \log_b \left(\frac{1}{x}\right) = -\log_b x,$$

$$\log_b x = \frac{\log_a x}{\log_a b} \quad (a > 0, a \neq 1)$$

예제 2 어느 공단의 채권이 연평균 5.2%의 연리라 하자. 이자가 월 복리로 계산된다면 1,000만 원을 투자하여 1,500만 원이 되는데 걸리는 시간은 얼마인가?

풀이 이자가 복리로 계산되는 원리금의 합계 공식 $A(t) = P\left(1 + \frac{r}{m}\right)^{mt}$에

$$A = 1500, P = 1000, r = 0.052, m = 12$$

를 대입하면

$$1500 = 1000(1.004333)^{12t}$$

$$12t = \log_{1.004333}(1.5)$$

$$t = \frac{1}{12}\log_{1.004333}(1.5) \approx 7.8$$

이므로 약 7.8년이 걸린다.

예제 3 (1) 어떤 표본에 원래 $A\,g$이 포함되어 있던 탄소-14의 t년 후의 무게는

$$C(t) = A(0.999879)^t$$

로 주어진다. 탄소-14가 표본에서 붕괴되어 반으로 되는데 걸리는 시간인 반감기(half-life)를 구하여라.

(2) (1)의 식 $C(t) = A(0.999879)^t$을 e를 밑으로 하는 $C(t) = Ae^{-kt}$의 형태로 쓰고 이때의 반감기도 계산하여라.

(3) 반감기가 7,000년인 방사성 물질의 $R(t) = ae^{-kt}$형태의 지수함수 모델을 구하고 그 물질의 99.95%가 붕괴되는데 걸리는 시간을 구하여라.

풀이 (1) $0.5A = A(0.999879)^t$인 t를 구하면 된다. 식의 양변을 A로 나누면

$$0.5A = A(0.999879)^t$$

따라서 $t = \log_{0.999879} 0.5 \approx 5728$ 이므로 반감기는 약 5,728년이다.

(2) $C(t) = A(0.999879)^t = Ae^{rt}$를 만족하는 r을 구하면 된다.

$$(0.999879)^t = e^{rt}$$

식의 양변에 자연로그를 취하면

$$t\ln(0.999879) = rt\ln e = rt$$

그러므로

$$r = \ln(0.999879) \approx -0.00012101.$$

따라서 (1)식과 동치인 식 $C(t) = Ae^{-0.00012101t}$의 모양으로 쓸 수 있다.

이 식으로부터 반감기를 구하기 위해서는 $0.5A = Ae^{-0.00012101t}$인 t를 구해야 하므로 $0.5 = e^{-0.00012101t}$인 t를 구하면 된다. 양변에

자연로그를 취하면

$$\ln(0.5) = \ln\left(e^{-0.00012101t}\right) = -0.00012101t$$

따라서

$$t = \frac{\ln(0.5)}{-0.00012101} \approx 5728$$

이므로 반감기는 약 5,728년이다.

(3) 반감기가 7,000년으로 주어져 있으므로 이것을 이용하여 지수모델을 구한다. 처음에 이 물질이 $A\,g$이라 하면 $0.5A\,g$이 되는데 7,000년이 걸렸으므로 두 점 $(0, A)$와 $(7000, 0.5A)$를 지수모델

$$R(t) = a \cdot e^{-kt}$$

에 대입하면

$$A = R(0) = ae^{0} = a,$$

$$0.5A = R(7000) = Ae^{-k(7000)}$$

$$k = -\frac{\ln(0.5)}{7000} \approx 0.000099021$$

따라서

$$R(t) = Ae^{-0.000099021t}$$

가 된다. 99.95%가 붕괴된다고 했으므로 남은 양은 원래의 0.05%이고 따라서 $0.0005A$로 쓸 수 있다. 이것을 주어진 지수모델에 대입하면

$$0.0005A = Ae^{-0.000099021t}$$

$$-0.000099021t = \ln(0.0005)$$

$$t = \frac{\ln(0.0005)}{-0.000099021} \approx 76760$$

즉, 약 76,760년이 걸린다.

4.3 연습문제

1. 다음 각 등식을 만족하는 x의 값을 구하여라.

(1) $\log_8 0.25 = x$　　(2) $\log_{2\sqrt{2}} 64 = x$

(3) $\log_x 81 = 2$　　(4) $\log_x 9 = \dfrac{2}{3}$

(5) $\log_{25} x = 1.5$　　(6) $\log_6(\log_{64} x) = -1$

2. 다음 각 등식을 만족하는 x의 값을 구하여라.

(1) $5^{-x} = 125$　　(2) $3^{2x-1} = 6$

(3) $5^{-2x} = 40$　　(4) $4^x = 3$

3. 다음 함수의 역함수를 구하여라.

(1) $y = 2 \cdot 3^{x-2}$　　(2) $y = 2 + \log_3(x+1)$

4. 다음 로그함수의 그래프를 그려라.

(1) $f(x) = \log_4 x$　　(2) $f(x) = \log_{\frac{1}{4}} x$

5. 다음 각 식을 간단히 하여라.

(1) $4\log_3\sqrt{3} + 3\log_3 2 + 6\log_3\left(\dfrac{1}{\sqrt{2}}\right)$

(2) $\dfrac{\log\sqrt{2} + \log 3 - \log\sqrt{10}}{\log 1.8}$

6. 원금 500만원을 투자하여 이자가 연 복리 10%로 계산된다면 700만원이 되려면 시간이 얼마나 걸리겠는가?

7. 어떤 산업에서 노동의 투입량을 x, 자본의 투입량을 y라고 할 때, 그 산업

의 생산량 z는 다음과 같다.

$$z = 2x^{\alpha}y^{1-\alpha} \quad (\text{단, } \alpha\text{는 } 0 < \alpha < 1\text{인 상수})$$

자료에 의하면 2008년도의 노동과 자본의 투입량은 1995년보다 각각 4배와 2배이고, 2008년도의 산업 생산량은 1995년도 산업 생산량의 2.5배이다. 상수 α의 값을 소수 둘째자리까지 구하여라. 단 $\log 2 = 0.30$으로 계산하여라.

8. 투자액이 매 3년마다 2배가 되게 하려고 한다. 이자가 연속적인 복리로 지급된다면 연 이율은 얼마가 되어야 하겠는가?

9. 연 이율 12%이고 6개월에 한 번씩 복리로 계산되는 채권에 투자한다면 원금의 두 배가 되는데 걸리는 기간은 얼마일까?

10. 자동차 도난비율이 매 6개월마다 3배가 된다고 하자.

(1) 자동차 도난 비율을 개월 수 t의 지수함수 $y = Ab^t$의 형태로 쓸 때 밑 b를 구하여라.

(2) 도난비율이 두 배가 되는데 걸리는 개월 수를 구하여라.

제 5 장

도함수

5.1 함수의 극한과 연속성

함수 $f(x) = 2+x$에 대하여 다음을 생각해 보자.

"만약 x가 3에 가까워진다면 함숫값 $f(x)$는 어떻게 될까?"

다음 표는 x가 3의 양 방향에서 3에 가까워질 때 $f(x)$의 값을 나타낸 것이다.

3의 왼쪽에서 가까워질 때→ ← 3의 오른쪽에서 가까워질 때

x	2.9	2.99	2.999	2.9999	3	3.0001	3.001	3.01	3.1
$f(x)=2+x$	4.9	4.99	4.999	4.9999	5	5.0001	5.001	5.01	5.1

표를 보면 x가 3의 양 방향에서 3에 가까워질 때 $f(x)$도 5에 가까워지는 것을 볼 수 있다. 이때, 이것을 다음과 같이 표현한다.

$$\lim_{x \to 3} f(x) = 5$$

다음과 같이 함수의 극한을 정의한다.

정의 5.1.1 [함수의 극한]

함수 $y=f(x)$에서 $x \neq a$인 x가 a에 충분히 가까이 갈 때, 함숫값 $f(x)$도 고정된 상수 L에 가까이 가면

$$\lim_{x \to a} f(x) = L$$

또는

$$x \to a\text{일 때 } f(x) \to L$$

로 나타내고 L을 함수 $f(x)$의 점 a에서의 **극한**(limit)이라고 말한다.

정의 5.1.2 [좌극한과 우극한]

a보다 작은 x가 a에 충분히 가까이 갈 때, 함숫값 $f(x)$도 고정된 상수 L에 가까이 가면

$$\lim_{x \to a^-} f(x) = L$$

로 나타내고 L을 $f(x)$의 점 a에서의 **좌극한**(left-hand limit)이라고 말한다. 마찬가지로 a보다 큰 x가 a에 충분히 가까이 갈 때, 함숫값 $f(x)$가 고정된 상수 L에 가까이 가면

$$\lim_{x \to a^+} f(x) = L$$

로 나타내고 L을 $f(x)$의 점 a에서의 **우극한**(right-hand limit)이라고 말한다.

예제 1 아래 그림과 같은 함수 g의 그래프를 이용하여 다음 극한이 존재하면 구하여라.

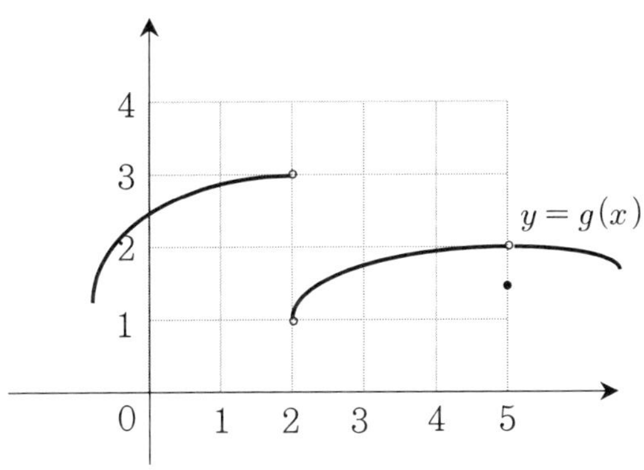

[그림 1]

(1) $\lim_{x \to 2^-} g(x)$ (2) $\lim_{x \to 2^+} g(x)$ (3) $\lim_{x \to 2} g(x)$

(4) $\lim_{x \to 5^-} g(x)$ (5) $\lim_{x \to 5^+} g(x)$ (6) $\lim_{x \to 5} g(x)$

풀이 (1) x가 왼쪽에서 $x = 2$에 접근할 때, $g(x)$는 $y = 3$으로 가까워진

다. 따라서

$$\lim_{x \to 2^-} g(x) = 3$$

(2) x가 오른쪽에서 $x=2$에 접근할 때, $g(x)$는 $y=1$로 가까워진다. 따라서

$$\lim_{x \to 2^+} g(x) = 1$$

(3) $\lim_{x \to 2^-} g(x) = 3 \neq 1 = \lim_{x \to 2^+} g(x)$이므로 $\lim_{x \to 2} g(x)$는 존재하지 않는다.

(4) x가 왼쪽에서 $x=5$에 접근할 때, $g(x)$는 $y=2$로 가까워진다. 따라서

$$\lim_{x \to 2^-} g(x) = 2$$

(5) x가 오른쪽에서 $x=5$에 접근할 때, $g(x)$는 $y=2$로 가까워진다. 따라서

$$\lim_{x \to 2^+} g(x) = 2$$

(6) $g(5) = 1.5$이지만 $\lim_{x \to 5^-} g(x) = 2 = \lim_{x \to 5^+} g(x)$이므로

$$\lim_{x \to 5} g(x) = 2$$

정의 5.1.1의 극한의 정의와 정리 5.1.2의 좌극한과 우극한의 정의를 비교하면 다음의 정리를 얻을 수 있다.

정리 5.1.1 [극한의 존재]

$\lim_{x \to a} f(x) = L$이기위한 필요충분조건은 $\lim_{x \to a+} f(x) = L$이고 $\lim_{x \to a-} f(x) = L$이다.

아래의 정리를 사용하면 여러 가지 함수의 극한을 수치적인 계산이나 그래프를 그리지 않고 구할 수 있다. 이 정리는 극한에 대한 수학적인 엄밀한 정의를 하고 이 정의를 이용해서 증명할 수가 있다.

정리 5.1.2 [극한의 성질]

두 극한 $\lim_{x \to a} f(x)$와 $\lim_{x \to a} g(x)$가 존재하면 다음이 성립한다.

(1) $\lim_{x \to a} [f(x) \pm g(x)] = \lim_{x \to a} f(x) \pm \lim_{x \to a} g(x)$

(2) $\lim_{x \to a} [cf(x)] = c \lim_{x \to a} f(x)$ (단, c는 상수)

(3) $\lim_{x \to a} [f(x)g(x)] = \lim_{x \to a} f(x) \lim_{x \to a} g(x)$

(4) $\lim_{x \to a} \dfrac{f(x)}{g(x)} = \dfrac{\lim_{x \to a} f(x)}{\lim_{x \to a} g(x)}$ (단, $\lim_{x \to a} g(x) \neq 0$)

(5) $\lim_{x \to a} \sqrt[n]{f(x)} = \sqrt[n]{\lim_{x \to a} f(x)}$, 단 n은 양의 정수.

예제 2 다음의 극한을 구하여라.

(1) $\lim_{x \to 5} (2x^2 - 3x + 4)$ (2) $\lim_{x \to -2} \dfrac{x^3 + 2x^2 - 1}{5 - 3x}$

풀이 (1) $\lim_{x \to 5} (2x^2 - 3x + 4) = \lim_{x \to 5} (2x^2) - \lim_{x \to 5} (3x) + \lim_{x \to 5} (4)$

$$= 2\lim_{x \to 5} x^2 - 3\lim_{x \to 5} x + 4$$

$$= 2(5)^2 - 3(5) + 4$$

$$= 39$$

$$(2)\ \lim_{x\to-2}\frac{x^3+2x^2-1}{5-3x}=\frac{\lim_{x\to-2}(x^3+2x^2-1)}{\lim_{x\to-2}(5-3x)}$$

$$=\frac{\lim_{x\to-2}(x^3)+\lim_{x\to-2}(2x^2)-\lim_{x\to-2}(1)}{\lim_{x\to-2}(5)-\lim_{x\to-2}(3x)}$$

$$=\frac{\lim_{x\to-2}x^3+2\lim_{x\to-2}x^2-1}{5-3\lim_{x\to-2}(x)}$$

$$=\frac{(-2)^3+2(-2)^2-1}{5-3(-2)}=-\frac{1}{11}$$

위의 예제에서처럼 정리 5.1.2의 극한의 성질을 이용하면 다항함수와 유리함수의 극한은 함숫값과 같아진다는 것을 알 수 있다.

[다항함수 또는 유리함수의 극한]

함수 f가 다항함수이거나 유리함수이고 a가 f의 정의역에 속한다면 다음이 성립한다.

$$\lim_{x\to a}f(x)=f(a)$$

아래의 예제들처럼 함수의 극한을 구할 때, 정리 5.1.2를 바로 이용할 수 없는 경우도 많이 있다.

예제 3 극한 $\lim_{x\to1}\frac{x^2-1}{x-1}$을 구하여라.

풀이 $f(x)=x^2-1$와 $g(x)=x-1$라고 두면

$$\lim_{x\to1}\frac{x^2-1}{x-1}=\lim_{x\to1}\frac{f(x)}{g(x)}$$

이다. $\lim_{x \to 1} g(x) = 0$이므로 정리 5.1.2의 (4)을 적용할 수 없다. 한편, $h(x) = \dfrac{x^2-1}{x-1}$라고 두면, 함수 $h(x)$는 1에서 함숫값을 갖지 않는다. 하지만 극한을 계산하는데 있어서 1을 제외하고 1에 충분히 가까운 값에 대하여 근접하는 함숫값을 구하는 것이다. 따라서 $x \neq 1$이라는 보장이 있으므로 다음과 같이 계산할 수 있다.

$$\lim_{x \to 1} \frac{x^2-1}{x-1} = \lim_{x \to 1} \frac{(x+1)(x-1)}{x-1} = \lim_{x \to 1}(x+1) = 2$$

예제 4 극한 $\lim_{h \to 0} \dfrac{(3+h)^2-9}{h}$을 구하여라.

풀이 함수 f를 다음과 같이 두자.

$$f(h) = \frac{(3+h)^2-9}{h}$$

역시 정리 5.1.2의 (4)을 적용할 수 없다. 또한 h가 0은 아니므로 다음과 같이 함수 f를 단순화할 수 있다.

$$f(h) = \frac{(3+h)^2-9}{h} = \frac{9+6h+h^2-9}{h}$$

$$= \frac{(6+h)h}{h} = 6+h$$

따라서 구하고자 하는 극한을 다음과 같이 얻을 수 있다.

$$\lim_{h \to 0} \frac{(3+h)^2-9}{h} = \lim_{h \to 0}(6+h) = 6$$

예제 5 극한 $\lim_{t \to 0} \dfrac{\sqrt{t^2+4}-2}{t^2}$을 구하여라.

풀이 역시 정리 5.1.2의 (4)을 적용할 수 없다. 또한 t가 0은 아니므로 분자를 유리화하고 함수를 단순화하여 다음과 같이 극한을 구할 수 있다.

$$\begin{aligned}\lim_{t\to 0}\frac{\sqrt{t^2+4}-2}{t^2} &= \lim_{t\to 0}\frac{\left(\sqrt{t^2+4}-2\right)\left(\sqrt{t^2+4}+2\right)}{t^2\left(\sqrt{t^2+4}+2\right)} \\ &= \lim_{t\to 0}\frac{(t^2+4)-4}{t^2\left(\sqrt{t^2+4}+2\right)} \\ &= \lim_{t\to 0}\frac{t^2}{t^2\left(\sqrt{t^2+4}+2\right)} \\ &= \lim_{t\to 0}\frac{1}{\left(\sqrt{t^2+4}+2\right)} \\ &= \frac{1}{\left(\sqrt{\lim_{t\to 0}(t^2+4)}+2\right)} \\ &= \frac{1}{(\sqrt{4}+2)} = \frac{1}{4}\end{aligned}$$

정의 5.1.3 [무한극한(infinite limit)]

(1) x가 a에 충분히 가까이 갈 때, $f(x)$가 한없이 커질 때 $f(x)$는 ∞**(무한대)로 발산한다**고 하고 다음과 같이 나타낸다.

$$\lim_{x\to a} f(x) = \infty$$

(2) x가 a에 충분히 가까이 갈 때, $f(x)$가 음의 방향으로 절댓값이 한없이 커질 때 $f(x)$는 $-\infty$**로 발산한다**고 하고 다음과 같이 나타낸다.

$$\lim_{x\to a} f(x) = -\infty$$

예제 6 극한 $\lim_{x\to 0^+}\frac{1}{x}$은 존재하는가?

풀이 x가 양수로 0에 가까운 값일 때 $f(x)=\frac{1}{x}$의 값을 표로 만들면 다음과 같다.

x	0	0.0001	0.001	0.01	0.1
$f(x)=\frac{1}{x}$		10000	1000	100	10

x가 오른쪽에서 0으로 가까이 가면 $f(x)$가 계속 커짐을 알 수 있다. 따라서

$$\lim_{x\to 0^+}\frac{1}{x}=\infty$$

이것을 그래프로 나타내어 보면 $f(x)=\frac{1}{x}$의 그래프는 다음과 같다.

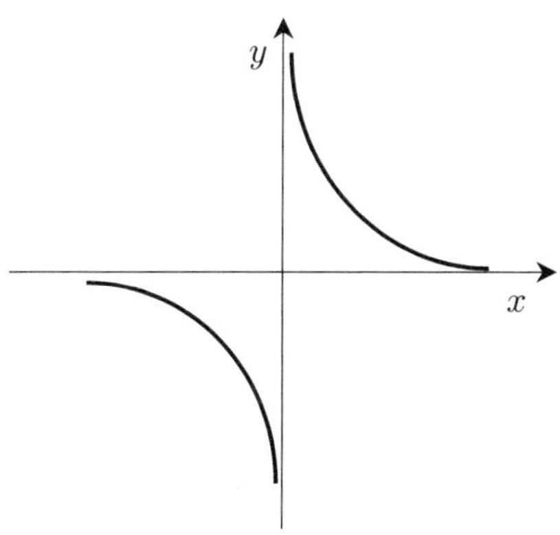

[그림 2]

같은 방법으로 다음도 성립함을 알 수 있다.

$$\lim_{x\to 0^-}\frac{1}{x}=-\infty$$

예제 7 다음의 극한이 존재하는가?

(1) $\lim_{x \to 0} \frac{1}{x^2}$ (2) $\lim_{x \to 0} \frac{|x|}{x}$ (3) $\lim_{x \to 2} \frac{1}{x-2}$

풀이 (1) x가 양수로 0에 가까운 값이 될 때, $f(x)$의 값은 점점 더 커지고 x가 음수로 0에 가까운 값이 될 때, $f(x)$의 값은 점점 더 커지게 된다. 따라서

$$\lim_{x \to 0} \frac{1}{x^2} = \infty$$

(2) $\lim_{x \to 0^+} \frac{|x|}{x} = \lim_{x \to 0^+} \frac{x}{x} = 1$이고 $\lim_{x \to 0^-} \frac{|x|}{x} = \lim_{x \to 0^+} \frac{-x}{x} = -1$이다. 좌극한과 우극한이 다르므로 정리 5.1.1에 의해서 $\lim_{x \to 0} \frac{|x|}{x}$는 존재하지 않는다.

(3) $\lim_{x \to 2^+} \frac{1}{x-2} = \infty$이고 $\lim_{x \to 2^-} \frac{1}{x-2} = -\infty$이므로 $\lim_{x \to 2} \frac{1}{x-2}$은 존재하지 않는다.

정의 5.1.4 [수직 점근선]

다음 중 적어도 하나가 성립하면 직선 $x = a$를 $y = f(x)$의 **수직 점근선**(vertical asymptote)이라 한다.

$$\lim_{x \to a} f(x) = \infty \qquad \lim_{x \to a^-} f(x) = \infty \qquad \lim_{x \to a^+} f(x) = \infty$$

$$\lim_{x \to a} f(x) = -\infty \qquad \lim_{x \to a^-} f(x) = -\infty \qquad \lim_{x \to a^+} f(x) = -\infty$$

정의 5.1.5 [무한에서의 극한(limit at infinity)]

(1) x가 한없이 커져갈 때, $f(x)$가 어떤 값 L에 가까이 간다는 것을 다음과 같이 나타낸다.

$$\lim_{x \to \infty} f(x) = L$$

(2) x가 음의 방향으로 절댓값이 한없이 커져갈 때, $f(x)$가 어떤 값 L에 가까이 간다는 것을 다음과 같이 나타낸다.

$$\lim_{x \to -\infty} f(x) = L$$

예제 8 다음 극한을 구하여라.

(1) $\displaystyle\lim_{x \to \infty} \frac{2x^2 - 4x}{x^2 - 1}$ (2) $\displaystyle\lim_{x \to -\infty} \frac{2x^2 - 4x}{x^2 - 1}$

풀이 (1) $x \to \infty$일 때, 분모$\to\infty$이고 분자$\to\infty$이므로 분모의 최고차항 x^2으로 분모와 분자를 나눈 후 극한을 계산하면

$$\lim_{x \to \infty} \frac{2 - 4\frac{1}{x}}{1 - \frac{1}{x^2}} = \frac{\lim_{x \to \infty}\left(2 - 4\frac{1}{x}\right)}{\lim_{x \to \infty}\left(1 - \frac{1}{x^2}\right)} = \frac{\lim_{x \to \infty} 2 - \lim_{x \to \infty} 4\frac{1}{x}}{\lim_{x \to \infty} 1 - \lim_{x \to \infty} \frac{1}{x^2}} = 2$$

(2) $x \to -\infty$인 경우도 같은 방법으로 계산하면 극한이 2이다.

정의 5.1.6 [수평 점근선]

다음 두 개의 극한 중에 하나가 성립하면 직선 $y = L$를 $y = f(x)$의 **수평 점근선**(horizontal asymptote)이라 한다.

$$\lim_{x \to \infty} f(x) = L \qquad \lim_{x \to -\infty} f(x) = L$$

정의 5.1.7 [연속함수]

a의 근방에서 정의된 함수 $f(x)$에 대하여

(1) $f(a)$와 $\lim_{x \to a} f(x)$가 존재하고

(2) $\lim_{x \to a} f(x) = f(a)$

을 만족하면 함수 f는 a에서 **연속**(continuous)이라고 한다. 또한, 함수 f가 어떤 구간 I의 모든 점에서 연속일 때, f는 **구간 I에서 연속**이라고 한다. 단, 구간의 끝점에서는 좌극한 또는 우극한만을 고려한다.

예제 9 다음은 함수 f의 그래프이다. f의 불연속점을 찾고 그 이유를 말하여라.

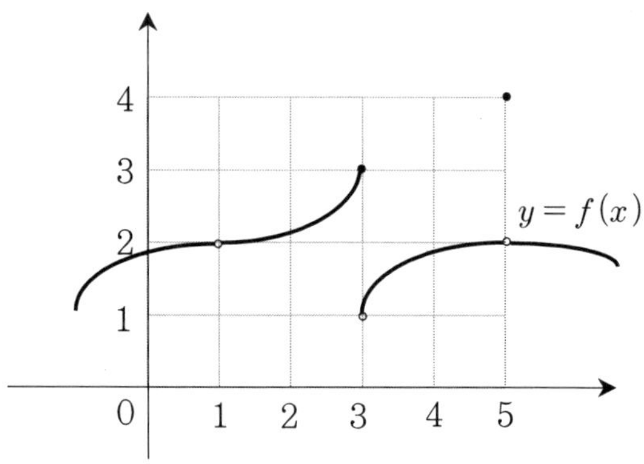

[그림 3]

풀이 f는 $x=1$, $x=3$, $x=5$에서 불연속점을 가진다. $x=1$에서는 함숫값이 존재하지 않으므로 불연속이고 $x=3$에서는

$$\lim_{x \to 3^-} f(x) = 3 \neq 1 = \lim_{x \to 3^+} f(x)$$

즉, 극한값이 존재하지 않으므로 불연속이다. 그리고

$$f(5) = 4$$

$$\lim_{x \to 5} f(x) = 2$$

이다. 따라서 $x=5$에서는 함숫값과 극한값이 모두 존재하지만 그 두 값이 일치하지 않으므로 불연속이다.

예제 10 다항함수와 유리함수의 극한의 성질을 이용하면 다음을 알 수 있다.

(1) 다항함수는 실수 전체에서 연속이다.

(2) 유리함수는 분모가 0인 점을 제외한 실수 전체에서 연속이다.

연속함수에 관한 다음의 정리들은 극한의 성질을 이용하여 증명할 수 있다.

정리 5.1.3 [연속함수의 성질]

함수 f와 g가 a에서 연속이고 c가 상수이면, 다음 함수들도 역시 a에서 연속이다.

$$f \pm g,\ cf,\ fg,\ \frac{f}{g}\quad (\text{단 } g(a) \neq 0)$$

정리 5.1.4 [합성함수의 연속]

함수 g가 a에서 연속이고 함수 f가 $g(a)$에서 연속이면 $(f \circ g)(x) = f(g(x))$로 주어진 합성함수 $f \circ g$도 a에서 연속이다.

다음의 연속함수의 최대·최소 정리는 제 6장 함수의 최댓값과 최솟값을 구하는 문제에서 사용하기 위하여 증명없이 정리의 내용만 소개한다.

정리 5.1.5 [최대·최소 정리]

함수 f가 폐구간 $[a,b]$에서 연속이면, f는 구간 $[a,b]$에서 최댓값과 최솟값을 가진다.

5.1 연습문제

1. 함수 f의 그래프가 아래와 같을 때, 다음의 극한 또는 함숫값이 있으면 구하여라.

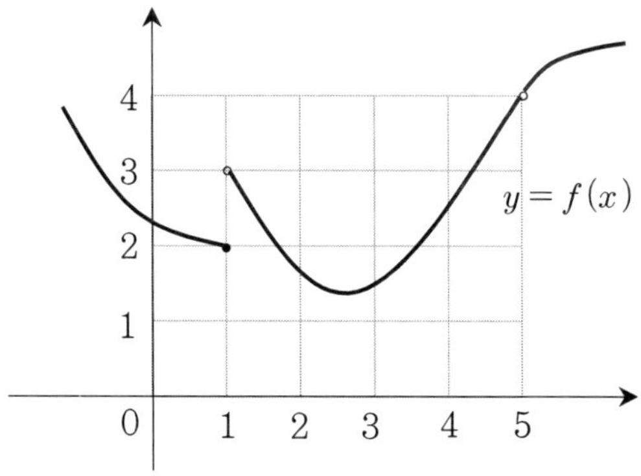

(1) $\lim_{x \to 1^-} f(x)$ (2) $\lim_{x \to 1^+} f(x)$

(3) $\lim_{x \to 1} f(x)$ (4) $f(1)$

(5) $\lim_{x \to 5^-} f(x)$ (6) $\lim_{x \to 5^+} f(x)$

(7) $\lim_{x \to 5} f(x)$ (8) $f(5)$

2. $\lim_{x \to 2} f(x) = 4$, $\lim_{x \to 2} g(x) = -2$, $\lim_{x \to 2} h(x) = 0$일 때, 다음의 극한이 있으면 구하여라.

(1) $\lim_{x \to 2} [f(x) + 5g(x)]$ (2) $\lim_{x \to 2} [g(x)]^3$

(3) $\lim_{x \to 2} \sqrt{g(x)}$ (4) $\lim_{x \to 2} \frac{2f(x)}{g(x)}$

(5) $\lim_{x \to 2} \frac{g(x)}{h(x)}$ (6) $\lim_{x \to 2} \frac{g(x)h(x)}{f(x)}$

3. 다음의 극한을 구하여라.

(1) $\lim_{x \to 4}(5x^2 - 2x + 3)$　　(2) $\lim_{t \to -1}(t^2 + 1)^3(t + 3)^5$

(3) $\lim_{x \to -1}\dfrac{x - 2}{x^2 + 4x - 3}$　　(4) $\lim_{x \to 1}\left(\dfrac{3x + 1}{3x^4 + 4x^2 + 1}\right)^3$

4. 다음의 극한을 구하여라.

(1) $\lim_{x \to 8}(1 + \sqrt[3]{x})$　　(2) $\lim_{x \to -2}\sqrt{x^4 + 3x + 6}$

(3) $\lim_{x \to 4^-}\sqrt{16 - x^2}$

5. 다음의 극한이 있으면 구하여라.

(1) $\lim_{x \to 2}\dfrac{x^2 + x - 6}{x - 2}$　　(2) $\lim_{x \to -1}\dfrac{x^2 - 4x}{x^2 - 3x - 4}$

(3) $\lim_{x \to 1}\dfrac{x^3 - 1}{x^2 - 1}$　　(4) $\lim_{h \to 0}\dfrac{(h + 2)^2 - 8}{h}$

6. 다음의 극한이 있으면 구하고 극한이 없으면 그 이유를 설명하여라.

(1) $\lim_{x \to 7}\dfrac{\sqrt{x + 2} - 3}{x - 7}$　　(2) $\lim_{x \to 3}(2x + |x - 3|)$

(3) $\lim_{x \to 0^-}\left(\dfrac{1}{x} - \dfrac{1}{|x|}\right)$　　(4) $\lim_{x \to 0}\dfrac{x}{\sqrt{3x + 1} - 1}$

7. $f(x) = \dfrac{x^2 - 1}{|x - 1|}$일 때 다음 물음에 답하여라.

(1) $\lim_{x \to 1^+}f(x)$　　(2) $\lim_{x \to 1^-}f(x)$

(3) $\lim_{x \to 1}f(x)$　　(4) $y = f(x)$의 그래프를 그려라.

8. $f(x) = \begin{cases} -1, & x < 0 \\ 0, & x = 0 \\ 1, & x > 0 \end{cases}$일 때 다음 물음에 답하여라.

(1) $\lim_{x \to 0^+} f(x)$ (2) $\lim_{x \to 0^-} f(x)$

(3) $\lim_{x \to 0} f(x)$ (4) $\lim_{x \to 0} |f(x)|$

(5) $y = f(x)$의 그래프를 그려라.

9. 가우스 함수 $[x]$는 'x보다 크지 않은 최대 정수' 라고 정의할 때, 다음의 극한이 있으면 구하여라.

(1) $\lim_{x \to 2^+} [x]$ (2) $\lim_{x \to -2} [x]$ (3) $\lim_{x \to -2.4} [x]$

10. 함수 $f(x) = \begin{cases} 7x - 2, & x \le 1 \\ kx^2, & x > 1 \end{cases}$ 가 연속이 되도록 상수 k의 값을 구하여라.

5.2 평균변화율과 도함수

1장과 4장에서 실생활에서 주어진 여러 가지 상황을 수학적 모델로 표현해 보았다. 수학적 모델에서 독립변수가 변할 때 함숫값이 어떻게 변화하는가의 문제는 선형모델의 경우 직선의 기울기로 측정됨을 알았다. 가령 비용함수나 이익함수가 선형함수라면 한계비용이나 한계이익이 기울기로 나타나는 것이다. 그렇다면 비선형함수인 경우 변화율은 어떻게 생각하는 것이 타당할지 알아보자.

정의 5.2.1 [평균변화율]

함수 $y=f(x)$에서 x의 값이 a에서 $a+\Delta x$로 변할 때 x의 변화량은 Δx이고 이에 대응되는 y의 변화량은 $\Delta y=f(a+\Delta x)-f(a)$이다. 이때,

$$\frac{\Delta y}{\Delta x}=\frac{f(a+\Delta x)-f(a)}{\Delta x}$$

를 구간 $[a, a+\Delta x]$에서의 x에 관한 y의 **평균변화율**(average rate of change)이라 한다.

예제 1 다음 표는 미국에서 1990년부터 2003년까지 스포츠 유틸리티 자동차(SUV)의 판매 대수를 표시한 것이다. (여기서 $t=0$는 1990년을 표시한 것이고, $N(t)$는 자동차의 연도별 판매 대수이고 단위는 천 대이다.)

t(연도)	0	1	2	3	4	5	6
$N(t)$ (천 대)	900	950	1100	1300	1550	1800	2000

t(연도)	7	8	9	10	11	12	13
$N(t)$ (천 대)	2300	2600	2700	2900	3000	3400	3500

(1) 표를 보고 구간 $[6, 11]$에서의 평균변화율을 구하고 이것의 의미를 말하여라.

(2) 표에 주어진 자료를 가지고 그래프를 그리고 구간 $[6, 11]$에서 평균변화율이 그래프에서 어떻게 나타나는지 표시하여라.

(3) 자동차의 판매 대수의 변화율이 가장 큰 연도를 말하고 이것이 그래프에서 어떻게 나타나는지 설명하여라.

풀이 (1) 구간 $[6, 11]$의 끝점에서 자동차의 판매 대수는

$$N(6) = 2000, \quad N(11) = 3000$$

이므로

$$N(11) - N(6) = 1000$$

이다. 따라서 N의 평균변화율은

$$N\text{의 평균변화율} = \frac{\Delta N}{\Delta t} = \frac{N(11) - N(6)}{11 - 6} = \frac{1000}{5} = 200$$

이다. 이것은 1996년에서 2001년까지 자동차의 판매 대수가 평균적으로 매년 200,000대씩 증가했다는 뜻이다.

(2) 주어진 자료를 바탕으로 그래프로 나타내면 다음과 같다.

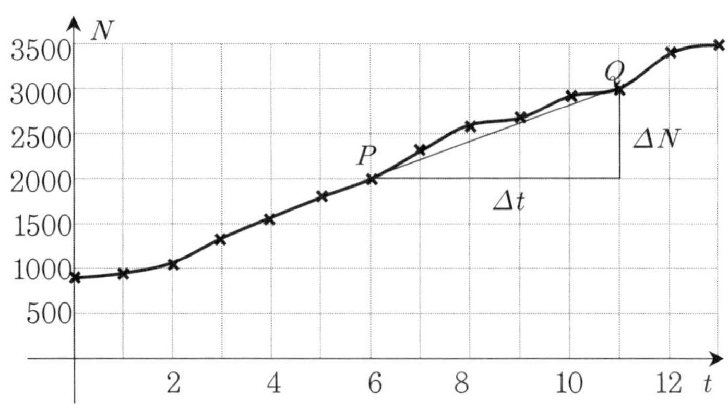

[그림 4]

위의 자료를 가지고 점들로 표시하면 해마다 자동차의 판매 대수의

증가율이 다르기 때문에 연도에 따르는 변화가 선형적이지 않다는 것을 알 수 있다. 구간 $[6, 11]$에서의 평균변화율은 그래프상의 $t = 6$일 때와 $t = 11$일 때의 두 점 P와 Q를 지나는 직선의 기울기를 나타낸다.

$$N\text{의 평균변화율} = \text{직선 } PQ\text{의 기울기} = \frac{\Delta N}{\Delta t} = 200$$

(3) 주어진 표에서 보면 자동차 판매 대수의 증가율이 가장 큰 구간은 $[11, 12]$이고, 이때 그림 4의 그래프상의 구간 $[11, 12]$에서 두 점을 잇는 직선의 기울기가 가장 크게 나타난다.

예제 2 인도네시아에서 5일 동안 환율의 변화를 조사하였더니 1달러에 대한 환율이 함수

$$R(t) = 7500 + 500t - 100t^2 \quad (0 \le t \le 5)$$

의 모양으로 근사됨을 보았다. 여기서 R은 루피아(인도네시아의 화폐단위)이고 $t = 0$는 월요일 정오를 뜻한다. 이 함수의 그래프를 보면 주 초에는 빠르게 오르다가 주춤해질 때까지 오르는 속도가 점점 느려지다가 주춤해진 후에는 점점 내려가다가 주말에 가까워질수록 내리는 속도가 빨라짐을 알 수 있다.
화요일 정오에서 시작해서 2일 동안 평균변화율을 계산하여라.

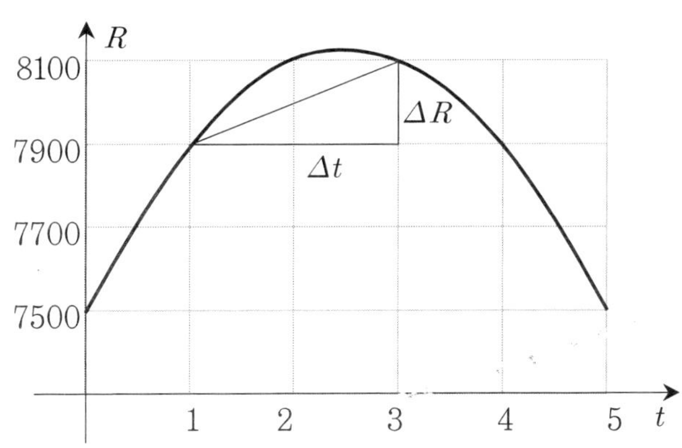

[그림 5]

풀이 계산하고자 하는 것이 화요일 정오에서 2일 동안의 평균변화율이므로 구간 $[1, 3]$에서의

$$\text{평균변화율} = \frac{\Delta R}{\Delta t} = \frac{R(3) - R(1)}{3 - 1} = \frac{8100 - 7900}{2} = 100$$

이다. 즉, 미국 달러의 가치는 2일 동안 매일 평균적으로 100루피아씩 오르고 있다.

위의 예제에서 구간 $[1, 3]$에서의 평균변화율이 100임을 알았다. 이제 구간 $[1, 1+h]$에서 h를 점점 더 작게 했을 때의 평균변화율이 어떻게 변하는지를 알아보자.

예제 3 예제 2의 함수

$$R(t) = 7500 + 500t - 100t^2 \quad (0 \le t \le 5)$$

에 대하여, $h = 1,\ 0.1,\ 0.01,\ 0.001,\ 0.0001$일 때, 구간 $[1, 1+h]$에서의 평균변화율을 계산하여라.

풀이 구간 $[1, 1+h]$에서의

$$\begin{aligned}\text{평균변화율} &= \frac{R(1+h) - R(1)}{h} \\ &= \frac{7500 + 500(1+h) - 100(1+h)^2 - (7500 + 500 - 100)}{h} \\ &= \frac{500h - 200h - 100h^2}{h} = 300 - 100h\end{aligned}$$

이므로 각 h에 대하여 평균변화율을 구하면 다음과 같다.

$h = 1$일 때, 평균변화율 $= 300 - 100 = 200$

$h = 0.1$일 때, 평균변화율 $= 300 - 10 = 290$

$h = 0.01$일 때, 평균변화율 $= 300 - 1 = 299$

$h = 0.001$일 때, 평균변화율 $= 300 - 0.1 = 299.9$

$h=0.0001$일 때, 평균변화율$=300-0.01=299.99$

이것을 표로 만들면 다음과 같다.

h	1	0.1	0.01	0.001	0.0001
$\frac{R(1+h)-R(1)}{h}$	200	290	299	299.9	299.99

위의 예제의 구간 $[1,1+h]$에서 h가 점점 작아질 때의 평균변화율을 구해 보았다. $t=1$에서 경과시간을 점점 작게 하면 표에서처럼 평균변화율은 300에 가까워짐을 볼 수 있다. h를 점점 더 작게 한다는 것은 $t=1$에서의 바로 그 순간이라고 생각하는 것이 타당하다. 따라서 h가 매우 작은 경우 $[1,1+h]$에서의 평균변화율은 $t=1$인 바로 그 순간의 변화율에 아주 가까운 값을 나타내어 준다. $h<0$인 경우, 구간 $[1+h,1]$에서도 같은 방법으로 계산하면 아래의 표를 얻는다.

h	-1	-0.1	-0.01	-0.001	-0.0001
$\frac{R(1+h)-R(1)}{h}$	400	310	301	300.1	300.01

이것을 종합하여 $t=1$에서 $R(t)$의 순간변화율은 300이라고 할 수 있다.

이것을 수학적인 정의로 쓰면 다음과 같다.

정의 5.2.2 [순간변화율과 미분가능]

함수 $y=f(x)$의 $[a,\ a+\Delta x]$에서의 x에 관한 y의 평균변화율의 극한

$$\lim_{\Delta x\to 0}\frac{\Delta y}{\Delta x}=\lim_{\Delta x\to 0}\frac{f(a+\Delta x)-f(a)}{\Delta x}$$

이 존재할 때 $f(x)$는 a에서 **미분가능**(differentiable)이라고 하고 이 극한을 a에서 함수 f의 **순간변화율**(instantaneous rate of change) 또는 a에서의 함수 f의 **미분계수**(differential coefficient)라 하고 기호 $f'(a)$로 나타낸다. 함수가 개구간 (a,b)안의 모든 점에서 미분가능이면 함수는 그 구간에서 **미분가능**(differentiable)이라고 한다.

주의 $f'(a)=\lim_{x\to a}\frac{f(x)-f(a)}{x-a}$ 또는 $f'(a)=\left.\frac{dy}{dx}\right|_{x=a}$ 로 쓰기도 한다.

[미분계수의 기하학적 의미]

다음 그림과 같이 함수 $y=f(x)$의 그래프 상의 두 점 $P(a,f(a))$, $Q(a+\Delta x,\ f(a+\Delta x))$을 잇는 직선의 기울기는

$$\overline{PQ}\text{의 기울기} = \frac{\Delta y}{\Delta x}=\tan\theta$$

이다. 이제 Δx을 0으로 가까이 해보면 직선 $\overline{PQ}$는 점 P에서의 접선 $\overline{PT}$로 한없이 가까워진다. 따라서 미분계수 $f'(a)$는 접선 $\overline{PT}$의 기울기와 같다. 그러므로 점 P에서 $y=f(x)$에 접하는 직선의 방정식은 다음과 같다.

$$y-f(a)=f'(a)(x-a)$$

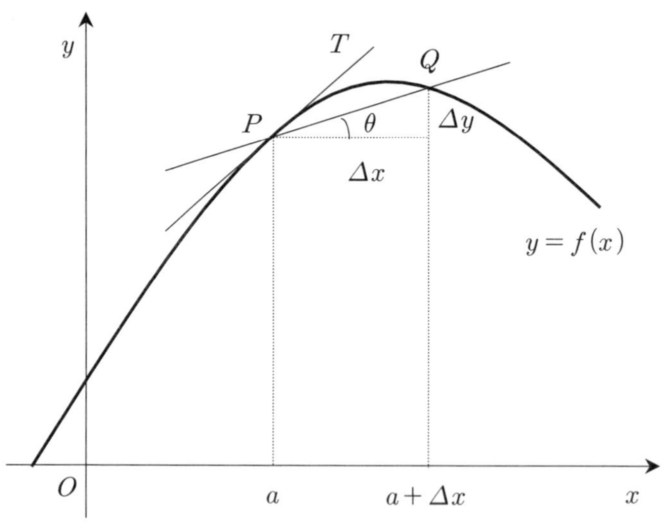

[그림 6]

예제 4 어느 날 온도가 다음과 같은 함수로 주어졌다고 하자.

$$f(t) = 50 + 2t^2 \ ^\circ F \quad (t = 0\text{일 때 오전 7시})$$

여기서 t는 오전 7시 이후의 시간을 나타낸다. 오전 9시의 온도는 얼마나 빨리 증가하겠는가?

풀이 $t = 2$에서의 순간변화율을 구해야 하므로 $f'(2)$를 구하면 된다. 정의 5.2.2를 이용하면

$$\begin{aligned} f'(2) &= \lim_{h \to 0} \frac{f(2+h) - f(2)}{h} \\ &= \lim_{h \to 0} \frac{50 + 2(2+h)^2 - (50 + 2 \cdot 2^2)}{h} \\ &= \lim_{h \to 0} \frac{8h + 2h^2}{h} = 8 \end{aligned}$$

이므로 오전 9시 경 온도의 순간변화율은 시간 당 $8^\circ F$로 증가한다고 말할 수 있다.

예제 5 $f(x) = x^2 + x$일 때 다음을 구하여라.

(1) 구간 $[1,\ 1+h]$에서의 평균변화율을 구하여라.

(2) $f'(1)$을 구하여라.

(3) $x = 1$에서 $f(x)$의 접선의 방정식을 구하여라.

풀이 (1) 구간 $[1,\ 1+h]$에서의 평균변화율은

$$\begin{aligned} \frac{\Delta y}{\Delta x} &= \frac{f(1+h) - f(1)}{h} \\ &= \frac{(1+h)^2 + (1+h) - (1+1)}{h} \\ &= \frac{h^2 + 3h}{h} = h + 3 \end{aligned}$$

이다.

(2) 미분계수의 정의와 (1)의 결과를 이용하면

$$f'(1)=\lim_{h\to0}\frac{f(1+h)-f(1)}{h}=\lim_{h\to0}(h+3)=3$$

임을 알 수 있다.

(3) $x=1$에서 $f(x)$의 접선의 방정식은 $y-f(1)=f'(1)(x-1)$이다. 간단히 하면 $y=3x-1$이다.

예제 6 $f(x)=|x|$일 때, 다음 점에서 미분가능성을 조사하여라.

(1) $x=1$ (2) $x=0$

풀이 (1) $f'(1)=\lim_{h\to0}\frac{f(1+h)-f(1)}{h}=\lim_{h\to0}\frac{|1+h|-|1|}{h}$

$$=\lim_{h\to0}\frac{1+h-1}{h}=\lim_{h\to0}\frac{h}{h}=1$$

(2) $f'(0)=\lim_{h\to0}\frac{f(0+h)-f(0)}{h}=\lim_{h\to0}\frac{|h|-0}{h}=\lim_{h\to0}\frac{|h|}{h}$

여기에서 $h>0$인 경우와 $h<0$인 경우로 나누어 계산하면

$$\lim_{h\to0^+}\frac{|h|}{h}=\lim_{h\to0^+}\frac{h}{h}=1$$

$$\lim_{h\to0^-}\frac{|h|}{h}=\lim_{h\to0^-}\frac{-h}{h}=-1$$

이므로 $f'(0)$는 존재하지 않는다. 한편, $f(x)=|x|$의 그래프는 다음과 같다. 그림 7에서처럼 $x=0$에서는 접선을 그을 수 없음을 알 수 있다.

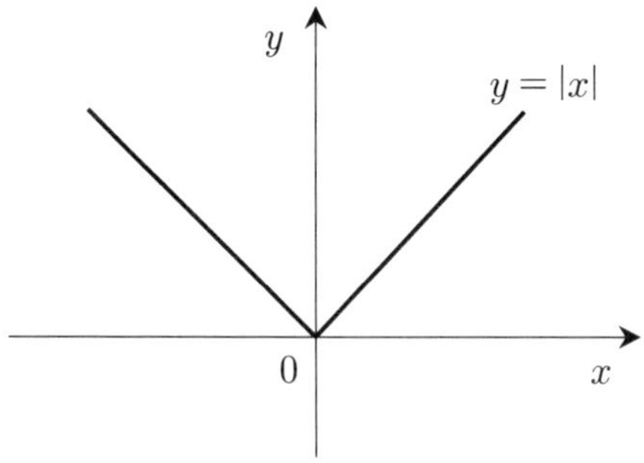

[그림 7]

정의 5.2.3 [도함수]

함수 $f(x)$의 정의역의 모든 x에 대하여

$$f'(x) = \lim_{h \to 0} \frac{f(x+h) - f(x)}{h}$$

가 존재할 때 $f'(x)$를 $f(x)$의 **도함수**(derivative)라고 하고 다음과 같은 기호로 쓴다.

$$f'(x),\ y',\ \frac{dy}{dx},\ \frac{df}{dx},\ \frac{d}{dx}f(x)$$

함수 $f(x)$의 도함수 $f'(x)$를 구하는 것을 함수 $f(x)$를 **미분한다**(differentiate)라고 한다.

5.2 연습문제

1. $f(x)=x^2-3$일 때, 구간 $[1,3]$에서 평균변화율을 구하여라.

2. 함수 $f(x)=\dfrac{1}{x}$에 대하여 $h=1,\ 0.1,\ 0.01$일 때, 구간 $[2,2+h]$에서 평균변화율을 계산하여라.

3. $f(x)=\sqrt{x}$일 때 다음 물음에 답하여라.

(1) 구간 $\left[\dfrac{1}{4},\ \dfrac{1}{4}+h\right]$에서 평균변화율을 구하여라.

(2) $f'\left(\dfrac{1}{4}\right)$을 구하여라.

(3) $x=\dfrac{1}{4}$에서 곡선 $y=f(x)$의 접선의 방정식을 구하여라.

4. 다음 표는 어느 지역의 매년 초 커피 체인점의 수이다. 다음 물음에 답하여라.

t(년도)	1998	1999	2000	2001	2002
N(체인점 수)	1886	2135	3501	4701	5886

(1) 2000년에서 2002년 동안의 평균변화율을 구하여라.
(2) 1999년에서 2000년 동안의 평균변화율을 구하여라.

5. 도함수의 정의를 이용하여 다음 함수의 도함수를 구하여라.

(1) $f(x)=\dfrac{1}{2}x-\dfrac{1}{3}$ (2) $f(x)=2x^2$

6. $f'(a)=1$일 때, 다음을 구하여라.

$$\lim_{h\to 0}\frac{f(a+2h)-f(a-3h)}{h}$$

7. $f(x)=\dfrac{1}{\sqrt{x+3}}$ 일 때, $f'(3)$을 구하여라.

8. 어떤 물건 x개를 생산하는데 드는 비용이 $C(x)=5000+10x+0.05x^2$(단위 달러)로 주어질 때, 다음 물음에 답하여라.

(1) $x=100$에서 $x=105$까지의 평균변화율을 구하여라.

(2) $x=100$에서 $x=102$까지의 평균변화율을 구하여라.

(3) $x=100$일 때의 순간변화율을 구하여라.

9. 다음 표는 1995년에서 2001년까지 벤처자본에 투자한 회사의 수를 나타낸다.($t=5$는 1995년을 나타낸다)

t(년도)	5	6	7	8	9	10	11
N(회사의 수)	100	150	300	400	1000	1700	1900

2년 동안의 평균변화율이 가장 큰 연도와 가장 작은 연도 사이를 말하여라.

10. 어떤 함수 f는 구간 $[1, 1+h]$에서 평균변화율이 h가 감소함에 따라 증가하는 성질을 가진다고 한다. 다음 중 이 함수의 그래프가 될 수 있는 것은?

(1)

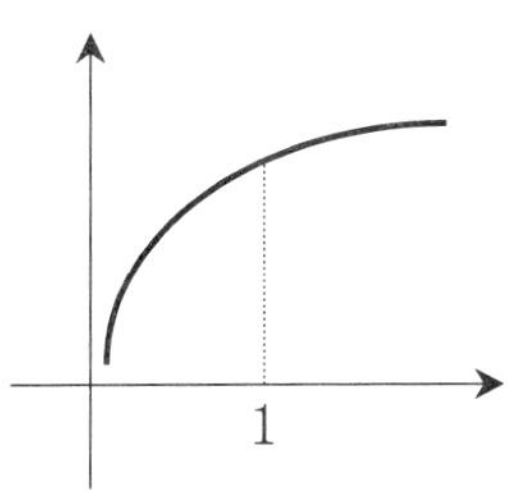

(2)

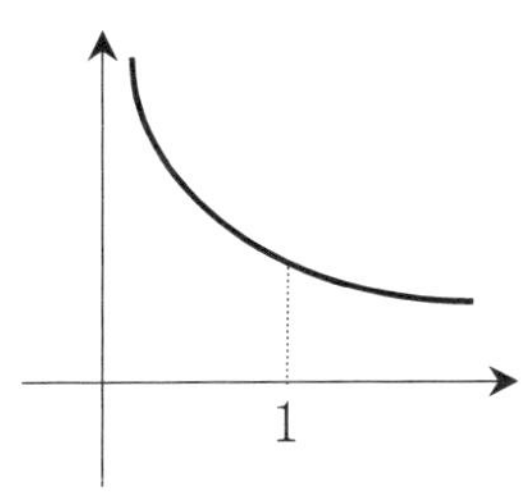

(3)

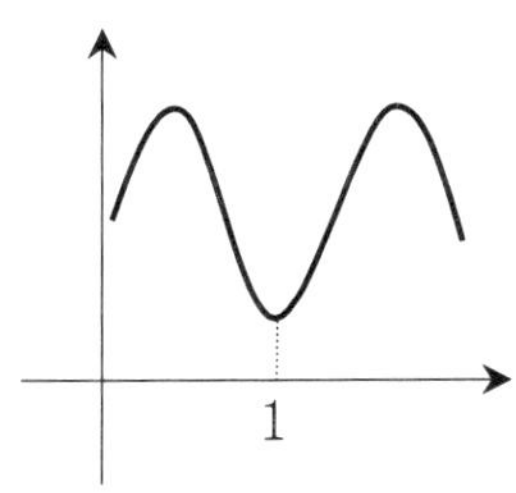

5.3 미분법

이 절에서는 여러 가지 함수의 도함수를 구하는 방법에 대해 알아보자. 도함수를 구하는 방법을 **미분법**(differentiation rule)이라 한다.

예제 1 $f(x)=x^2$라고 두자.

(1) 도함수의 정의를 사용하여 $f'(x)$를 구하여라.

(2) (1)의 결과를 이용하여 $f'(-3)$를 구하여라.

풀이 (1) 도함수의 정의로부터 다음을 얻을 수 있다.

$$\begin{aligned} f'(x) &= \lim_{h\to 0}\frac{f(x+h)-f(x)}{h} \\ &= \lim_{h\to 0}\frac{(x+h)^2-x^2}{h} \\ &= \lim_{h\to 0}\frac{x^2+2xh+h^2-x^2}{h} \\ &= \lim_{h\to 0}\frac{2xh+h^2}{h} \\ &= \lim_{h\to 0}(2x+h)=2x \end{aligned}$$

(2) $f'(x)=2x$이므로 $f'(-3)=2(-3)=-6$이다.

도함수의 정의를 사용하여 다음의 정리를 얻을 수 있다.

정리 5.3.1 [멱의 법칙(power rule)]

n이 상수이고 $f(x)=x^n$이면

$$f'(x)=nx^{n-1}$$

보기 1 (1) $f(x)=x^4$이면 $f'(x)=4x^3$이다.

(2) $f(x)=x^{100}$이면 $f'(x)=100x^{99}$이다.

(3) $f(x)=x$이면 $f'(x)=1x^0=1$이다.

(4) $f(x)=1$이면 $f'(x)=0x^{-1}=0$이다.

예제 2 다음 함수의 도함수를 구하여라.

(1) $f(x)=\dfrac{1}{x}$ (2) $f(x)=\dfrac{1}{x^2}$

(3) $f(x)=\sqrt{x}$

풀이 (1) $f(x)=\dfrac{1}{x}=x^{-1}$이므로 $f'(x)=(-1)x^{-2}=-\dfrac{1}{x^2}$이다.

(2) $f(x)=\dfrac{1}{x^2}=x^{-2}$이므로 $f'(x)=(-2)x^{-3}=-\dfrac{2}{x^3}$이다.

(3) $f(x)=\sqrt{x}=x^{\frac{1}{2}}$이므로 $f'(x)=\dfrac{1}{2}x^{-\frac{1}{2}}=\dfrac{1}{2\sqrt{x}}$이다.

정리 5.3.2

두 함수 $f(x)$와 $g(x)$가 미분가능이면 다음이 성립한다.

(1) $[f(x)\pm g(x)]'=f'(x)\pm g'(x)$

(2) $[cf(x)]'=cf'(x)$

(3) $[f(x)g(x)]'=f'(x)g(x)+f(x)g'(x)$

(4) $\left[\dfrac{f(x)}{g(x)}\right]'=\dfrac{f'(x)g(x)-f(x)g'(x)}{[g(x)]^2}$ (단, $g(x)\neq 0$)

증명 (1) $$(f\pm g)'(x)=\lim_{h\to 0}\frac{1}{h}[(f(x+h)\pm g(x+h))-(f(x)\pm g(x))]$$

$$=\lim_{h\to 0}\frac{f(x+h)-f(x)}{h}\pm\lim_{h\to 0}\frac{g(x+h)-g(x)}{h}$$

$$=f'(x)\pm g'(x)$$

이와 같은 방법으로 (2), (3), (4)도 증명할 수 있다.

예제 3 다음 함수의 도함수 $f'(x)$를 구하여라.

(1) $f(x) = (4x^3 - 1)(x+1)$ (2) $f(x) = \dfrac{x}{x^2+1}$

풀이 정리 5.3.2의 미분법을 이용하면 다음과 같은 계산을 할 수 있다.

(1) $$\begin{aligned} f'(x) &= (4x^3-1)'(x+1) + (4x^3-1)(x+1)' \\ &= (12x^2)(x+1) + (4x^3-1) \\ &= 16x^3 + 12x^2 - 1 \end{aligned}$$

(2) $$\begin{aligned} f'(x) &= \frac{(x)'(x^2+1) - x(x^2+1)'}{(x^2+1)^2} \\ &= \frac{x^2+1-2x^2}{(x^2+1)^2} = \frac{-x^2+1}{(x^2+1)^2} \end{aligned}$$

정리 5.3.3 [연쇄법칙(chain rule)]

함수 $f(x)$가 미분가능이고 함수 g가 $f(x)$에서 미분가능이면, $g \circ f$도 역시 미분가능이고

$$(g \circ f)'(x) = g'(f(x))f'(x)$$

이다. 즉 $y = g(u)$, $u = f(x)$라고 두면 $y = g(f(x))$이고 다음이 성립한다.

$$\frac{dy}{dx} = \frac{dy}{du}\frac{du}{dx}$$

예제 4 다음 함수의 도함수 $\dfrac{dy}{dx}$를 구하여라.

(1) $y = (x^3 - 1)^{10}$ (2) $y = \sqrt{x^2+1}$

풀이 (1) $u = x^3 - 1$이라 두면 $y = u^{10}$이다. 여기서 연쇄법칙을 이용하면 다음이 성립한다.

$$\frac{dy}{dx} = \frac{dy}{du}\frac{du}{dx} = (10u^9)(3x^2) = 30u^9x^2 = 30x^2(x^3-1)^9$$

(2) $u = x^2 + 1$이라 두면 $y = \sqrt{u}$이다. 여기서 연쇄법칙을 이용하면

다음이 성립한다.

$$\frac{dy}{dx} = \frac{dy}{du}\frac{du}{dx} = \frac{1}{2\sqrt{u}}2x = \frac{x}{\sqrt{x^2+1}}$$

[음함수의 미분법]

두 변수 x와 y 사이에 $x^2+y^2=5$와 같은 관계가 있을 때 $\frac{dy}{dx}$를 구하는 방법을 생각해보자. 이 때 y가 x의 함수이고 x에 관하여 미분가능이라고 생각하고 양변을 x에 관하여 미분하면 다음과 같은 식을 얻을 수 있다.

$$2x + 2y\frac{dy}{dx} = 0$$

즉,

$$\frac{dy}{dx} = -\frac{x}{y}$$

이다. 특히 $x^2+y^2=5$와 같은 형태를 **음함수**(implicit function)라고 하며, 위와 같이 $\frac{dy}{dx}$를 구하는 방법을 **음함수의 미분법**이라고 한다.

예제 5 (1) $x^3y+xy^3=10$일 때 $\frac{dy}{dx}$를 구하여라.

(2) $x^3y+xy^3=10$위의 점 $(1,2)$에서 접선의 방정식을 구하여라.

풀이 (1) 양변을 x에 관하여 미분하면

$$3x^2y + x^3\frac{dy}{dx} + y^3 + 3xy^2\frac{dy}{dx} = 0$$

$$(x^3+3xy^2)\frac{dy}{dx} = -y^3 - 3x^2y$$

$$\frac{dy}{dx} = -\frac{y^3+3x^2y}{x^3+3xy^2}$$

(2) 점 (1,2)에서 접선의 기울기는 $\left.\frac{dy}{dx}\right|_{\substack{x=1\\y=2}}=-\frac{2^3+6}{1^3+12}=-\frac{14}{13}$이다. 따라서 접선의 방정식은 다음과 같다.

$$y=-\frac{14}{13}x+\frac{40}{13}$$

정리 5.3.4 [역함수의 미분법]

미분가능인 함수 $y=f(x)$의 역함수 $x=f^{-1}(y)$가 존재하고 $f'(x)\neq 0$이면, $x=f^{-1}(y)$도 미분가능이고 다음이 성립한다.

$$\frac{dx}{dy}=\frac{1}{\frac{dy}{dx}}$$

증명 $y=f(x)$의 역함수를 $x=f^{-1}(y)$라고 하면 $x=f^{-1}(f(x))$이다. 연쇄법칙에 의하여

$$1=\frac{d}{dx}f^{-1}(f(x))=\frac{d}{dy}f^{-1}(y)\frac{dy}{dx}=\frac{dx}{dy}\frac{dy}{dx}$$

이다. 따라서

$$\frac{dx}{dy}=\frac{1}{\frac{dy}{dx}}$$

예제 6 $y=x^3-2$에서 $\frac{dx}{dy}$을 구하여라.

풀이 역함수의 미분법을 이용하면 다음과 같이 구할 수 있다.

$$\frac{dx}{dy}=\frac{1}{\frac{dy}{dx}}=\frac{1}{3x^2}$$

정리 5.3.5 [로그함수의 미분법]

(1) $f(x)=\ln x$이면 $f'(x)=\dfrac{1}{x}$이다.

(2) $f(x)=\log_a x$이면 $f'(x)=\dfrac{1}{x\ln a}$이다.

증명 (1) 도함수의 정의에 의해서 구하면 다음과 같다.

$$\begin{aligned} f'(x) &= \lim_{h\to 0}\frac{f(x+h)-f(x)}{h} \\ &= \lim_{h\to 0}\frac{\ln(x+h)-\ln(x)}{h} \\ &= \lim_{h\to 0}\frac{1}{h}[\ln(x+h)-\ln(x)] \\ &= \lim_{h\to 0}\frac{1}{h}\ln\frac{x+h}{x} \\ &= \lim_{h\to 0}\ln\left(1+\frac{h}{x}\right)^{\frac{1}{h}} \\ &= \lim_{h\to 0}\ln\left[\left(1+\frac{h}{x}\right)^{\frac{x}{h}}\right]^{\frac{1}{x}} \\ &= \ln e^{\frac{1}{x}} = \frac{1}{x}\ln e = \frac{1}{x} \end{aligned}$$

(2) 로그함수의 밑 변환 공식을 사용하면 다음을 얻을 수 있다.

$$f'(x)=(\log_a x)'=\left(\frac{\ln x}{\ln a}\right)'=\frac{1}{x\ln a}$$

정리 5.3.6 [지수함수의 미분법]

(1) $f(x)=e^x$이면 $f'(x)=e^x$이다.

(2) $f(x)=a^x$이면 $f'(x)=a^x\ln a$이다.

증명 (2) $f(x)=a^x$의 양변에 자연 로그를 취하면

$$\ln f(x)=x\ln a$$

이고 양변을 x에 관하여 미분하면

$$\frac{f'(x)}{f(x)}=\ln a \text{ 즉, } f'(x)=f(x)\ln a=a^x\ln a$$

(1) $a=e$일 때이므로 $f'(x)=e^x\ln e=e^x$이다.

예제 7 다음 함수의 도함수를 구하여라.

(1) $f(x)=e^{x^2+1}$ (2) $f(x)=\sqrt{\ln x}$

풀이 (1) 연쇄법칙과 지수함수의 미분법을 이용하면 다음을 얻을 수 있다.

$$f'(x)=(x^2+1)'e^{x^2+1}=2xe^{x^2+1}$$

(2) 연쇄법칙과 로그함수의 미분법을 이용하면 다음을 얻을 수 있다.

$$f'(x)=\frac{(\ln x)'}{2\sqrt{\ln x}}=\frac{1}{2x\sqrt{\ln x}}$$

예제 8 $x\neq 0$일 때, $y=\ln|x|$의 도함수를 구하라.

풀이 $x>0$이면 $y=\ln x$이므로

$$y'=\frac{1}{x}$$

이다. 또한 $x<0$이면 $y=\ln(-x)$이므로 연쇄법칙에 의하여

$$y'=\frac{-1}{-x}=\frac{1}{x}$$

이다. 따라서 $x\neq 0$일 때 $y'=\frac{1}{x}$이다.

예제 9 곡선 $f(x)=\dfrac{e^x}{1+x^2}$ 위의 점 $\left(1,\dfrac{e}{2}\right)$에서 접선의 방정식을 구하여라.

풀이 함수 f의 도함수를 구하면

$$f'(x)=\frac{e^x(1+x^2)-2xe^x}{(1+x^2)^2}=\frac{e^x(x-1)^2}{(1+x^2)^2}$$

이고 따라서 $x=1$에서 접선의 기울기는 $f'(1)=0$이다. 그러므로 접선의 방정식은 $y=\dfrac{e}{2}$이다.

예제 10 $y=x^{\sqrt{x}}\ (x>0)$의 도함수 y'을 구하여라.

풀이 양변에 자연 로그를 취하면 $\ln y=\ln x^{\sqrt{x}}=\sqrt{x}\ln x$이다. 여기서 음함수의 미분법을 이용하면

$$\frac{y'}{y}=\frac{1}{2\sqrt{x}}\ln x+\sqrt{x}\frac{1}{x}$$

이다. 그러므로

$$y'=x^{\sqrt{x}}\left(\frac{\ln x}{2\sqrt{x}}+\frac{1}{\sqrt{x}}\right)$$

예제 11 $y=\dfrac{(x+1)^{10}(x^2+1)^{11}}{(x^3+1)^{12}}$일 때, 도함수 y'을 구하여라.

풀이 $y=\dfrac{(x+1)^{10}(x^2+1)^{11}}{(x^3+1)^{12}}$의 양변에 자연 로그를 취하면

$$\ln y=\ln\left(\frac{(x+1)^{10}(x^2+1)^{11}}{(x^3+1)^{12}}\right)$$

$$= \ln(x+1)^{10} + \ln(x^2+1)^{11} - \ln(x^3+1)^{12}$$

$$= 10\ln(x+1) + 11\ln(x^2+1) - 12\ln(x^3+1)$$

이다. 양변을 미분하면

$$\frac{1}{y}\frac{dy}{dx} = \frac{10}{x+1} + \frac{22x}{x^2+1} - \frac{36x^2}{x^3+1}$$

따라서

$$\frac{dy}{dx} = y\left(\frac{10}{x+1} + \frac{22x}{x^2+1} - \frac{36x^2}{x^3+1}\right)$$

$$= \frac{(x+1)^{10}(x^2+1)^{11}}{(x^3+1)^{12}}\left(\frac{10}{x+1} + \frac{22x}{x^2+1} - \frac{36x^2}{x^3+1}\right)$$

5.3 연습문제

1. 도함수 y'를 구하여라.

(1) $y=(x^2+3)(3x^2+4x-1)$ (2) $y=(x^2-1)(x+2)(x^3+1)$

(3) $y=\dfrac{1}{x^2-x+1}$ (4) $y=\dfrac{x}{x^2+1}$

(5) $y=\dfrac{x-1}{x+1}$ (6) $y=\dfrac{1}{x^3}+\dfrac{2}{x^2}-\dfrac{3}{x}$

2. 다음 함수들의 도함수 $\dfrac{dy}{dx}$를 구하여라.

(1) $y=(x+2)^4(x^2+1)^3$ (2) $y=\sqrt[3]{x^2+1}$

(3) $y=\left(\dfrac{1}{e^x+1}\right)^2$ (4) $y=\left(x-\dfrac{1}{x}\right)^7$

(5) $y=\sqrt{x-\sqrt{x}}$ (6) $y=\ln\left(\dfrac{x-1}{x+1}\right)$

3. 다음 관계식에서 $\dfrac{dy}{dx}$를 구하여라.

(1) $\sqrt{x}+\sqrt{y}=1$ (2) $x^4-4x^2y+y^3+1=0$

(3) $y^5+x^2y^3=1+ye^{x^2}$ (4) $\dfrac{y}{x}+\dfrac{x}{y}=1$

4. 다음 함수들의 도함수를 구하여라.

(1) $y=\ln\sqrt{x+1}$ (2) $y=\dfrac{3^{x^2}}{x^2+1}$

(3) $y=[\ln(e^x)]^2-\ln[(e^x)^2]$ (4) $y=xe^{-kx}$

(5) $y=\log_3(x-3e^x)$ (6) $y=(\sqrt{x})^x$

5. $f(3)=1, f'(3)=2$ 그리고 $g(3)=3, g'(3)=-2$일 때, 다음을 구하여라.

(1) $(f+g)'(3)$ (2) $(2f-3g)'(3)$

(3) $(fg)'(3)$ (4) $\left(\dfrac{f-2g}{f+2g}\right)'(3)$

6. 점 $(4,2)$에서 곡선 $y=x-\sqrt{x}$의 접선의 방정식을 구하여라.

7. 주어진 곡선의 접선이 수평이 되는 x의 값을 구하여라.

(1) $f(x)=2x^2+3x-1$ (2) $y=x+\dfrac{1}{x}$

8. 곡선 $y=\dfrac{8}{\sqrt{4+3x}}$ 위의 점 $(4, 2)$에서 접선의 방정식을 구하여라.

9. $y=\dfrac{x^{\frac{3}{4}}\sqrt{x^2+1}}{(3x+2)^5}$의 도함수를 구하여라.

10. 타원 $2x^2+y^2=2$ 위의 점 $\left(\dfrac{1}{\sqrt{2}}, 1\right)$에서 접선의 방정식을 구하여라.

제 6 장

도함수의 응용

6.1 한계해석

6.2 연관된 변화율

6.3 최대 · 최소와 그래프 그리기

6.4 최적화 문제

6.5 수요의 탄력성

6.1 한계해석

1장에서 $C(x)=mx+b$인 형태의 선형비용함수를 생각하였다. 여기서 C는 비용, x는 품목 수이고 m과 b는 상수이다. 기울기 m이 한계비용(marginal cost)이고, 그것은 품목을 하나 더 생산하는데 드는 비용을 의미한다. $C(x)=mx+b$를 미분하면 $C'(x)=m$이므로 비용함수가 선형인 경우 한계비용은 비용함수의 도함수가 된다. 비용함수가 선형이 아닌 경우, 한계비용이 어떻게 표현되는지 알아보자.

정의 6.1.1 [비용함수]

비용함수(cost function) $C(x)$는 품목 수 x를 변수로 가지는 함수로 총 비용을 나타내는 함수이다. 즉 $C(x)$는 품목 x개에 대한 총 비용이다.

정의 6.1.2 [평균비용]

비용함수 $C(x)$에 대하여,

$$\overline{C}(x)=\frac{C(x)}{x}$$

처음 x개 생산하는데 들어가는 **평균비용**(average cost)이라 한다.

x개의 물건을 생산할 때의 비용을 $C(x)$라 할 때, 현재 생산수준 x개에서 h개를 더 생산할 때 들어가는 평균비용은 함수 $C(x)$의 평균변화율

$$\frac{C(x+h)-C(x)}{h}$$

이다. 한편, 평균변화율의 극한

$$\lim_{h\to 0}\frac{C(x+h)-C(x)}{h}=C'(x)$$

이다. 평균비용함수에서 $h=1$인 경우를 생각하면 $C'(x)$는 x개를 생산한 후 추가적으로 한 단위를 더 생산하는데 들어가는 비용

$$\frac{C(x+1)-C(x)}{1}$$

의 좋은 근사이다. 즉, $C(x+1)-C(x) \approx C'(x)$로 쓸 수 있다. 따라서 다음과 같이 정의할 수 있다.

정의 6.1.3 [한계비용]

품목 수 x개에 대한 비용함수 $C(x)$의 도함수

$$C'(x)=\lim_{h\to 0}\frac{C(x+h)-C(x)}{h}$$

를 **한계비용함수(marginal cost function)**이라 한다. 한계비용함수를 이용해서 x개를 생산한 후 한 단위 더 생산할 때의 추가적인 비용을 계산할 수 있다.

예제 1 휴대용 CD플레이어를 제조하는 비용함수는 다음과 같다고 하자. (단위는 달러)

$$C(x)=150000+20x-0.0001x^2$$

여기서 x는 제조된 CD플레이어의 수이다.

(1) 50,000개를 생산하는데 드는 평균비용을 구하여라.
(2) 한계비용함수 $C'(x)$를 구하고, 이것을 이용하여 50,001번째 CD플레이어를 제조하는데 드는 비용을 계산하여라.

풀이 (1) 50,000개의 CD플레이어를 제조하는 총비용은

$$C(50000)=150000+20(50000)-0.0001(50000)^2$$

$$=900,000 \text{ (달러)}$$

이다. 따라서 50,000개 생산하는데 드는 평균비용은

$$\overline{C}(50000) = \frac{C(50000)}{50000} = 18 \text{ (달러)}$$

이고, 이것은 50,000개의 CD플레이어를 생산할 때, 1개당 평균비용이 18달러가 든다는 것이다.

(2) 한계비용함수 $C'(x) = 20 - 0.0002x$이다.

$C'(50000) = 20 - 0.0002(50000) = 10$이므로 50,001번째 CD플레이어의 생산비용은 약 10달러이다.

위의 예제에서

$$C'(50000) = \lim_{h \to 0} \frac{C(50000+h) - C(50000)}{h}$$

$$\approx \frac{C(50001) - C(50000)}{1}$$

$$= C(50001) - C(50000)$$

$$= \text{50,001번째 CD플레이어의 생산비용}$$

임을 알 수 있다. 50,001번째 생산비용과 50,000에서의 한계비용 $C'(50000)$을 비교해 보자. $C(x) = 150000 + 20x - 0.0001x^2$에서 50,001번째 생산비용은

$$C(50001) - C(50000) = [150000 + 20(50001) - 0.0001(50001)^2]$$

$$- [150000 + 20(50000) - 0.0001(50000)^2]$$

$$= 9.9999 \text{(달러)}$$

이다. 따라서 $x = 50000$에서 한계비용 $C'(50000) = 10$(달러)는 실제로 50,001번째 CD플레이어를 생산하는데 들어가는 비용 9.9999(달러)의 좋은 근사가 된다. 이것을 그래프로 나타내면 $x = 50000$일 때의 접선의 기울기가 50,000번째의 한계비용이고 실제 50,001번째 생산비용과 유사한 값이 됨을 알 수 있다.

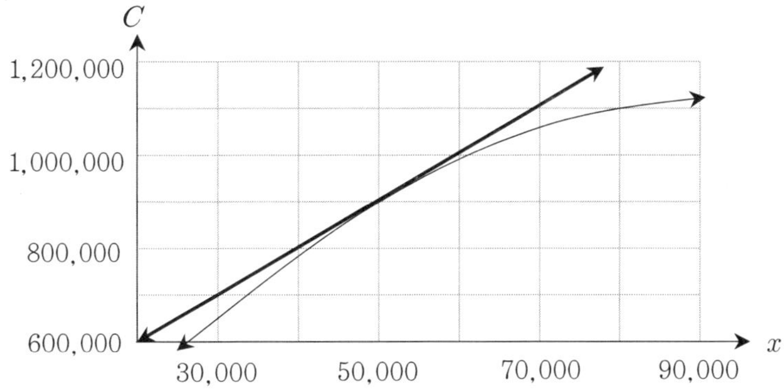

[그림 1]

한계비용함수의 개념을 수입함수, 이익함수, 생산함수 등과 같은 함수에도 정의할 수 있다.

> **정의 6.1.4** [한계수입, 한계이익]
>
> 품목 수 x개에 대한 총 수입함수 $R(x)$의 도함수 $R'(x)$를 **한계수입함수**(marignal revenue function)이라 하고 이익함수 $P(x)$의 도함수 $P'(x)$를 **한계이익함수**(marginal profit function)라 한다.

주의 $C'(x)$와 $R'(x)$ 그리고 $P'(x)$는 각각 1품목 더 생산하는데 들어가는 비용, 수입, 이익에 대한 근삿값이 된다.

예제 2 헬스클럽의 수요방정식이 다음과 같이 주어졌다고 하자.

$$q = -0.06p + 46$$

여기서 p(단위는 달러)는 월 회비이고 q는 월간 평균적인 신입회원의 수이다. 신입회원이 한사람 가입될 때 마다 건강진단비와 개인훈련비 등으로 100달러의 비용이 든다고 한다.

(1) q의 함수로서 월간 총수입과 이익을 계산하여라.

(2) 한계수입함수와 한계이익함수를 계산하여라.

(3) $q=15, q=20, q=25$일 때의 한계이익을 계산하고 그 의미를 설명하여라.

풀이 (1) 월간 총 수입은

$$R = pq$$

이다. 여기서 p는 회비, q는 신입회원 수이다. q의 함수로 R을 표현하라고 하였으므로 수요방정식 $q=-0.06p+46$을 p에 관하여 풀면

$$p = \frac{50}{3}(46-q)$$

가 되고 이것을 $R=pq$에 대입하면

$$R = \frac{50}{3}(46-q)q = -\frac{50}{3}q^2 + \frac{2300}{3}q$$

이고 이것이 q의 함수로써 월간 총 수입이다. 신입회원 1명당 100달러의 비용이 들어간다고 하였으므로 비용함수는

$$C = 100q$$

가된다. 이익함수는

$$P = R - C$$

이므로 다음과 같이 신입회원 수 q에 관한 함수로 나타낼 수 있다.

$$P = \left(-\frac{50}{3}q^2 + \frac{2300}{3}q\right) - 100q = -\frac{50}{3}q^2 + \frac{2000}{3}q$$

(2) 한계수입함수와 한계이익함수는 각각 수입함수와 이익함수의 도함수 이므로

$$\text{한계수입함수} = R' = -\frac{100}{3}q + \frac{2300}{3}$$

$$\text{한계이익함수} = P' = -\frac{100}{3}q + \frac{2000}{3}$$

이다. 이것은 신입회원 한사람이 더 가입될 때마다 얻을 수 있는 수입과 이익으로 생각할 수 있다.

(3) 한계이익함수가

$$P' = -\frac{100}{3}q + \frac{2000}{3}$$

이므로

$$P'(15) = -\frac{100}{3}(15) + \frac{2000}{3} = 166.67$$

이것은 신입회원이 월 15명에서 1명 더 가입할 때 166.67(달러)의 이익이 생긴다는 의미이다.

$$P'(20) = -\frac{100}{3}(20) + \frac{2000}{3} = 0$$

이것은 신입회원이 월 20명에서 1명 더 가입해도 추가적인 이익이 생기지 않는다는 의미이다.

$$P'(25) = -\frac{100}{3}(25) + \frac{2000}{3} = -166.67$$

이므로 신입회원이 25명일 때는 1명 더 가입하면 166.67(달러)의 손실이 발생한다는 의미이다.

정의 6.1.5 [한계생산]

노동자 수 n에 대한 생산함수 $P(n)$의 도함수 $P'(n)$을 **한계생산함수**(marginal product function)라 한다.

예제 3 A 제조회사의 컨설턴트가 이 회사의 연 수익(달러)은 다음 함수로 주어진다고 하였다.

$$P(n) = -200000 + 400000n - 4600n^2 - 10n^3$$

여기서 n은 생산라인 노동자의 수이다.

(1) $P'(n)$를 계산하라.

(2) $P(10)$과 $P'(10)$을 계산하고 결과를 해석하라.

(3) 회사는 현재 생산라인 노동자를 10명을 고용하고 있으며 그들 중 몇 명을 해고하려 한다. 이 회사의 컨설턴트가 회사 운영자에게 할 수 있는 충고는 무엇인가?

풀이 (1) 함수 $P(n)$의 도함수를 구하면

$$P'(n) = 400000 - 9200n - 30n^2$$

이다.

(2) $n = 10$일 때,

$$P(10) = -200000 + 400000(10) - 4600(10)^2 - 10(10)^3$$

$$= 3300000$$

이고 이것은 생산라인 노동자 10명을 고용한다면 3,300,000달러의 연간 수익이 발생한다는 의미이다.

$$P'(10) = 400000 - 9200(10) - 30(10)^2 = 305000$$

이고 이것은 생산라인 노동자 10명을 고용한 시점에서 1명 더 고용한다면 연간 305,000달러의 이익이 증가된다는 것이다.

(3) 현재 한계생산이 양수이므로 회사가 더 많은 노동자를 고용하면 이익이 증가하고 고용을 줄이면 이익이 줄어든다. 따라서 고용을 늘이라고 운영자에게 충고해야 한다.

5.3절 미분법 중에서 연쇄법칙을 사용하는 한계해석의 예제를 소개한다.

예제 4 어느 정밀기기회사의 연간 이익함수는 다음과 같다고 한다.

$$P = -200000 + 4000q - 0.46q^2 - 0.00001q^3$$

여기서 q는 연간 판매되는 수술용 레이저 수이다. 또한 노동자 1명이 연간 수술용 레이저 100대를 만든다고 한다. 즉, 노동자의 수를

n이라고 할 때, 연간 생산되는 수술용 레이저 수는

$$q = 100n$$

이다. 생산한 만큼 판매 된다고 했을 때, 연쇄법칙을 사용하여 노동자 1인당 한계생산 $\frac{dP}{dn}$을 구하여라.

풀이 연쇄법칙에 의하여

$$\frac{dP}{dn} = \frac{dP}{dq}\frac{dq}{dn}$$

이고 주어진 조건으로부터 도함수 $\frac{dP}{dq}$와 $\frac{dq}{dn}$를 나타내면

$$\frac{dP}{dq} = 4000 - 0.92q - 0.00003q^2$$

$$\frac{dq}{dn} = 100$$

이므로

$$\frac{dP}{dn} = (4000 - 0.92q - 0.00003q^2)(100)$$

$$= 400000 - 92q - 0.003q^2$$

이 된다. $q = 100n$이므로

$$\frac{dP}{dn} = 400000 - 92(100n) - 0.003(100n)^2$$

$$= 400000 - 9200n - 30n^2$$

예제 5 총 수입 R이 단위 가격 p의 함수로 주어지고, 가격 p는 주당 판매량 q의 함수로 주어진다고 한다. 만일

$$\left.\frac{dR}{dp}\right|_{q=1000} = 40 \text{ (달러)}$$

$$\left.\frac{dp}{dq}\right|_{q=1000} = -20 \text{ (달러)}$$

라면 주당 1,000개의 품목이 팔렸을 때, 한계수입을 구하여라.

풀이 수요에 따른 한계수입은 $\frac{dR}{dq}$이므로 연쇄법칙에 의하여

$$\frac{dR}{dq} = \frac{dR}{dp}\frac{dp}{dq}$$

이다. 따라서

$$\left.\frac{dR}{dq}\right|_{q=1000} = 40(-20) = -800$$

이다. 이것은 문제의 조건에서 주당 판매량이 1,000개에서 1,001개로 늘었을 때 가격이 20(달러) 내려간다면 주당 총 수입이 800(달러) 감소한다는 것이다.

지수함수를 이용한 한계해석의 응용에 대한 예제도 몇 개 들어보자.

예제 6 AIDS 전염병의 초기단계에서 감염된 사람의 수는 6개월마다 50% 증가하였다. 1983년 초 대략 1,600명의 감염자가 있었다. 매 6개월마다 50% 증가하는 추세가 계속된다면 1993년 초에는 해마다 새로운 감염자가 몇 명이나 더 생기겠는가?

풀이 4.2절의 예제 6에 의해 1983년을 시점으로 t년 후의 감염자 수는

$$A = 1600(2.25)^t$$

이다. 매해 새로운 감염자의 수를 묻는 문제이므로 변화율 $\frac{dA}{dt}$를 구하면 된다.

$$\frac{dA}{dt} = 1600(2.25)^t \ln(2.25)$$

1993년은 $t=10$에 해당하므로

$$\left.\frac{dA}{dt}\right|_{t=10} = 1600(2.25)^{10}\ln(2.25) \approx 4,300,000$$

이 된다.

10년 후 새로운 감염자의 수가 이렇게 많아지는 이유는 매 6개월마다 감염자의 수가 50% 증가하는 지수모델을 택했기 때문이고 4.2절에서도 설명하였듯이 이 경우는 로지스틱모델이 더 실제적인 모델이다.

예제 7 새로운 비디오 게임의 수요가 다음과 같이 주어진다고 하자.

$$q(t) = \frac{10000}{1+0.5e^{-0.4t}}$$

여기서 $q(t)$는 출시 후 t개월간 판매된 총 게임 수이다. 출시 2년 후 게임은 얼마나 많이 팔리게 될까?

풀이 2년 후이고 판매량의 변화율이므로 $q'(t)$를 구해서 $t=24$를 대입하면 된다.

$$q(t) = 10000(1+0.5e^{-0.4t})^{-1}$$

이므로

$$\begin{aligned} q'(t) &= -10000(1+0.5e^{-0.4t})^{-2}(0.5e^{-0.4t})(-0.4) \\ &= \frac{2000e^{-0.4t}}{(1+0.5e^{-0.4t})^2} \end{aligned}$$

가 된다. 따라서

$$q'(24) = \frac{2000e^{-0.4(24)}}{(1+0.5e^{-0.4(24)})^2} \approx 0.135$$

이다. 즉, 2년 후 판매의 증가는 매달 0.135로써 증가가 느린 것을 볼 수 있다.

도함수의 정의로부터

$$\frac{\Delta y}{\Delta x} = \frac{f(x_0 + \Delta x) - f(x_0)}{\Delta x} \approx f'(x_0)$$

이므로

$$\Delta y = f(x_0 + \Delta x) - f(x_0) \approx f'(x_0)\Delta x$$

또는

$$f(x_0 + \Delta x) \approx f(x_0) + f'(x_0)\Delta x$$

로 쓸 수 있다. 따라서 x의 변화량이 1이 아닌 경우에도 도함수를 이용해서 함숫값의 변화를 추정할 수 있다.

예제 8 노동자 수를 n명이라 할 때, 생산함수가

$$F(n) = \frac{1}{2}\sqrt{n}$$

로 주어진다고 한다. 노동자의 수를 900명에서 896명으로 줄였을 때, 생산량의 변화와 896명일 때의 생산량을 도함수를 이용하여 구하여라.

풀이 $F(n) = \frac{1}{2}\sqrt{n}$ 이고 $\Delta x = -4$이고 $x_0 = 900$이다.

$F'(n) = \frac{1}{4\sqrt{n}}$ 이므로 $F'(900) = \frac{1}{4} \cdot \frac{1}{30} = \frac{1}{120}$ 이다. 따라서 생산량의 변화는

$$\Delta F(n) \approx F'(900) \cdot (-4) = -\frac{1}{30}$$

즉, 생산량은 약 $\frac{1}{30}$만큼 줄어든다. 또한

$$F(896) \approx F(900) + F'(900) \cdot (-4) = 15 - \frac{1}{30} = 14.9666\cdots$$

즉, 896명일 때의 생산량은 약 $\frac{449}{30}$이다. 이것은 실제 896명일 때의 생산량 $F(896)=\frac{1}{2}\sqrt{896}=14.9663\cdots$과 거의 차이가 없음을 알 수 있다.

6.1 연습문제

1. x개의 일용품을 생산하는데 소요되는 비용을

$$C(x) = 10000 + 5x + 0.01x^2$$

이라 하자. 500개의 수준에서 한계비용을 구하고 501번째 생산비용과 비교하여라.

2. 진 바지를 x벌 생산하는데 드는 비용이

$$C(x) = 2000 + 3x + 0.01x^2 + 0.0002x^3$$

으로 주어진다.

(1) 한계비용함수를 구하여라.

(2) $C'(100)$을 구하여라.

(3) 101번째 옷을 생산하는데 드는 비용을 구하고 이것을 $C'(100)$과 비교하여라.

3. x가 공장에서 일하고 있는 사원들의 수일 때, $P(x)$를 총 생산가라고 하면 공장에서의 한 사람당 일의 평균 생산성은 다음과 같다.

$$A(x) = \frac{P(x)}{x}$$

(1) $A'(x)$를 구하여라.

(2) $A'(x) > 0$ 이면 회사는 사원을 더 채용하는 것이 좋을지 감원하는 것이 좋을지를 판단하여라.

4. x개의 품목을 생산하는 비용이 다음과 같다.

$$C(x) = 2600 + 2x + 0.001x^2$$

1,000품목, 2,000품목, 3,000품목을 생산했을 때의 비용, 평균비용, 한계비용을 구하여라.

5. 비용함수는 $C(x)=5x^2$이고 수입함수는 $R(x)=x^3+7x+10$이라 할 때, 한계비용함수와 한계수입함수 그리고 한계이익함수를 구하여라.

6. x개의 물건을 생산하는 데 드는 비용함수 $C(x)$가 다음과 같다.

$$C(x)=20000+50x+\frac{10000}{x}$$

100개를 생산할 때의 한계비용을 구하여라.

7. x부의 신문을 생산하는 데 드는 비용이

$$C(x)=70000+100x+x^2$$

이고 신문 한 부당 900원에 판매한다고 한다.

(1) 한계수입함수와 한계이익함수를 구하여라.

(2) 한계이익이 0이 될 때의 x값을 구하여라.

8. 신문 구독자의 수를 n이라 하면 매달 이익은

$$P=2n-\sqrt{n}$$

으로 주어진다. 신문 구독자의 수가 100명이라 할 때의 이익과 한계이익을 구하고 신문 구독자의 수가 104명으로 늘어났을 때의 이익을 구하여라.

9. n명의 노동자를 고용했을 때 매일의 생산이

$$P=400n-0.5n^2$$

으로 주어진다. 노동자 50명의 수준에서 한계생산을 구하고 이 결과가 의미하는 것이 무엇인지 설명하여라.

10. q대의 컴퓨터를 팔았을 때의 연간 이익이

$$P=-1000000+5000q-0.25q^2$$

으로 주어진다고 하자. n명의 노동자가 연간 만들어서 파는 컴퓨터의 대수가

$$q=30n+0.01n^2$$

으로 주어질 때, 연쇄법칙을 사용하여 $\left.\frac{dP}{dn}\right|_{n=10}$을 구하여라.

6.2 연관된 변화율

이 절에서는 두 개(또는 여러 개)의 연관된 양을 가지는 문제에서 하나(또는 여러 개)의 변화율을 알 때 다른 변화율을 알고자 한다.

예제 1 원의 반지름은 $10\,cm/s$로 증가하고 있다. 반지름이 $5\,cm$일 때 원의 면적이 얼마나 빠른 비율로 증가하는가?

풀이 여기에는 두 개의 연관된 양(반지름 r과 원의 면적 A)이 있다. 원의 반지름은 $10\,cm/s$로 증가하고 있다는 것은 반지름의 변화율이 $10\,cm/s$라는 말이고 이것을 식으로 나타내면 다음과 같다.

$$\frac{dr}{dt} = 10$$

마찬가지로 원의 면적에 대해서도 반지름이 $5\,cm$일 때, 원의 면적의 변화율이 얼마인가를 식으로 나타내면 다음과 같다.

$$r = 5\text{일 때, } \frac{dA}{dt}\text{는 얼마인가?}$$

이제 A와 r의 관계식

$$A = \pi r^2$$

에서 양 변을 t로 미분하면

$$\frac{dA}{dt} = 2\pi r \frac{dr}{dt}$$

이고, 주어진 조건 $r = 5$와 $\frac{dr}{dt} = 10$을 대입하면

$$\frac{dA}{dt} = 2\pi(5)(10) = 100\pi \approx 314\,cm^2/s$$

즉, 반지름이 $5\,cm$일 때, 원의 면적은 $314\,cm^2/s$의 비율로 증가한다.

[연관된 변화율 문제의 해법]

(1) 변화량을 미지수로 나타내고 수학적 표현으로 다시 쓴다.
(2) 변화량에 관련된 방정식을 구한다.
(3) 방정식을 시간 t에 관해 미분하여 변화율을 포함하는 식을 구한다.
(4) (3)에서 구한 식에 문제에서 주어진 값을 대입하고 구하고자 하는 변화율에 대해 정리한다.

예제 2 x개의 무선호출기를 제조하는 비용이 다음과 같다고 한다.

$$C(x) = 10000 + 3x + \frac{x^2}{10000}\text{(천 원)}$$

생산수준은 현재 $x = 5,000$이고 매일 100개씩 증가하고 있다. 평균비용은 어떻게 변하는가?

풀이 (1) 변하는 양은 생산수준 x와 평균비용 $\overline{C}$이다. 문제를 수학적으로 표현하면 다음과 같다.

"$x = 5000$이고 $\dfrac{dx}{dt} = 100$일 때, $\dfrac{d\overline{C}}{dt}$를 구하여라."

(2) 변화량에 관련된 방정식을 구하면 다음과 같다.

$$\overline{C}(x) = \frac{C(x)}{x} = \frac{10000}{x} + 3 + \frac{x}{10000}$$

(3) 방정식의 양 변을 t에 관해 미분하면 다음 식을 얻는다.

$$\frac{d\overline{C}}{dt} = \left(-\frac{10000}{x^2} + \frac{1}{10000}\right)\frac{dx}{dt}$$

주어진 $x = 5000$과 $\dfrac{dx}{dt} = 100$을 이 식에 대입하면

$$\frac{d\overline{C}}{dt}=\left(-\frac{10000}{(5000)^2}+\frac{1}{10000}\right)(100)=-0.03\ (\text{천원})$$

이것은 평균비용이 매일 30원씩 줄어든다는 뜻이다.

예제 3 어떤 양말회사에서 면양말을 제조하는데 생산과정 일부에서 로봇을 사용하여 부분적으로 자동화하였다고 한다. 회사가 하루에 제조할 수 있는 양말의 켤레는 다음의 콥–더글라스 생산공식(Cobb–Douglas production formula)을 따른다.

$$q = 50n^{0.6}r^{0.4}$$

여기서 q는 n명의 노동자와 r대의 로봇에 의하여 매일 생산할 수 있는 양말의 켤레 수이다. 회사는 현재 매일 양말 1,000켤레를 생산하고 있으며 노동자 20명을 고용하고 있고 또한 생산라인에 매달 한 대의 새로운 로봇을 설치하고 있다. 매일의 생산력을 일정하게 유지한다면 어떤 비율로 노동자를 해고하여야 하겠는가?

풀이 (1) 변화량은 노동자의 수 n과 로봇의 수 r이다. 문제를 수학적으로 표현하면 다음과 같다.

"$\frac{dr}{dt}=1$이고 $n=20$일 때, $\frac{dn}{dt}$를 구하여라."

(2) 변화량에 관련된 방정식은

$$1000 = 50n^{0.6}r^{0.4}$$

가 되므로 양 변을 50으로 나누면

$$20 = n^{0.6}r^{0.4}$$

를 얻는다.

(3) 양 변을 t에 관해 미분하면

$$0 = \left(0.6n^{-0.4}\frac{dn}{dt}\right)r^{0.4} + n^{0.6}\left(0.4r^{-0.6}\frac{dr}{dt}\right)$$

$$= 0.6\left(\frac{r}{n}\right)^{0.4}\frac{dn}{dt} + 0.4\left(\frac{n}{r}\right)^{0.6}\frac{dr}{dt}$$

(4) $n = 20$을 $20 = n^{0.6}r^{0.4}$에 대입하면

$$20 = (20)^{0.6}r^{0.4}$$

$$r^{0.4} = \frac{20}{(20)^{0.6}} = (20)^{0.4}$$

$$r = 20$$

이 된다. 이제 $n = 20$과 $r = 20$ 그리고 $\frac{dr}{dt} = 1$을 (3)에서 구한 식에 대입하면

$$0 = 0.6\left(\frac{20}{20}\right)^{0.4}\frac{dn}{dt} + 0.4\left(\frac{20}{20}\right)^{0.6}(1)$$

$$0 = 0.6\frac{dn}{dt} + 0.4$$

이다. 따라서

$$\frac{dn}{dt} = -\frac{2}{3}$$

이다. 이 결과는 회사가 노동자를 매달 $\frac{2}{3}$명, 즉, 세 달에 두 명씩 해고해야 한다는 뜻이다.

6.2 연습문제

1. 다음 문장을 수학표기법으로 다시 표현하여라.

(1) 인구 P는 현재 10,000명이고 매년 100명의 비율로 증가하고 있다.

(2) 구두의 가격이 매년 5달러씩 오르고 있다. 구두의 수요는 얼마나 빨리 증가하겠는가?

(3) 어느 의복회사의 T-셔츠 판매의 연간 수입은 현재 7,000달러이며 매년 10%씩 증가하고 있다. 연간 판매량은 얼마나 빨리 증가하겠는가?

2. V를 한 변의 길이가 x인 정육면체의 부피라 할 때, $\frac{dV}{dt}$를 $\frac{dx}{dt}$로 나타내어라.

3. $y=x^3+2x$이고 $\frac{dx}{dt}=5$라 하면, $x=2$일 때 $\frac{dy}{dt}$를 구하여라.

4. 물탱크가 그림 2와 같이 밑변의 반지름이 $2m$이고 높이가 $4m$인 원뿔이 뒤집어진 모양을 하고 있다. 만일 물이 탱크 안으로 $2m^3/\min$의 속도로 채워진다면, 물의 깊이가 $3m$되는 순간의 물의 높이는 얼마의 비율로 증가하겠는가?

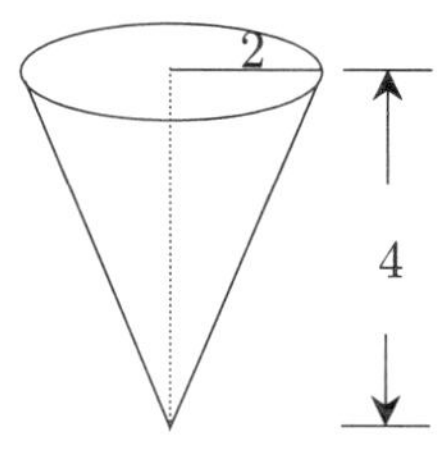

[그림 2]

5. 구의 모양으로 된 기구에 공기를 불어 넣을 때, 기구의 부피가 $100\,cm^3/s$로 증가한다고 하자. 지름이 $50\,cm$일 때 기구의 반지름은 얼마나 빨리 증가하겠는가?

6. 자동차 A는 $50\,km/h$의 속도로 서쪽으로 달리고 자동차 B는 $60\,km/h$의

속도로 북쪽으로 달리고 있다. 두 자동차는 그림 3과 같이 교차지점 C를 향하여 달리고 있게 된다. 교차지점에서 A는 $0.3km$, B는 $0.4km$만큼 떨어져 있을 때, 자동차들이 서로에게 접근해 가는 속도는 얼마인가?

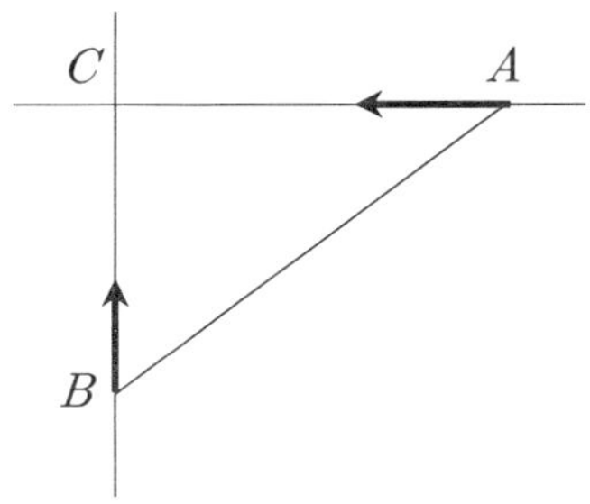

[그림 3]

7. 휴대용 CD플레이어를 생산하는데 드는 평균비용이 다음과 같다고 하자.

$$\overline{C}(x) = 150000\frac{1}{x} + 20 + 0.0001x \quad (\text{달러})$$

여기서 x는 주당 생산되는 CD플레이어의 개수이다.
현재 주당 생산 대수가 3,000개이고 주당 100개의 비율로 생산이 늘어나고 있다고 한다. 평균비용의 변화율은 어떻게 되겠는가?

8. 셔츠의 가격이 p달러일 때 셔츠의 수요 q가

$$q = 500 - 100p^{0.5}$$

로 주어진다고 하자. 현재 셔츠를 15달러에 판매하고 있고 매달 가격을 2달러씩 올린다면 셔츠의 수요는 어떻게 되겠는가?

9. 자동차 공장에서 x는 노동자의 수, y는 운영경비라 할 때 매년 생산되는 자동차의 수 P는 콥 더글라스 생산공식

$$P = 10x^{0.3}y^{0.7}$$

로 주어진다. 현재 매년 1000대의 자동차가 생산되고, 100명의 노동자가 고용되어 있다. 매년 새로 고용되는 노동자가 10명일 때 운영경비는 어떻게 바뀌겠는가?

10. 보석가게에서 루비를 p(천)원에 판매할 때 한 주에 판매되는 루비의 개수

는 수요방정식

$$q+\frac{4}{3}p=80$$

이 됨을 알았다. 현재 한 주에 20개의 루비가 판매되고 매주 판매량이 1개씩 감소한다면 가격의 변화율을 구하여라.

6.3 최대 · 최소와 그래프 그리기

미분의 가장 중요한 응용 중 하나가 최적화 문제일 것이다. 이것은 주어진 조건하에서 최적의 값(최댓값과 최솟값)을 구하는 것이다. 이 절에서는 이러한 문제를 해결하기위해 미분법을 사용하는 방법을 소개하고 이것을 토대로 다음 절에서 아래와 같은 최적화 문제를 해결할 것이다.

- 의류회사에서 옷을 제조할 때 한 번에 몇 벌의 옷을 제조하면 평균비용을 최소로 할 수 있을까?
- 직사각형의 울타리를 치려고 할 때, 울타리의 내부 면적을 가장 크게 하려면 울타리의 가로와 세로의 길이를 얼마로 하여야 할까?
- 컴퓨터 제조회사에서 컴퓨터를 만들어 판매하려고 할 때, 연간 수입을 최대로 하려면 컴퓨터의 가격을 얼마로 정해야 할까?
- 일부 생산과정에서 로봇을 도입하여 부분적인 자동화를 이룬 제조회사에서 제품을 만들려고 할 때, 최소의 비용으로 제품을 생산하려면 노동자와 로봇의 수를 얼마로 하여야 할까?

이러한 문제들을 해결한다는 것은 결국 함수의 최댓값 또는 최솟값을 구하는 문제를 푸는 것이다. 이 절에서는 미분을 이용하여 이러한 문제를 해결하기 위하여 도함수의 응용을 배우고 함수의 그래프를 그리는 방법을 공부하려고 한다.

우선 최댓값과 최솟값의 정확한 의미를 정의하자.

정의 6.3.1 [최댓값과 최솟값]

D가 함수 f의 정의역이고 $c \in D$일 때,

$$\text{모든 } x \in D\text{에 대하여, } f(c) \geq f(x)$$

일 때, 함수 f가 c에서 **최대**(absolute maximum 혹은 global maximum)를 갖는다고 하며 $f(c)$를 D상에서 f의 **최댓값**(maximum value)이라고 한다. 마찬가지로

$$\text{모든 } x \in D\text{에 대하여, } f(c) \leq f(x)$$

일 때, 함수 f는 c에서 **최소**(absolute minimum 혹은 global minimum)를 갖고, $f(c)$는 D상에서 f의 **최솟값**(minimum value)이라고 한다.

아래의 그림 4를 보면, 정의역을 구간 $[a, e]$로 가지는 함수 f는 d에서 최댓값을 갖고 a에서 최솟값을 갖는 것을 알 수 있다. 실제 f의 그래프에서 $(d, f(d))$가 가장 높은 점이고 $(a, f(a))$가 가장 낮은 점이다. 만일, x의 범위를 b와 가까운 곳으로 제한한다면(예를 들어 구간 $[a, c]$) $f(b)$가 b와 가까운 곳에서는 가장 큰 값이 된다. 이것을 최댓값과 구별하여 극댓값이라고 부른다. 마찬가지로 $f(c)$와 같은 값을 극솟값이라 한다.

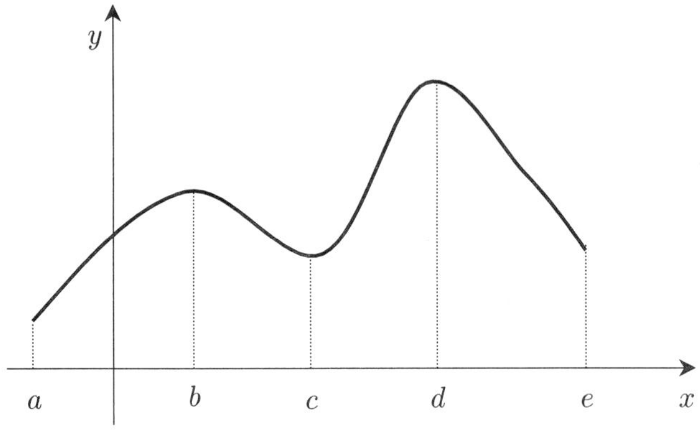

[그림 4]

일반적으로 아래와 같이 극댓값과 극솟값을 정의한다.

정의 6.3.2 [극댓값과 극솟값]

$f(x)$가 c의 근방에서 정의되고, 그 근방의

$$\text{임의의 점 } x\text{에 대하여, } f(c) \geq f(x)$$

이면, 함수 f는 c에서 **극대**(local maximum 혹은 relative maximum)를 갖는다고 하고, $f(c)$를 **극댓값**이라고 한다. 또한 그 근방의

$$\text{임의의 점 } x\text{에 대하여, } f(c) \leq f(x)$$

이면, 함수 f는 c에서 **극소**(local minimum)를 갖는다고 하고, $f(c)$를 **극솟값**이라고 한다.

보기 1 $f(x) = x^2$이라 하면 모든 x에 대하여 $x^2 \geq 0$이므로 $f(x) \geq f(0)$가 된다. 따라서 $f(0) = 0$는 함수 f의 최솟값이다. (극솟값도 된다.) 그림 5에서 보면 원점이 포물선 $y = x^2$의 가장 낮은 점이 된다. 하지만 포물선의 가장 높은 점은 없으므로 최댓값은 없다.

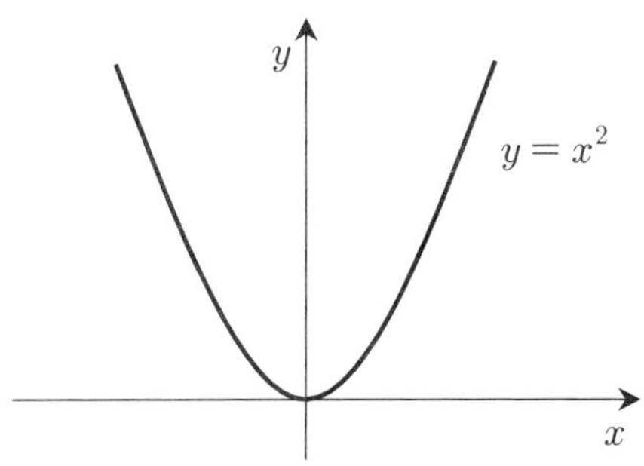

최솟값 0, 최댓값 없음.

[그림 5]

보기 2 $f(x) = x^3$이라 하면 그림 6에서 보면 최댓값과 최솟값이 존재하지 않음을 알 수 있다.

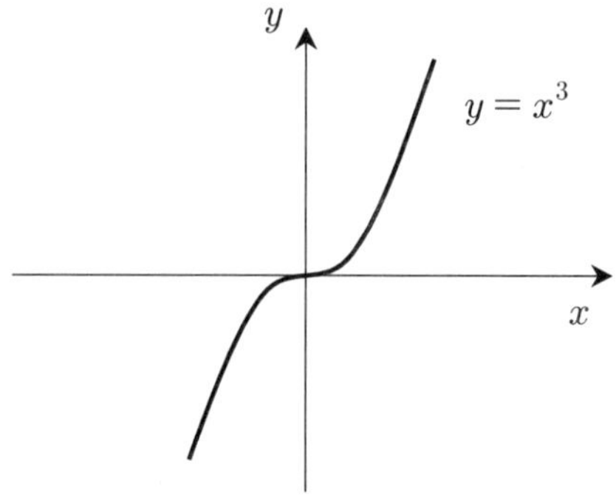

최댓값과 최솟값이 없음.

[그림 6]

함수의 최댓값과 최솟값을 구하기 위해 우선 함수가 극댓값 또는 극솟값을 가지는 경우를 생각해 보자. 아래 그림 7을 보면 함수 f는 c에서 극댓값을 갖고 d에서 극솟값을 갖는다. 극대와 극소가 되는 점에서 접선을 그어보면 수평선이 되는 것을 알 수 있다. 즉,

$$f'(c)=0 \text{ 그리고 } f'(d)=0$$

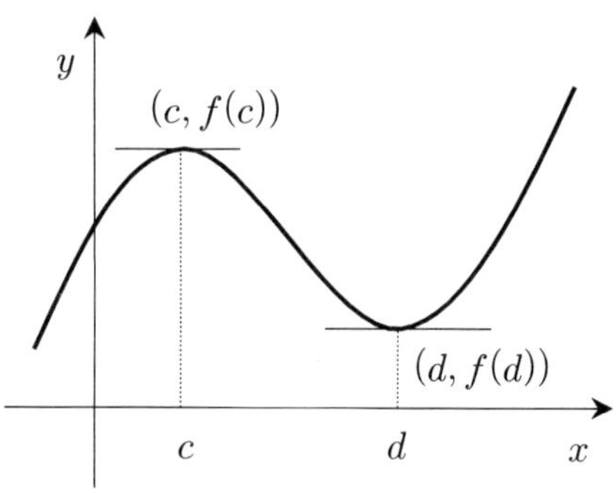

[그림 7]

다음 정리는 미분가능인 함수인 경우, 극대 또는 극소를 가지는 점에서 이 사실이 항상 성립함을 보여준다.

정리 6.3.1 [페르마의 정리(Fermat's Theorem)]

함수 f가 c에서 극대 또는 극소를 갖고 $f'(c)$가 존재한다면 다음이 성립한다.

$$f'(c)=0$$

주의 다음에 있는 보기 3과 보기 4에서 알 수 있듯이 정리 6.3.1의 역은 성립하지 않음에 주의해야 한다.

보기 3 $f(x)=x^3$이면 $f'(0)=0$이지만 그림 6에서 알 수 있듯이 $f(0)$는 극댓값도 아니고 극솟값도 아니다.

보기 4 $f(x)=|x|$이면 $f'(0)$은 존재하지 않지만 그림 8에서 보듯이 $f(0)$는 극솟값이 됨을 알 수 있다.

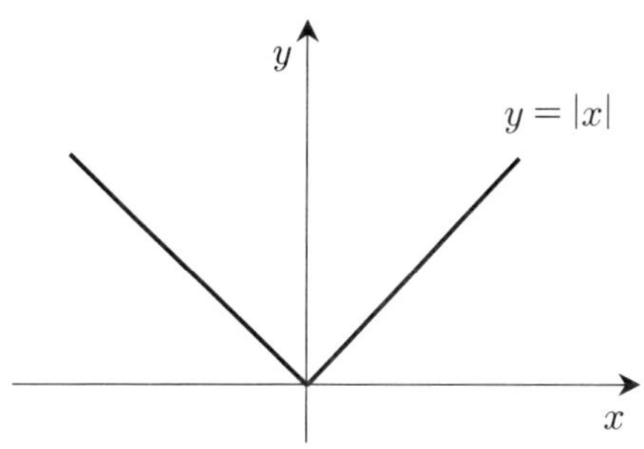

[그림 8]

위의 사실로부터 함수의 극댓값 또는 극솟값을 구하려면 $f'(c)=0$ 또는 $f'(c)$가 존재하지 않는 점 c를 조사해야 함을 알 수 있다. 이러한 점들을 정의하자.

정의 6.3.3 [임계수]

a가 함수 f의 정의역에 속한다고 가정하자. $f'(a)=0$ 또는 $f'(a)$가 존재하지 않을 때, a는 f의 **임계수(critical number)**라고 한다.

위의 정의를 이용하면 정리 6.3.1은 다음과 같이 다시 쓸 수 있다.

정리 6.3.2

함수 f가 c에서 극대이거나 극소이면, c는 f의 임계수이다.

위의 보기에서 살펴본 것처럼 모든 함수가 최댓값 또는 최솟값을 가지는 것은 아니지만 아래의 조건을 만족하는 함수는 최댓값 또는 최솟값을 가진다.

정리 6.3.3 [최대 · 최소 정리]

함수 f가 폐구간 $[a, b]$에서 연속이면, f는 구간 $[a, b]$ 내에서 최댓값과 최솟값을 가진다.

지금까지 공부한 것과 정리 6.3.3을 이용하면 아래의 방법으로 최댓값과 최솟값을 구할 수 있다.

[최댓값과 최솟값 구하기]

폐구간 $[a, b]$에서 연속인 함수 f의 최댓값과 최솟값은 아래의 방법으로 구한다.

1. (a, b)내의 f의 임계수의 함숫값을 구한다.
2. 구간의 양 끝점에서 함숫값($f(a)$와 $f(b)$)을 구한다.
3. 1과 2에서 구한 값 중 가장 큰 값이 최댓값이고, 가장 작은 값이 최솟값이다.

예제 1 함수 $f(x) = x^3 - 3x^2 + 1,\ \left(-\frac{1}{2} \le x \le 4\right)$의 최댓값과 최솟값을 구하여라.

풀이 함수 f는 구간 $\left[-\frac{1}{2}, 4\right]$에서 연속이다. 따라서 위의 방법을 사용하

기위해 $f(x)$를 미분하면

$$f'(x)=3x^2-6x=3x(x-2)$$

이고 $f'(x)=0$인 임계수는 0과 2이다. 0과 2는 구간 $\left(-\frac{1}{2}, 4\right)$내의 점이므로 함숫값을 구하면 다음과 같다.

$$f(0)=1, \ f(2)=-3$$

또한 양 끝점에서의 함숫값은

$$f\left(-\frac{1}{2}\right)=\frac{1}{8}, \ f(4)=17$$

이 된다. 이 값들을 비교하여

$$\text{최댓값 } f(4)=17, \ \text{최솟값 } f(2)=-3$$

을 얻을 수 있다.

이 예제에서는 최댓값은 구간의 끝점에서, 최솟값은 임계점에서 생겼음을 알 수 있다.

이제 미분을 이용하여 함수의 그래프를 그리는 방법에 대해 알아보자.

정의 6.3.4 [증가와 감소]

(1) 구간 I 에 있는 임의의 두 점

$$x_1, \ x_2(x_1 < x_2)\text{에 대해, } f(x_1) < f(x_2)$$

일 때, 함수 $f(x)$가 I 에서 **증가한다**(increasing)라고 말한다.

(2) 구간 I 에 있는 임의의 두 점

$$x_1, \ x_2(x_1 < x_2)\text{에 대해, } f(x_1) > f(x_2)$$

일 때, 함수 $f(x)$가 I 에서 **감소한다**(decreasing)라고 말한다.

정리 6.3.4 [증감 판정법]

개구간 (a, b)에서 미분가능인 함수 f는 다음이 성립한다.

(1) $f'(x) > 0$이면, f는 (a, b)에서 증가함수이다.

(2) $f'(x) < 0$이면, f는 (a, b)에서 감소함수이다.

(3) $f'(x) = 0$이면, f는 (a, b)에서 상수함수이다.

예제 2 다음 함수의 증가하는 구간과 감소하는 구간을 구하여라.

$$f(x) = 3x^4 - 4x^3 - 12x^2 + 12$$

풀이 주어진 함수의 도함수를 구하면 다음과 같다.

$$f'(x) = 12x^3 - 12x^2 - 24x = 12x(x-2)(x+1)$$

$f'(x) = 0$에서 임계수는

$$-1,\ 0,\ 2$$

이다. $x < -1$ 또는 $0 < x < 2$일 때 $f'(x) < 0$ 이므로

$$x < -1 \text{ 또는 } 0 < x < 2\text{에서 } f\text{는 감소한다.}$$

그리고 $-1 < x < 0$ 또는 $x > 2$일 때 $f'(x) > 0$이므로

$$-1 < x < 0 \text{ 또는 } x > 2\text{에서 } f\text{는 증가한다.}$$

따라서 f는 구간 $(-\infty,\ -1) \cup (0,\ 2)$에서 감소하고 구간 $(-1,\ 0) \cup (2,\ \infty)$에서 증가한다. 이것을 표로 나타내면 다음과 같다.

x		-1		0		2	
$f'(x)$	$-$	0	$+$	0	$-$	0	$+$
$f(x)$	↘		↗		↘		↗

미분을 이용하여 함수의 극댓값과 극솟값을 판정하는 방법이 다음 정리와 같다.

정리 6.3.5 [도함수 판정법]

c가 연속함수 f의 임계수라고 하자.

(1) f'의 부호가 c의 전후에서 양수에서 음수로 변하면, f는 c에서 극대를 갖는다.

(2) f'의 부호가 c의 전후에서 음수에서 양수로 변하면, f는 c에서 극소를 갖는다.

(3) f'의 부호가 c의 전후에서 변하지 않는다면, f는 c에서 극대나 극소를 갖지 않는다.

예제 3 함수 $f(x) = 3x - x^3$의 극대와 극소를 판정하여라.

풀이 주어진 함수를 미분하면

$$f'(x) = 3 - 3x^2 = -3(x+1)(x-1)$$

이다. $f'(x) = 0$으로부터 임계수를 구하면 임계수는 -1과 1이다.

x		-1		1	
$f'(x)$	$-$	0	$+$	0	$-$
$f(x)$	↘	-2	↗	2	↘

따라서 함수 f는 -1에서 극소이고 1에서 극대이다.

예제 4 함수 $f(x) = x + \dfrac{1}{x}$의 극대와 극소를 판정하여라.

풀이 주어진 함수를 미분하면

$$f'(x) = 1 - \frac{1}{x^2} = \frac{(x+1)(x-1)}{x^2}$$

이다. $f'(x) = 0$으로부터 임계수를 구하면 임계수는 -1과 1이다.

x		-1		(0)		1	
$f'(x)$	$+$	0	$-$		$-$	0	$+$
$f(x)$	↗	-2	↘		↘	2	↗

따라서 함수 f는 -1에서 극대이고 1에서 극소이다.

주의 위의 예제에서처럼 극솟값이 극댓값보다 큰 경우도 있다.

지수함수와 로지스틱 함수의 도함수의 부호가 모두 양이라면 둘다 증가함수가 된다. 그러나 증가하는 양상은 크게 차이나서 그래프의 모양이 매우 다르게 나타난다. 이러한 차이점을 접선의 위치로 구분하고자 한다. 또한 이것은 원래 함수의 도함수의 도함수와 관련이 있다.

정의 6.3.5 [위로 오목과 아래로 오목]

(1) 구간 I상에서 함수 f의 접선 위에 f의 그래프가 존재한다면 f는 I상에서 **위로 오목**(concave upward) (또는 **아래로 볼록**)이라고 한다.

(2) I상에서 함수 f의 접선 아래에 f의 그래프가 존재한다면 f는 I상에서 **아래로 오목**(concave downward) (또는 **위로 볼록**)이라고 부른다.

(3) 점 P에서 곡선 f가 연속이고 곡선이 그곳에서 위로 오목에서 아래로 오목으로 혹은 아래로 오목에서 위로 오목으로 변한다면 점 P를 그 곡선 상에서의 **변곡점**(inflection point)이라고 부른다.

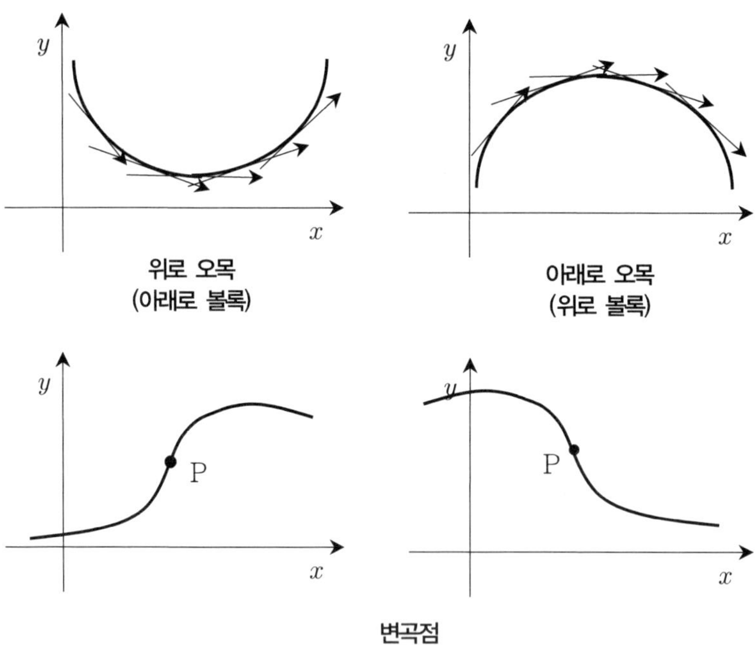

[그림 9]

그림 9에서 그래프가 위로 오목한 경우에는 접선의 기울기가 음에서 양으로 증가하고 아래로 오목한 경우에는 접선의 기울기가 양에서 음으로 감소함을 볼 수 있다. 따라서 함수의 오목의 방향을 알기 위해서는 함수 f의 도함수인 f'의 도함수를 이용해야 한다. 이제 f'의 도함수를 다음과 같이 정의하자.

정의 6.3.6 [고계도함수]

$y=f(x)$가 미분가능이면 도함수 $f'(x)$가 존재하고 $f'(x)$가 다시 미분가능이면 $f'(x)$의 도함수를 $f(x)$의 **이계도함수**라고 하고 다음과 같이 나타낸다.

$$f''(x),\ y'',\ \frac{d^2y}{dx^2},\ \frac{d^2}{dx^2}f(x)$$

같은 방법으로 $f(x)$의 n**계도함수**를 정의하고 다음과 같이 나타낸다.

$$f^{(n)}(x),\ y^{(n)},\ \frac{d^ny}{dx^n},\ \frac{d^n}{dx^n}f(x)$$

예제 5 $f(x)=x^5$일 때 2계도함수 $f''(x)$를 구하여라.

풀이 함수 f의 도함수를 구하면

$$f'(x)=5x^4$$

이고 이를 다시 한 번 더 미분을 하면 다음과 같다.

$$f''(x)=20x^3$$

정리 6.3.6 [오목성 판정법]

구간 I에서 함수 f의 이계도함수 f''가 연속이라고 하면 다음이 성립한다.

(1) $f''(x)>0$이면, f의 그래프는 I상에서 위로 오목이다.

(2) $f''(x)<0$이면, f의 그래프는 I상에서 아래로 오목이다.

정리 6.3.6을 이용하면 정리 6.3.7이 성립한다.

정리 6.3.7 [이계도함수 판정법]

함수 f의 이계도함수 f''가 c의 근방에서 연속이라고 하면 다음이 성립한다.

(1) $f'(c)=0$이고 $f''(c)>0$이면, f는 c에서 극소를 갖는다.

(2) $f'(c)=0$이고 $f''(c)<0$이면, f는 c에서 극대를 갖는다.

지금까지 공부한 것을 토대로 함수의 그래프를 그려보자.

예제 6 함수 $f(x)=e^{\frac{1}{x}}$의 그래프를 그려라.

풀이 함수 $f(x)$는 $x\neq 0$인 모든 실수에서 정의되고 일계도함수와 이계도함수는 각각 다음과 같다.

$$f'(x)=e^{\frac{1}{x}}\left(-\frac{1}{x^2}\right)=-\frac{e^{\frac{1}{x}}}{x^2}$$

$$f''(x)=-\frac{e^{\frac{1}{x}}\left(-\frac{1}{x^2}\right)x^2-2x\,e^{\frac{1}{x}}}{x^4}=\frac{e^{\frac{1}{x}}(2x+1)}{x^4}$$

따라서 $x\neq 0$인 모든 실수에서 $f'(x)<0$이므로 함수 $f(x)$는 감소함수이다. 그리고 $x=-\frac{1}{2}$일 때만 $f''(x)=0$이다. 일차도함수, 이차도함수의 부호와 함수의 증감을 살펴보면 다음과 같다.

x	$\cdots$	$-\frac{1}{2}$	$\cdots$	(0)	$\cdots$
$f'(x)$	$-$	$-$	$-$		$-$
$f''(x)$	$-$	0	$+$		$+$
$f(x)$	↘	e^{-2}	↘		↘

그러므로 $x=-\dfrac{1}{2}$에서 함수 $f(x)$는 변곡점을 가진다. 한편 x절편과 y절편은 없다.

$$\lim_{x\to\infty} e^{\frac{1}{x}}=1,\ \lim_{x\to-\infty} e^{\frac{1}{x}}=1$$

이므로

$$y=1\text{을 수평점근선}$$

으로 가지고

$$\lim_{x\to 0+} e^{\frac{1}{x}}=\infty,\ \lim_{x\to 0-} e^{\frac{1}{x}}=0$$

이므로

$$x=0\text{을 수직점근선}$$

으로 가진다. 그리고 $x<0$이면 $0<f(x)<1$이고 $x>0$이면 $f(x)>1$이다. 이를 토대로 그래프를 그리면 다음과 같다.

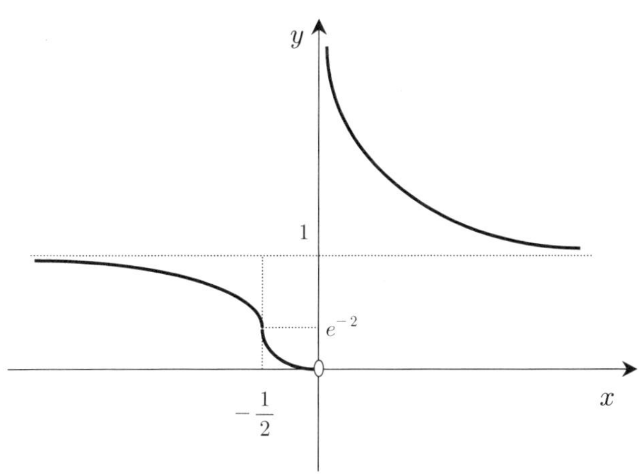

[그림 10]

[함수 $f(x)$의 그래프 그리기]

곡선의 그래프를 그릴 때는 다음의 내용들을 고려하면 함수의 그래프 그리기가 쉬워진다.

1. 정의역
2. 절편
3. 대칭성
   - 정의역 상의 모든 x에 대하여 $f(-x)=f(x)$일 때, f를 **우함수**(even function)라고 하고 이때, f의 그래프는 y축에 대하여 대칭이다.
   - 정의역 상의 모든 x에 대하여 $f(-x)=-f(x)$일 때, f를 **기함수**(odd function)라고 하고 이때, f의 그래프는 원점에 대하여 대칭이다.
   - 정의역 상의 모든 x에 대하여 $f(x+p)=f(x)$인 양수 p가 존재한다면, f를 **주기함수**(periodic function)라고 하고 가장 작은 수 p를 **주기**(period)라고 한다. 길이가 p인 구간에 대하여 곡선의 모양을 알고 있다면, 평행이동을 이용해서 전체 곡선을 얻을 수 있다.
4. 점근선
5. 증가 혹은 감소 구간
6. 극댓값과 극솟값
7. 오목과 변곡점

예제 7 함수 $f(x)=\dfrac{2x^2}{x^2-1}$의 그래프를 그려라.

풀이 1. 정의역은 다음과 같다.

$$\{x|x^2-1\neq 0\}=\{x|x\neq\pm 1\}$$
$$=(-\infty,\ -1)\cup(-1,\ 1)\cup(1,\ \infty)$$

2. x와 y절편은 모두 0이다.
3. $f(-x)=f(x)$이므로 f는 우함수이다. 따라서 곡선은 y축에 대하여 대칭이다.
4. 다음의 극한의 계산으로부터 직선 $y=2$가 수평점근선임을 알 수 있다.

$$\lim_{x\to\pm\infty}\frac{2x^2}{x^2-1}=\lim_{x\to\pm\infty}\frac{2}{1-\frac{1}{x^2}}=2$$

그리고 다음의 극한들의 계산으로부터 직선 $x=1$과 $x=-1$이 수직점근선임을 알 수 있다.

$$\lim_{x\to1^+}\frac{2x^2}{x^2-1}=\infty,\ \lim_{x\to1^-}\frac{2x^2}{x^2-1}=-\infty$$

$$\lim_{x\to-1^+}\frac{2x^2}{x^2-1}=-\infty,\ \lim_{x\to-1^-}\frac{2x^2}{x^2-1}=\infty$$

5. 함수 f의 일계도함수를 계산하면

$$f'(x)=\frac{4x(x^2-1)-2x^2\cdot 2x}{(x^2-1)^2}=\frac{-4x}{(x^2-1)^2}$$

이므로 $x<0\,(x\neq-1)$일 때, $f'(x)>0$이고 $x>0\,(x\neq1)$일 때, $f'(x)<0$이므로

$(-\infty,\ -1)\cup(-1,\ 0)$에서 f는 증가함수

$(0,\ 1)$과 $(1,\ \infty)$에서 감소함수

6. $x=0$이 유일한 임계수이다. 0에서 f'은 양에서 음으로 변하므로 도함수 판정법에 의하여

$f(0)=0$이 극댓값

f의 극솟값은 없다.

7. 함수 f의 이계도함수를 계산하면

$$f''(x)=\frac{-4(x^2-1)^2+4x\cdot2(x^2-1)2x}{(x^2-1)^4}=\frac{12x^2+4}{(x^2-1)^3}$$

이므로 $|x|>1$일 때 $f''(x)>0$이고 $|x|<1$일 때 $f''(x)<0$이다. 따라서 곡선은

$$(-\infty,\ -1)\text{과 } (1,\ \infty)\text{에서 위로 오목}$$

$$(-1,\ 1)\text{에서 아래로 오목}$$

이다. 그리고 1과 -1은 f의 정의역에 속하지 않으므로 변곡점은 없다. 따라서 그래프는 다음과 같다.

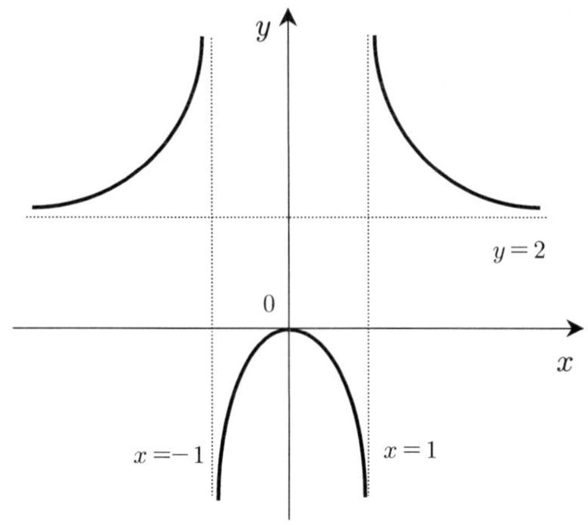

[그림 11]

6.3 연습문제

1. 다음 함수들의 임계수를 구하여라.

(1) $f(x) = x^3 + x^2 - x$　　(2) $f(x) = |2x + 3|$

(3) $f(x) = x^{\frac{4}{5}}(x-4)^2$　　(4) $f(x) = x\ln x$

2. 다음 각 함수의 증가 또는 감소하는 구간을 구하여라.

(1) $f(x)= x^3 - 6x^2 - 7$　　(2) $f(x)= x^4 - 2x^2$

(3) $f(x)= \dfrac{x^3}{3} - x^2 - 3x$　　(4) $f(x) = \dfrac{\ln x}{x}$

3. 다음 각 함수의 극댓값 또는 극솟값을 구하여라.

(1) $f(x)= 2x^3 - 9x^2 + 12x - 1$　　(2) $f(x)= (x-1)^2$

(3) $f(x)= x + \dfrac{1}{x}$　　(4) $f(x)= x^2 + \dfrac{16}{x}$

4. 다음 함수들의 최댓값과 최솟값을 구하여라.

(1) $f(x)= 6x^2 - 9x + 5$　　(2) $f(x)= x^4 - 8x^2 + 1$

(3) $f(x)= x^2\sqrt{x^2 - 4}$

5. 다음 함수의 오목성을 조사하고 변곡점을 구하여라.

(1) $f(x)= \ln(1 + x^2)$　　(2) $f(x)= x^2 - 3x + 1$

(3) $f(x)= \dfrac{1}{x^2 + 4}$

6. 다음 곡선의 극대, 극소, 오목성, 절편들을 구하고 곡선의 개형을 그려라.

(1) $y = x^4 - 18x^2 + 20$　　(2) $y = \dfrac{2x+1}{x}$

(3) $y = \dfrac{x^3}{x^2+1}$　　(4) $f(x) = \dfrac{x^2}{\sqrt{x+1}}$

7. $f(x) = x^{101} + x^{51} + x + 1$은 극대와 극소를 가지지 않음을 설명하여라.

8. $f(x)=\dfrac{2x}{x-1}$일 때, $y=f(x)$의 그래프의 수평, 수직점근선을 구하여라.

9. $f(x)=x^2-4x+1$일 때, 구간 $[0, 3]$에서 최댓값과 최솟값을 구하여라.

10. $f(x)=(x-1)^{\frac{2}{3}}$일 때, 구간 $[0, 2]$에서 극대, 극솟값과 최대, 최솟값을 구하여라.

6.4 최적화 문제

6.3 절에서 다룬 최대・최소 문제는 실제 상황의 여러 분야에서 다양한 응용을 볼 수 있다. 회사 운영자는 최소의 경비로 최대의 이익을 얻고자 할 것이고 여행을 하는 사람들은 최소 수송거리와 시간으로 이동하려고 할 것이다. 이러한 문제들을 최적화 문제(optimization problem)라 한다. 여러 응용문제에서 우선적으로 해야 할 단계는 서술형으로 표현된 문제를 함수의 최댓값과 최솟값을 구하는 수학적인 최적화 문제로 바꾸는 것이다. 이때, 이 함수를 목적함수(object function)라 하고 변수와 관계된 조건인 방정식이나 부등식을 제약조건(constraints)이라 한다. 아래의 예제를 통하여 최적화 문제를 단계적으로 해결해 보자.

예제 1 어느 의류회사는 하키복을 제조하고 있는데 한번에 500벌까지 제조가 가능하다고 한다. 하키복의 제조 비용함수(단위 달러)는 다음과 같다.

$$C(x) = 2{,}000 + 10x + 0.2x^2$$

평균비용함수를 최소화하려면 회사는 한 번에 몇 벌의 하키복을 제조하여야 하는가?

풀이 (1) 미지수의 식별 : 생산되는 하키복의 수를 x라 하자.

(2) 목적함수의 식별 : 여기에서의 목적함수는 평균비용함수이고 목적함수의 최솟값을 구하는 문제이다. 따라서 목적함수 $\overline{C}$는 다음과 같다.

$$\overline{C}(x) = \frac{2000 + 10x + 0.2x^2}{x} = \frac{2000}{x} + 10 + 0.2x$$

(3) 제약조건의 식별 : 한번에 500벌 제조할 수 있으므로 하키복의 수 x는 다음과 같이 제한이 된다.

$$0 \le x \le 500$$

즉, 목적함수 $\overline{C}$의 정의역은 $[0, 500]$이다.

(4) 최적화 문제의 형식으로 쓰고 문제를 푼다.

$$\text{Minimize } \overline{C}(x) = \frac{2000}{x} + 10 + 0.2x$$

$$\text{subjecto to } 0 \le x \le 500$$

임계수를 구하기 위해 목적함수를 미분하면

$$\overline{C}'(x) = -\frac{2000}{x^2} + 0.2$$

이 되고 $\overline{C}'(x) = 0$으로부터 임계수 $x = \pm 100$을 얻는다. $x = -100$은 정의역에 속하지 않으므로 $x = 100$만 고려하면 된다.

$$\overline{C}(100) = 50$$

이고 끝점 $x = 0$에 가까워지면 목적함수는 무한히 커져가고 끝점 $x = 500$을 대입하면

$$\overline{C}(500) = 114$$

이다. 따라서 최소평균비용은 50달러이며 한번에 100벌을 제조할 때이다.

위의 예제에서 평균비용함수

$$\overline{C}(x) = \frac{C(x)}{x}$$

가 최소가 되는 경우를 살펴보았다. 일반적으로 평균비용은 x의 단위 수가 증가할 때 점점 감소하다가 어느 시점 이상이 되면 평균비용이 증가하게 된다. (생산량이 늘어나면 시설을 확충하거나 노동자를 더 고용해야 하므로) 따라서 평균 비용함수는 감소하다가 증가하는 형태가 되므로 위로 오목한 곡선이 되어 최솟값이 있게 된다. 이제 $\overline{C}(x)$의 최솟값을 $\overline{C}(x)$의 미분을 이용하여 구해보자.

$$\overline{C}'(x) = \frac{xC'(x) - C(x)}{x^2}$$

$$= \frac{C'(x) - \frac{C(x)}{x}}{x} = \frac{C'(x) - \overline{C}(x)}{x}$$

$\overline{C}(x)$는 위로 오목한 곡선이므로 극솟값이 최솟값이 된다. 따라서 x_0에서 평균비용이 최소라면 $\overline{C}'(x_0) = 0$이 된다. 이때 $C'(x_0) = \overline{C}(x_0)$를 얻는다. 그러므로 다음 사실을 알 수 있다.

> 평균비용이 최소이면
>
> 한계비용 = 평균비용

이 원리는 타당하다. 왜냐하면 한계비용이 평균비용보다 작으면 생산을 더 하게 되고 그러면 평균비용이 낮아진다. 마찬가지로 한계비용이 평균비용보다 크면 평균비용을 낮추기 위해 생산을 줄이게 된다. 위의 예제 1에서, 평균비용은

$$\overline{C}(x) = \frac{2000}{x} + 10 + 0.2x$$

이고 한계비용은

$$C'(x) = 10 + 0.4x$$

이다. 그리고 $\overline{C}(x) = C'(x)$인 x를 구해보면

$$\frac{2000}{x} + 10 + 0.2x = 10 + 0.4x$$

이고 이 식을 정리하면

$$x^2 = 10000$$

을 얻는다. x는 하키복의 수량이므로 $x > 0$이다. 따라서

$$x = 100$$

이 된다. 즉, 하키복 100벌을 생산할 때 평균비용함수가 최소가 되고 이것은 예제 1의 풀이 결과와 일치한다.

예제 2 아래 그림과 같이 한 면은 담을 이용하여 직사각형의 토끼장을 만들려고 한다. $100m$의 철장을 샀다면 만들 수 있는 가장 큰 직사각형의 크기는 얼마인가?

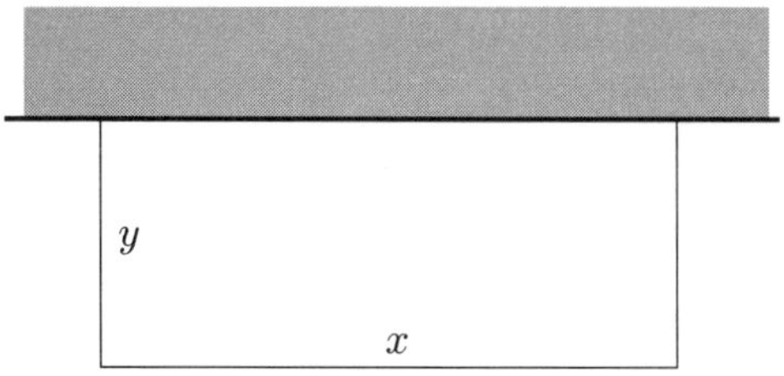

[그림 12]

풀이 (1) 미지수의 식별 : 구하려는 것은 토끼장의 크기이므로 그림과 같이 가로의 길이를 x, 세로의 길이 y라고 두자.

(2) 목적함수의 식별 : 구하고자 하는 것이 직사각형의 면적이므로 목적함수

$$A = xy$$

의 최댓값을 구하는 문제이다.

(3) 제약조건의 식별 : 철장의 길이가 $100m$이므로

$$x + 2y = 100$$

이고 x는 가로의 길이, y는 세로의 길이이므로 다음 조건이 필요하다.

$$0 \le x \le 100,\ 0 \le y \le 50$$

(4) 최적화 문제의 형식으로 쓰고 문제를 푼다.

$$\text{Maximize} \quad A = xy$$

$$\begin{aligned} \text{subject to} \quad & x + 2y = 100 \\ & 0 \le x \le 100 \\ & 0 \le y \le 50 \end{aligned}$$

목적함수 A가 두 변수 x와 y의 함수로 표현되었으므로 제약조건

$x+2y=100$을 이용하여 한 개의 변수로 표현하자.

$$x=100-2y$$

를 목적함수에 대입하면

$$A=xy=(100-2y)y=100y-2y^2$$

이다. 따라서 이 문제를 다시 쓰면

$$\text{Maximize} \quad A=100y-2y^2$$

$$\text{subject to} \quad 0 \le y \le 50$$

가 된다. 목적함수 A를 미분하면

$$A'(y)=100-4y$$

가 되고 $A'(y)=0$으로부터 임계수 $y=25$를 얻는다.

$$A(25)=100(25)-2(25)^2=1250$$

이고 끝점 $y=0$와 $y=50$에서의 함숫값

$$A(0)=0, \quad A(50)=0$$

를 비교하면 $A(25)=1250$이 최댓값이다. 즉 $y=25$일 때, 최대면적 1250을 갖는다. 따라서 가장 큰 직사각형은 가로 $50\,m$이고 세로 $25\,m$인 직사각형이다.

위의 두 예제에서 풀이 단계를 정리하면 다음과 같다.

[최적화문제의 해법]

1. 미지수의 식별
2. 목적함수의 식별
   : 최대 또는 최소화하고자 하는 양
3. 제약조건의 식별
4. 최적화문제를 기술
   : 제약조건을 갖는 목적함수의 최댓값(또는 최솟값)의 형태
5. 여분의 변수를 제거
6. 목적함수의 최댓값(또는 최솟값)을 구하기

예제 3 한 유아기구전문회사가 아기 보행기를 제조하고 있다. 시장조사는 보행기의 가격이 p(천)원이면 회사는 매년

$$q = 300,000 - 10p^2$$

개의 보행기를 판매할 수 있다고 예측하였다. 연간 수입을 최대로 하려면 가격을 얼마로 정하여야 하는가?

풀이 (1) 미지수의 식별 : 여기서 미지수는 다음과 같이 둘 수 있다.

$$p = \text{가격},\ q = \text{보행기 수},\ R = \text{연간 수입}$$

(2) 목적함수의 식별 : 연간 수입이 목적함수이므로 목적함수를

$$R = pq$$

로 쓸 수 있고 R의 최댓값을 구하는 문제이다.

(3) 제약조건의 식별 : 문제의 조건으로부터 다음의 제약조건을 얻을 수 있다.

$$q = 300000 - 10p^2,\ 0 \le q \le 300000,\ 0 \le p \le 100\sqrt{3}$$

(4) 최적화 문제의 형식으로 쓰고 문제를 푼다.

$$\text{Maximize}\ \ R = pq$$

$$\text{subject to } \begin{aligned} &q = 300000 - 10p^2 \\ &0 \le q \le 300000 \\ &0 \le p \le 100\sqrt{3} \end{aligned}$$

여기에서 목적함수의 변수가 하나가 되도록 $q = 300000 - 10p^2$을 $R = pq$에 대입하면

$$R = pq = p(300000 - 10p^2) = 300000p - 10p^3$$

이다. 최적화문제로 다시 쓰면

$$\text{Maximize } R = 300000p - 10p^3$$

$$\text{subject to } 0 \le p \le 100\sqrt{3}$$

이 된다. 목적함수를 미분하면

$$R'(p) = 300000 - 30p^2$$

이고 $R'(p) = 0$로부터 임계수 $p = 100$을 얻는다.

$$R(100) = 300000(100) - 10(100)^3 = 20000000$$

이고 끝점 $p = 0$과 $p = 100\sqrt{3}$에서의 함숫값은

$$R(0) = 0, \quad R(100\sqrt{3}) = 0$$

이다. 따라서 이 회사는 가격을 100,000원으로 하였을 때, 최대수입 20,000,000,000원을 얻을 수 있다.

예제 4 회사에서 생산한 물건의 비용함수와 수입함수가 각각 다음과 같이 주어졌다고 하자.

$$C(x) = 84 + 1.26x - 0.01x^2 + 0.00007x^3$$

$$R(x) = 3.5x - 0.01x^2$$

여기서 x는 물건의 수량이다. 이때, 이 회사에서 이익이 최대가 되게 하는 생산수준을 결정하여라.

풀이 이익함수 $P(x)$는 수입함수와 비용함수의 차이이므로

$$\begin{aligned} P(x) &= R(x) - C(x) \\ &= 3.5x - 0.01x^2 - (84 + 1.26x - 0.01x^2 + 0.00007x^3) \\ &= -0.00007x^3 + 2.24x - 84 \end{aligned}$$

이다. 임계수를 구하기 위해 $P'(x) = 0$으로 두면

$$P'(x) = -0.00021x^2 + 2.24 = 0$$

이다. $x > 0$이므로

$$x = \sqrt{\frac{2.24}{0.00021}} \approx 103$$

이 된다. $P''(x) = -0.00042x$이므로

$$P''\left(\sqrt{\frac{2.24}{0.00021}}\right) < 0$$

이다. 따라서 이계도함수 판정법에 의해서 이익함수는 임계수에서 극댓값을 가지게 된다. $P''(x) < 0$에서 $P(x)$는 아래로 오목한 곡선이므로 극댓값이 최댓값이 된다. 즉 $x = \sqrt{\frac{2.24}{0.00021}} \approx 103$단위의 생산이 회사의 이익이 최대가 되게 하는 생산수준이다.

위의 예제에서 이익함수가 최대가 되는 일반적인 경우를 보자. 이익함수

$$P(x) = R(x) - C(x)$$

에서 한계이익함수

$$P'(x) = R'(x) - C'(x)$$

의 임계수에서 극대 또는 극소를 가진다. 그런데 $P'(x) = 0$이면

$$R'(x) = C'(x)$$

이므로 다음을 얻을 수 있다.

> 이익이 최대(또는 최소)이면
>
> 한계수입 = 한계비용

또한 이계도함수 판정법에 의해

$$P''(x) = R''(x) - C''(x) < 0$$

일 때 극대를 가진다. 즉

$$R''(x) < C''(x)$$

일 때 극대를 가진다. 이 조건은 한계수입의 증가율이 한계비용의 증가율보다 낮을 때를 말한다.

예제 5 어떤 양말회사는 스포츠용 면양말을 제조하고 있다. 생산은 로봇을 사용하여 부분적으로 자동화되어있다. 일간 운영비용은 노동자 한 명당 50달러이고 로봇 한 대에 대하여는 30달러이다. 일간 생산할 수 있는 양말의 켤레의 수는 콥-더글라스 생산 공식을 적용한다.

$$q = 50n^{0.6}r^{0.4}$$

여기서 q는 n노동자와 r로봇에 의해 제조할 수 있는 양말의 켤레 수이다. 회사는 매일 최소의 비용으로 1,000켤레의 양말을 제조하기를 원한다고 가정하면 얼마나 많은 노동자와 로봇을 사용하여야 하는가?

풀이 미지수는 n과 r이다. 목적함수는 일간 운영비용

$$C = 50n + 30r$$

이고 이것을 최소화하려는 것이다. 하루에 양말을 1000켤레를 제조하는 것이므로 제약조건은 다음과 같다.

$$1000 = 50n^{0.6}r^{0.4},\ n \ge 0,\ r \ge 0$$

따라서 이것을 최적화문제의 형태로 쓰면 다음과 같다.

$$\begin{aligned} &\text{Minimize} \quad C = 50n + 30r \\ &\text{subject to} \quad 1000 = 50n^{0.6}r^{0.4} \\ &\qquad\qquad\quad n \geq 0,\ r \geq 0 \end{aligned}$$

제약조건 $1000 = 50n^{0.6}r^{0.4}$을 변수 n에 관하여 정리하면

$$n = \frac{20^{5/3}}{r^{2/3}}$$

이고 이것을 목적함수에 대입하고 최적화 문제를 다시 쓰면 다음과 같다.

$$\begin{aligned} &\text{Minimize} \quad C = 50\frac{20^{5/3}}{r^{2/3}} + 30r \\ &\text{subject to} \quad r \geq 0 \end{aligned}$$

이 된다. 목적함수를 미분하면

$$C'(r) = \left(50 \cdot 20^{5/3} \cdot \left(-\frac{2}{3}\right)\right)\frac{1}{r^{5/3}} + 30$$

이고 $C'(r) = 0$로부터 임계수를 근사적으로 $r \approx 21.3$을 얻는다. 이때 $C''(r) > 0$이므로 비용함수는 임계수에서 극소이자 최소를 갖게 된다. 임계수 $r \approx 21.3$을 $n = \frac{20^{5/3}}{r^{2/3}}$에 대입하여

$$n \approx \frac{20^{5/3}}{(21.3)^{2/3}} \approx 19.2$$

를 얻을 수 있다. 이것이 회사가 매일 최소의 비용으로 1,000켤레의 양말을 제조하기위한 노동자와 로봇의 수이다.

6.4 연습문제

1. 제약조건이 $x+y=10$일 때, $P=xy$의 최댓값을 구하여라.

2. 제약조건이 $x+2y=10$일 때, $F=x^2+y^2$의 최솟값을 구하여라.

3. 제약조건이 $x+y=30$, $y+z=30$, $x \ge 0$, $y \ge 0$, $z \ge 0$일 때, $P=xyz$의 최댓값을 구하여라.

4. 점 $(1,0)$와 가장 멀리 떨어진 타원 $4x^2+y^2=4$상의 점을 구하여라.

5. 초콜릿 상자회사는 가로 6인치, 세로 16인치의 마분지의 네 귀퉁이를 정사각형으로 잘라내고 접어 올려 뚜껑이 없는 초콜릿 상자를 만들려고 한다. 이 때, 부피가 가장 큰 상자의 크기를 구하여라.

6. 비용함수가

$$C(x)=x^3-16x^2+100x$$

으로 주어졌을 때, 다음 물음에 답하여라.

(1) 평균비용함수와 한계비용함수를 구하여라.

(2) 평균비용을 최소로 하는 생산주준을 구하여라.

(3) 한계비용의 최솟값을 구하여라.

7. 비용함수가

$$C(x)=16000+200x+4x^{\frac{3}{2}}$$

으로 주어졌을 때, 다음 물음에 답하여라.

(1) 100개를 생산할 때 비용, 평균비용 그리고 한계비용을 각각 구하여라.

(2) 평균비용을 최소로 하는 생산주준을 구하여라.

(3) 최소평균비용을 구하여라.

8. 보석상에서 루비에 대한 수요가 다음 방정식으로 주어져 있다고 한다.

$$q = -\frac{4}{3}p + 80$$

여기서 p는 보석상에서 판매하는 가격(단위: 천 원)이고 q는 주당 팔리는 루비의 수이다. 주간 수익을 최대로 하기 위해서는 루비를 얼마에 팔아야 하나?

9. x개의 물건을 생산할 때 드는 비용함수가

$$C(x) = 16000 + 500x - 1.6x^2 + 0.004x^3$$

이고 이때 가격이

$$p(x) = 1700 - 7x$$

로 주어진다고 한다. 이익이 최대가 되는 생산수준을 구하여라.

10. x개의 물건을 생산할 때 드는 비용함수가 지수함수

$$C(x) = 2.8xe^{-0.025x}$$

로 주어지고 가격은

$$p(x) = 6.4e^{-0.025x}$$

로 주어진다고 하자. 이때 이익이 최대가 되는 생산수준을 구하여라.

6.5 수요의 탄력성

가격에 따른 수요의 변화는 일반적으로 가격이 오르면 수요는 감소할 것이고 가격이 내리면 수요는 증가할 것이라고 예상할 수 있다. 그렇다면 가격의 변동에 따른 총 수입은 어떻게 될 것인가를 생각해 보자. 가격이 오를 때 수요의 감소로 인하여 총 수입이 줄어들 수도 있지만, 가격의 오름으로 인해서 총 수입이 늘어날 수도 있는 것이다. 예를 들어 가격이 1% 올랐을 때, 판매가 0.5%줄었다고 한다면 이 경우 판매량의 손실은 가격의 인상으로 상쇄되고 오히려 수입이 증가될 것이다. 이 경우 수요가 가격의 인상에 민감하지 않기 때문에 수요는 **비탄력적**(inelastic)이라 한다. 한편 가격이 1% 올랐을 때, 판매가 2% 줄어든다면 가격의 인상이 판매에 크게 영향을 미친다는 뜻이므로 수요는 **탄력적**(elastic)이라 한다.

수요함수가 주어져 있다면 가격 변화율에 대한 수요량 변화율을 이용하여 수요가 탄력적인지 비탄력적인지를 알 수 있다. 이를 다음과 같이 정의한다.

> **정의 6.5.1** [수요의 탄력성]
>
> 가격의 변화율에 대한 수요량의 변화율을 **수요의 탄력성**(elasticity of demand) 또는 **수요의 가격탄력성**(price elasticity of demand)라 한다. 이것을 식으로 나타내면 다음과 같다.
>
> $$E=\frac{\text{수요에서 백분율 감소}}{\text{가격에서 백분율 증가}}$$

수요방정식이 다음과 같이 주어졌다고 하자.

$$q=f(p)$$

여기서 p는 항목당 가격이고 q는 가격 p로 팔리는 물건의 수이다. 가격이 Δp만큼 증가했다고 하면 가격의 백분율 증가는

$$\frac{\Delta p}{p}\times 100 \quad (\%)$$

이고 가격의 증가가 수요의 감소를 가져오므로 이것을 $-\Delta q$로 나타내자. 따라서 수요의 백분율 감소도 다음과 같이 나타난다.

$$-\frac{\Delta q}{q}\times 100\ (\%)$$

그러므로

$$E=\frac{\text{수요에서 백분율 감소}}{\text{가격에서 백분율 증가}}=\frac{-\dfrac{\Delta q}{q}\times 100\%}{\dfrac{\Delta p}{p}\times 100\%}=-\frac{\Delta q}{\Delta p}\cdot\frac{p}{q}$$

따라서 위의 식으로부터 Δp를 0으로 접근시키면 다음의 정리 6.5.1을 얻을 수 있다.

정리 6.5.1 [수요의 탄력성]

수요의 탄력성 E는 다음의 식으로 주어진다.

$$E=-\frac{dq}{dp}\cdot\frac{p}{q}$$

정의 6.5.2

수요의 탄력성 E에 대하여,

(1) $E>1$이면 수요는 **탄력적(elastic)**이고,

(2) $E<1$이면 수요는 **비탄력적(inelastic)**이고,

(3) $E=1$이면 수요는 **단위 탄력적(unit elastic)**이라 한다.

보기 1 수요 방정식이 $q=20{,}000-2p$로 주어졌다고 하자. 그러면 수요의 탄력성은 다음과 같이 나타난다.

$$E=-(-2)\frac{p}{20{,}000-2p}=\frac{p}{10{,}000-p}$$

만약, $p=2{,}000$ 이면 $E=\frac{1}{4}$이므로 수요는 이 가격에서 비탄력적이고, $p=8{,}000$이면 $E=4$이므로 수요는 이 가격에서 탄력적이다. 또한, $p=5{,}000$이면 $E=1$이므로 수요는 이 가격에서 단위 탄력적이다.

예제 1 루비에 대한 수요는 방정식

$$q=-\frac{4p}{3}+80$$

로 주어졌다고 하자. 여기서 p는 루비의 가격(단위는 달러)이고 q는 주당 판매되는 루비의 수이다. 가격수준 40달러에서 수요의 탄력성을 구하고, 수입을 늘이기 위해 가격을 올려야 하는지 내려야 하는지를 결정하여라.

풀이 정리에 의해서

$$E=-\frac{dq}{dp}\cdot\frac{p}{q}=-\left(-\frac{4}{3}\right)\cdot\frac{p}{-\frac{4}{3}p+80}=\frac{p}{60-p}$$

이다. $p=40$달러라고 하였으므로 수요의 탄력성은

$$E=\frac{40}{60-40}=2$$

이다. 따라서 루비 가격이 40달러일 때 루비 가격의 1% 증가는 판매의 2% 감소의 원인이 된다. 그러므로 보석상은 가격을 높이는 것으로 얻는 수입보다는 줄어드는 판매로 잃는 수입이 더 많아질 것이다. 따라서 가격을 올리기보다는 내려야 한다. 가격을 내려서 생기는 손실은 판매의 증가로 손실을 보충하고 남음이 있다.

위의 예제 1에서 최대 수입을 얻으려면 가격이 얼마가 되어야 할지를 생각해 보자. 만일 수요가 탄력적이라면 가격의 인상에 대해 수요가 민감하게 반응하므로 가격이 너무 높은 것이고 만일 수요가 비탄력적이라면 가격이 오르더라도 수요의 변동 폭이 비교적 적어서 수요의 감소로 인한 손실보다는 가격의 인상으로 인한

이익이 더 클 것이다. 따라서 최대 수입을 얻을 수 있는 가격은 수요가 단위 탄력적일 때일 것이다. 위의 예제 1에서 $E=1$인 경우

$$\frac{p}{60-p}=1$$

을 풀면 $p=30$(달러)이다. 실제 수입이 최대가 되기 위해서는 수입함수

$$R=pq=p\left(-\frac{4}{3}p+80\right)=-\frac{4}{3}p^2+80p$$

이고 이것의 최댓값을 구하면 된다. 먼저 함수 R의 일계도함수와 이계도함수를 구하면

$$R'=-\frac{8}{3}p+80,\quad R''=-\frac{8}{3}$$

이므로 함수 R은 아래로 오목인 이차함수이므로 임계수 $p=30$에서 최댓값을 가지게 됨을 알 수 있다.

일반적으로 수입함수 $R=pq$에서 양변을 가격 p에 대해 미분하면

$$\frac{dR}{dp}=q+p\frac{dq}{dp}$$

이다. 양변을 수요함수 q로 나누면

$$\frac{\frac{dR}{dp}}{q}=1+\frac{p}{q}\cdot\frac{dq}{dp}=1-E$$

이고 이것으로부터 다음을 알 수 있다.

(1) $E<1$이면 $\frac{dR}{dp}>0$이므로 R은 증가함수가 되고,

(2) $E>1$이면 $\frac{dR}{dp}<0$이므로 R은 감소함수가 되고,

(3) $E=1$이면 $\frac{dR}{dp}=0$이므로 R은 임계수를 가진다.

따라서 다음의 사실을 알 수 있다.

[수요의 탄력성의 해석]

(1) 수요가 비탄력적이면 가격을 올리는 것이 수입이 늘어나게 한다.
(2) 수요가 탄력적이면 가격을 내리는 것이 수입이 늘어나게 한다.
(3) 최대 수입을 얻게 하는 가격은 수요가 단위탄력적일 때의 가격이다.

예제 2 바비인형에 대한 수요방정식은

$$q = 216 - p^2$$

으로 주어진다. 여기서 p는 인형의 가격(단위는 달러)이고 q는 주당 판매된 인형의 수이다.

(1) $p = 5$(달러)와 $p = 10$(달러)에서 수요의 가격탄력성을 계산하고 이것의 의미를 설명하여라.
(2) 수요가 탄력적이 되는 가격의 범위와 수요가 비탄력적이 되는 가격의 범위를 구하여라.
(3) 주간 수입이 최대가 되는 가격은 얼마인가? 그때에 최대 주간 수입을 계산하여라.

풀이 (1) 수요의 탄력성은

$$E = -\frac{dq}{dp} \cdot \frac{p}{q} = 2p \cdot \frac{p}{216 - p^2} = \frac{2p^2}{216 - p^2}$$

이 된다. $p = 5$일 때

$$E = \frac{2(5)^2}{216 - (5)^2} = \frac{50}{191} \approx 0.26$$

따라서 가격이 5달러이면 가격이 1% 오르면 수요는 약 0.26% 줄어든다. 이때는 가격의 인상이 수입을 증가시킨다. $p = 10$일 때

$$E = \frac{2(10)^2}{216 - (10)^2} = \frac{200}{116} \approx 1.72$$

따라서 가격이 10달러이면 가격이 1% 오르면 수요는 약 1.72% 줄어든다. 이때는 가격을 올리면 수입이 감소하게 되므로 가격을 내려야 수입이 증가하게 된다.

(3) $E=1$일 때 수입이 최대가 되므로

$$1=\frac{2p^2}{216-p^2}$$

$$216-p^2=2p^2$$

$$p^2=72$$

따라서 $p=\sqrt{72}\approx 8.49$(달러)일 때, 수요는 $q=144$개이며 최대 수입은 1222.56(달러)이다.

(2) $E>1$일 때 수요는 탄력적이고, $E<1$일 때 수요는 비탄력적이다. 따라서

$$p>\sqrt{72}\text{ 일 때, 수요는 탄력적이고,}$$

$$p<\sqrt{72}\text{ 일 때, 수요는 비탄력적이다}$$

6.5 연습문제

1. 화장지에 대한 소비자 수요곡선이

$$q=(100000-p)^2$$

으로 주어진다고 하자. 여기서 p는 화장지 한상자의 가격이고 q는 주간 수요를 나타낸다.

(1) 가격을 3,000원으로 정했을 때, 수요의 탄력성 E를 구하고 결과를 해석하여라.

(2) 수입을 최대로 하기위해 얼마에 팔아야 하는가?

(3) (2)의 가격에서 대략 몇 상자의 수요가 있겠는가?

2. 어느 빵집의 햄버거에 대한 수요방정식이

$$q=mp+b$$

로 선형함수의 형태를 가진다고 하자. 여기서 p는 햄버거의 가격이고 q는 주간 수요를 나타내며 m과 b는 상수이다.

(1) 만일 가격이 햄버거 한 개당 2,000원이면 수요는 3,000개이지만 가격이 4,000원이라면 수요가 0이라고 하자. 이 자료로부터 수요방정식을 구하여라.

(2) 주간 수입을 최대로 하기 위한 단위 가격을 구하고 그 가격에서의 주간 수입을 예측하여라.

3. 서점에서 최근 베스트셀러인 어떤 책에 대한 수요방정식이

$$q=-p^2+33p+9$$

로 조사되었다. 여기서 p는 권당 가격이고 q는 판매된 책의 권수이다.

(1) $p=20$과 $p=25$에서 수요의 탄력성을 구하고 각각의 결과를 해석하여라.

(2) 최대 수입을 얻으려면 책의 가격을 얼마로 하는 것이 좋을지를 결정하여라.

4. 한라봉 한 상자의 가격이 p(천)원일 때 수요방정식이

$$q = 1000 - 20p$$

로 주어진다. 가격이 30(천)원일 때 수요의 탄력성을 구하여라. 수입을 최대로 하기 위해 가격을 어떻게 하는 것이 좋겠는가?

5. 수요함수 q가 가격 p일 때 지수함수

$$q = Ae^{-bp}$$

로 주어진다고 하자(여기서 A와 b는 상수).

(1) 가격이 p일 때 수요의 탄력성 E를 구하여라.

(2) 수입이 최대가 될 가격을 구하여라.

제 7 장

적 분

7.1 부정적분

물건을 만들 때 드는 한계비용을 알 때, 생산비용을 알고 싶다면 어떻게 해야 할까? 비용함수가 주어졌을 때 한계비용을 구하려면 비용함수를 미분하면 된다는 것을 6장에서 배웠다. 그렇다면 미분과정을 역으로 하면 원래의 비용함수를 얻을 수 있을 것이다. 이것의 수학적인 정의를 알아보자.

정의 7.1.1 [역도함수 또는 원시함수]

$F'(x)=f(x)$일 때, $F(x)$는 $f(x)$의 **역도함수**(antiderivative) 또는 **원시함수**(primitive function)라 한다.

보기 1 $4x^3$의 역도함수들: x^4, x^4+1, x^4-1, x^4+100, …

보기 2 구간 I에서 $F(x)$가 $f(x)$의 역도함수라고 하면 $F(x)+C$도 $f(x)$의 역도함수이다.

정의 7.1.2 [부정적분]

함수 $f(x)$의 모든 역도함수들의 집합을

$$\int f(x)\,dx$$

로 나타내고, 이것을 $f(x)$의 **부정적분**(indefinite integral)이라 부른다. 만약, $F'(x)=f(x)$이면 $\int f(x)\,dx = F(x)+C$로 나타낸다. 이 때, C를 **적분상수**라고 한다.

예제 1 부정적분 $\int 4x^3\,dx$을 구하여라.

풀이 $\frac{d}{dx}(x^4) = 4x^3$이므로 $\int 4x^3\,dx = x^4 + C$이다.

미분의 성질로부터 얻어지는 부정적분의 간단한 성질을 소개한다.

정리 7.1.1 [부정적분의 법칙]

(1) $\int x^n\,dx = \frac{1}{n+1}x^{n+1} + C$ (단, $n \neq -1$인 실수)

(2) $\int \frac{1}{x}\,dx = \ln|x| + C$

(3) $\int e^x\,dx = e^x + C,\quad \int a^x\,dx = \frac{a^x}{\ln a} + C$

(4) $\int [f(x) \pm g(x)]\,dx = \int f(x)\,dx \pm \int g(x)\,dx$

(5) $\int kf(x)\,dx = k\int f(x)\,dx$ (단, k는 상수)

예제 2 다음 부정적분을 구하여라.

(1) $\int (x^3 + 1)\,dx$ (2) $\int (e^x - x)\,dx$

(3) $\int \left(\frac{1}{x^2} - \frac{1}{x}\right)dx$ (4) $\int \left(\sqrt{x} - \frac{1}{\sqrt{x}}\right)dx$

(5) $\int \frac{(x-1)^2}{x^3}\,dx$ (6) $\int (4 \cdot 3^x + 2x^2)\,dx$

풀이 (1) $\int (x^3 + 1)\,dx = \frac{1}{4}x^4 + x + C$

(2) $\int (e^x - x)\,dx = e^x - \frac{1}{2}x^2 + C$

(3) $\int \left(\frac{1}{x^2} - \frac{1}{x}\right)dx = \int \left(x^{-2} - \frac{1}{x}\right)dx$

$$= (-1)x^{-1} - \ln|x| + C$$

$$= -\frac{1}{x} - \ln|x| + C$$

(4) $\int \left(\sqrt{x} - \frac{1}{\sqrt{x}}\right) dx = \int \left(x^{\frac{1}{2}} - x^{-\frac{1}{2}}\right) dx$

$$= \frac{2}{3}x^{\frac{3}{2}} - 2x^{\frac{1}{2}} + C$$

(5) $\int \frac{(x-1)^2}{x^3} dx = \int \frac{x^2 - 2x + 1}{x^3} dx$

$$= \int \left(\frac{1}{x} - 2\frac{1}{x^2} + \frac{1}{x^3}\right) dx$$

$$= \int \left(\frac{1}{x} - 2x^{-2} + x^{-3}\right) dx$$

$$= \ln|x| + 2\frac{1}{x} - \frac{1}{2x^2} + C$$

(6) $\int (4 \cdot 3^x + 2x^2)\, dx = 4 \cdot \frac{3^x}{\ln 3} + \frac{2}{3}x^3 + C$

예제 3 x번째 야구모자를 생산할 때 드는 한계비용이 $4000 - x$원이고 야구모자 100개를 생산하는데 500,000원이 든다고 할 때, 비용함수를 구하여라.

풀이 비용함수를 $C(x)$라 하면 한계비용이 $4000 - x$이므로

$$C'(x) = 4000 - x$$

이다. 따라서

$$C(x) = \int (4000 - x)\, dx = 4000x - \frac{x^2}{2} + C$$

그런데 야구모자 100개를 생산하는데 500,000원이 든다고 했으므로

$$C(100) = 500000$$

이고

$$C(100) = 4000(100) - \frac{100^2}{2} + C = 395000 + C$$

이므로 $500000 = 395000 + C$에서 $C = 105000$이다. 따라서 비용함수는 다음과 같다.

$$C(x) = -\frac{x^2}{2} + 4000x + 105000$$

7.1 연습문제

※ 다음의 부정적분을 구하여라. (1~6)

1. $\int 5^{2x}dx$

2. $\int \frac{x^3-2x^2+x-1}{x}dx$

3. $\int \left(e^x+\frac{5}{x}+\frac{1}{4}\right)dx$

4. $\int \left(\sqrt[3]{x^4}+\sqrt[4]{x^3}\right)dx$

5. $\int (x\sqrt{x}+1)^2\,dx+\int (x\sqrt{x}-1)^2\,dx$

6. $\int (2^x-3^x)\,dx$

7. $f(0)=1$이고 $(x, f(x))$에서 접선의 기울기가 x일 때, $f(x)$를 구하여라.

8. $f(1)=-1$이고 $(x, f(x))$에서 접선의 기울기가 $2e^x+1$일 때, $f(x)$를 구하여라.

9. x번째 전구 한 박스를 생산하는데 드는 한계비용이 $5-\frac{x}{10000}$(달러)이고 고정비용이 20000(달러)일 때, 비용함수를 구하여라.

10. x번째 CD를 생산하는데 드는 한계비용이 $10+x+\frac{1}{x^2}$(원)이고 100개의 CD를 생산하는데 드는 비용이 10000(원)이라 할 때, 비용함수를 구하여라.

7.2 정적분

7.1절에서 부정적분의 개념을 공부하였다. 이 절에서는 정적분을 정의하고 미적분학에서 가장 중요한 결과 중 하나인 정적분과 부정적분의 관계를 알아보자.

정의 7.2.1 [정적분]

함수 f가 폐구간 $[a, b]$에서 연속이고 $\Delta x = \dfrac{b-a}{n}$와 $x_k = a + \dfrac{b-a}{n}k$ $(k = 1, 2, \cdots, n)$라고 두면

$$\int_a^b f(x)\,dx = \lim_{n \to \infty} \sum_{k=1}^{n} f(x_k)\,\Delta x$$

을 a에서 b까지 함수 f의 **정적분**(definite integral)이라 한다.

[정적분의 기하학적 의미]

(1) 함수 f가 폐구간 $[a, b]$에서 연속이고 $f(x) \geq 0$일 때 $\int_a^b f(x)\,dx$는 $[a, b]$에서 곡선 $y = f(x)$와 x축 사이의 면적을 나타낸다.

(2) 함수 f가 폐구간 $[a, b]$에서 연속일 때 $\int_a^b f(x)\,dx$는 $[a, b]$에서 곡선 $y = f(x)$와 x축 사이의 면적 중에서 x축 위에 놓인 부분의 면적과 x축 아래에 놓인 부분의 면적의 차를 나타낸다.

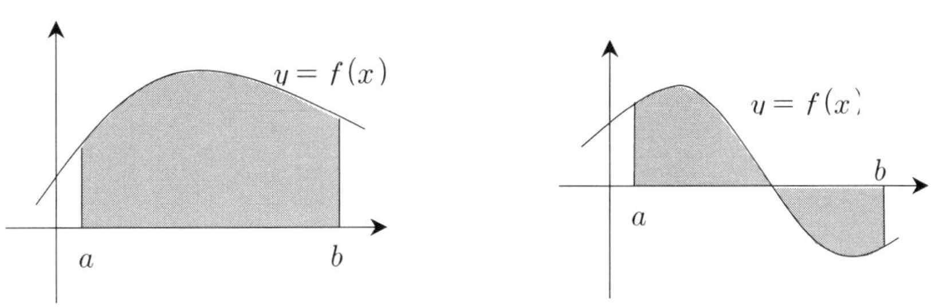

[그림 1]

보기 1 $\int_{1}^{4} 2\,dx = 6$ (직사각형의 면적)

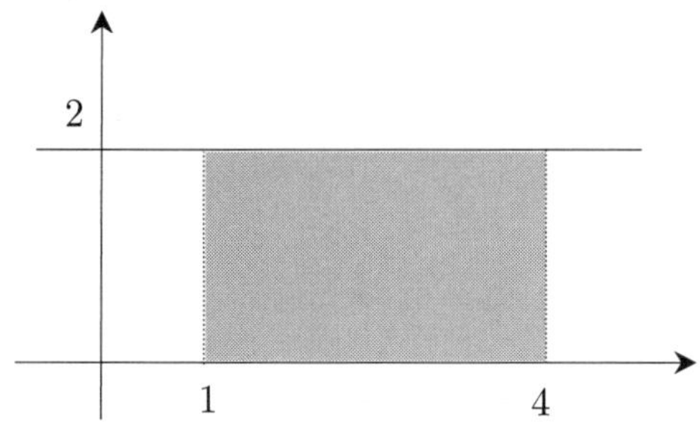

보기 2 $\int_{0}^{2} x\,dx = \frac{1}{2} \cdot 2 \cdot 2 = 2$ (삼각형의 면적)

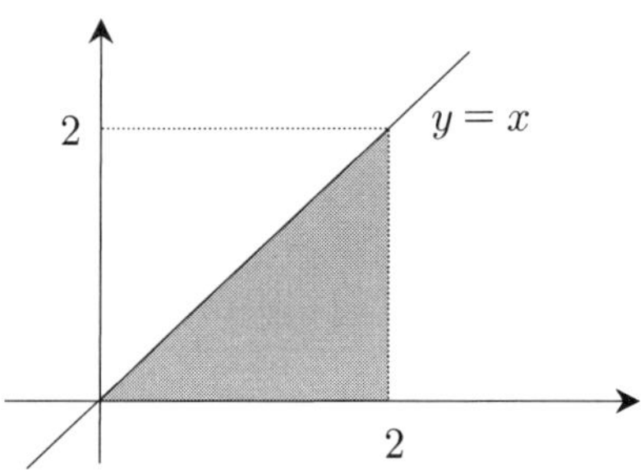

보기 3 $\int_{-1}^{1} x\,dx = 0$

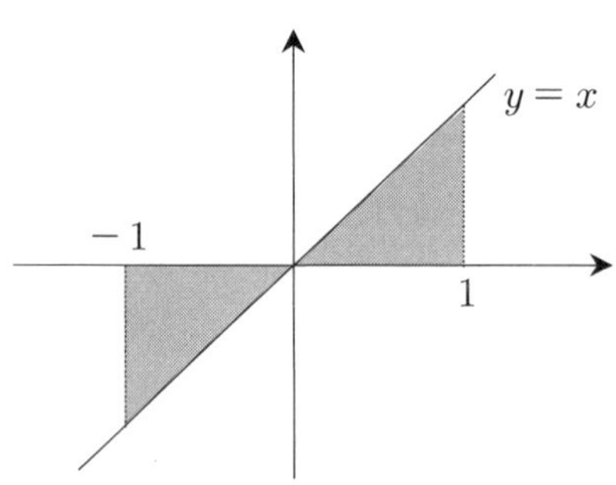

곡선으로 둘러싸인 부분의 면적을 직사각형의 면적의 합의 극한으로 계산하지 않고 쉽게 계산할 수 있도록 하는 미분적분학의 기본정리는 다음과 같다.

정리 7.2.1 [미분적분학의 기본정리(Fundamental Theorem of Calculus)]

함수 f가 폐구간 $[a,b]$에서 연속이고 F는 f의 임의의 역도함수이면,

$$\int_a^b f(x)dx = F(b) - F(a)$$

이다. 기호로 다음과 같이 표현한다.

$$\int_a^b f(x)dx = F(b) - F(a) \equiv [F(x)]_a^b$$

예제 1 다음 정적분을 구하여라.

(1) $\int_0^1 (1-x^2)\,dx$ (2) $\int_0^1 \sqrt{x}\,dx$

(3) $\int_{-1}^1 (e^x+1)\,dx$ (4) $\int_1^3 \frac{1}{x}\,dx$

풀이 (1) 함수 $1-x^2$는 구간 $[0,1]$에서 연속이고 $x-\frac{1}{3}x^3$이 역도함수이다. 따라서 미분적분학의 기본정리에 의해서, 다음과 같이 계산한다.

$$\int_0^1 (1-x^2)dx = \left[x-\frac{1}{3}x^3\right]_0^1 = \left(1-\frac{1}{3}\right) - 0 = \frac{2}{3}$$

(2) 함수 $\sqrt{x}$은 구간 $[0,1]$에서 연속이고 $\frac{2}{3}\sqrt{x^3}$가 역도함수이다. 따라서 미분적분학의 기본정리에 의해서, 다음과 같이 계산한다.

$$\int_0^1 \sqrt{x}\,dx = \left[\frac{2}{3}\sqrt{x^3}\right]_0^1 = \frac{2}{3}$$

(3) 함수 e^x+1은 구간 $[-1,1]$에서 연속이고 e^x+x가 역도함수이

다. 따라서 미분적분학의 기본정리에 의해서 다음과 같이 계산한다.

$$\int_{-1}^{1}(e^{x}+1)\,dx=\left[e^{x}+x\right]_{-1}^{1}$$
$$=(e+1)-(e^{-1}-1)=e-\frac{1}{e}+2$$

(4) 함수 $\frac{1}{x}$은 구간 $[1,3]$에서 연속이고 $\ln x$가 역도함수이다. 따라서 미분적분학의 기본정리에 의해서, 다음과 같이 계산한다.

$$\int_{1}^{3}\frac{dx}{x}=\left[\ln x\right]_{1}^{3}=\ln 3$$

예제 2 휴대폰 사용요금을 정할 때, 시간 t에 대한 한계비용이 $\frac{5}{t+1}$(달러)라고 한다. 처음 2시간 동안 사용했을 때, 총 요금은 얼마가 되겠는가?

풀이 총 비용을 다음의 정적분으로 계산할 수 있다.

$$\int_{0}^{2}\frac{5}{t+1}\,dt=5\int_{0}^{2}\frac{1}{t+1}\,dt$$
$$=5\left[\ln(t+1)\right]_{0}^{2}$$
$$=5(\ln 3-\ln 1)=5\ln 3$$

예제2의 결과를 정적분의 기하학적인 의미로 생각하면 그림2와 같이 총비용은 한계비용함수의 그래프 아래 부분의 면적으로 표현되는 것을 알 수 있다.

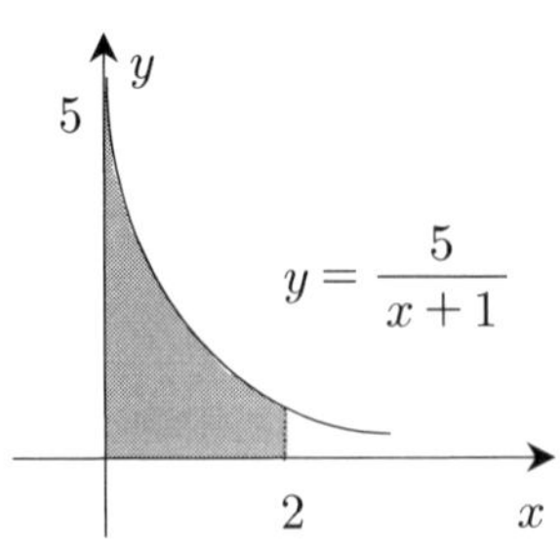

[그림 2]

정리 7.2.2 [적분의 평균값 정리]

함수 $f(x)$가 폐구간 $[a,b]$에서 연속이면

$$\int_a^b f(x)dx = f(c)(b-a)$$

을 만족하는 점 c가 구간 $[a,b]$안에 적어도 하나 존재한다.
(이때, $f(c)$를 구간 $[a,b]$에서 f의 **평균값**(average value)이라 한다.)

주의 적분에 대한 평균값 정리의 기하학적인 의미는 다음과 같다. 양수 값을 갖는 함수 $f(x)$에 대하여, $x=a$에서 $x=b$까지 함수 f의 그래프 아래 영역의 넓이와 밑변 $[a,b]$와 높이 $f(c)$인 직사각형의 넓이가 같아지는 점 c가 구간 $[a,b]$안에 존재함을 뜻한다.

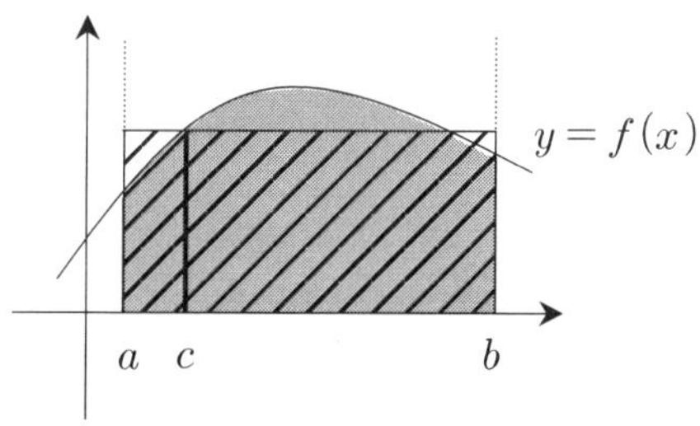

[그림 3]

예제 3 $f(x)=1+x^2$일 때, 구간 $[-1,2]$에서 적분의 평균값정리를 만족하는 점을 구하여라.

풀이 $f(x)=1+x^2$이 구간 $[-1,2]$에서 연속이므로

$$\int_{-1}^2 (1+x^2)dx = f(c)(2-(-1)) = 3f(c)$$

을 만족하는 점 c가 존재한다.

$$\int_{-1}^2 (1+x^2)dx = \left[x+\frac{x^3}{3}\right]_{-1}^2 = 6$$

이므로 $f(c)=2$이고 $f(c)=1+c^2=2$이므로 $c=\pm 1$이다. 따라서 구간 $[-1,2]$에서 적분의 평균값정리를 만족하는 점은 $c=\pm 1$이다.

7.2 연습문제

※ 정적분의 정의를 이용하여 다음 정적분 값을 구하여라. (1~2)

1. $\int_{0}^{3}\left(\frac{1}{2}x-1\right)dx$

2. $\int_{-3}^{3}\sqrt{9-x^2}\,dx$

※ 다음 정적분을 하여라. (3~6)

3. $\int_{2}^{3}\left(x-\frac{1}{x}\right)dx$

4. $\int_{-1}^{1}\sqrt[3]{x}\,dx$

5. $\int_{-1}^{1}e^x\,dx$

6. $\int_{0}^{1}3^x\,dx$

7. 곡선 $y=4-x^2$과 직선 $x=-2$와 $x=2$ 그리고 x축으로 둘러싸인 부분의 면적을 구하여라.

8. 구간 $[0,2]$에서 함수 $f(x)=x^3$의 평균값을 구하여라. 또한 구간 $[0,2]$에서 $f(x)=x^3$의 그래프를 그리고 평균값을 그래프 위에 표시하여라.

9. x번째 야구모자를 생산하는 데 드는 한계비용이 $4000-x$원이라면 야구모자를 100개에서 200개까지 생산하는데 드는 총비용은 얼마인가?

10. 휴대폰 회사에서 사용요금을 정할 때 t분째 한계비용을

$$C(t) = \frac{20}{t+100} \text{ (천원)}$$

으로 하였다. 처음 60분 통화를 했을 때 비용을 구하여라.

7.3 여러 가지 적분법

이 절에서는 여러 가지 함수의 역도함수를 구하는 적분법을 알아보자. 먼저 미분법의 연쇄법칙으로부터 역도함수를 구하는 유용한 방법인 치환적분법을 생각할 수 있다.

정리 7.3.1 [치환적분법]

함수 $u=g(x)$가 미분가능이고 $f(u)$가 연속이면 다음이 성립한다.

$$\int f(g(x))g'(x)\,dx=\int f(u)\,du$$

이를 **치환적분법**(integration by substitution)이라 한다. 또한, 함수 $u=g(x)$가 구간 $[a, b]$에서 미분가능이고 f가 구간 $[g(a), g(b)]$에서 연속이면 다음도 성립한다.

$$\int_a^b f(g(x))g'(x)\,dx=\int_{g(a)}^{g(b)} f(u)\,du$$

예제 1 다음 부정적분을 구하여라.

(1) $\displaystyle\int e^{5x}\,dx$ (2) $\displaystyle\int \frac{x}{\sqrt{1-4x^2}}dx$

(3) $\displaystyle\int \frac{e^x}{e^x+1}dx$

풀이 (1) $u=5x$로 치환하면 $du=5dx$이므로

$$\int e^{5x}dx=\int e^u\frac{1}{5}du=\frac{1}{5}e^u+C=\frac{1}{5}e^{5x}+C$$

(2) $u=1-4x^2$로 치환하면 $du=-8xdx$이므로

$$\int \frac{x}{\sqrt{1-4x^2}}dx = -\frac{1}{8}\int \frac{1}{\sqrt{u}}du$$

$$= -\frac{1}{4}\sqrt{u} + C = -\frac{1}{4}\sqrt{1-4x^2} + C$$

(3) $u = e^x + 1$로 치환하면 $du = e^x dx$이므로

$$\int \frac{e^x}{e^x+1}dx = \int \frac{1}{u}du = \ln u + C = \ln(e^x+1) + C$$

예제 2 다음 정적분을 구하여라.

(1) $\int_0^2 \sqrt{2x+1}\,dx$ (2) $\int_1^3 \frac{x}{1+x^2}dx$

풀이 (1) $u = 2x+1$로 치환하면 $du = 2dx$이고 $x = 0$일 때 $u = 1$이고 $x = 2$일 때 $u = 5$이다. 따라서

$$\int_0^2 \sqrt{2x+1}\,dx = \frac{1}{2}\int_1^5 \sqrt{u}\,du = \frac{1}{3}\left[u\sqrt{u}\right]_1^5 = \frac{1}{3}(5\sqrt{5}-1)$$

(2) $u = 1+x^2$로 치환하면 $du = 2xdx$이고 $x = 1$일 때 $u = 2$이고 $x = 3$일 때 $u = 10$이다. 따라서

$$\int_1^3 \frac{x}{1+x^2}dx = \frac{1}{2}\int_2^{10} \frac{1}{u}du = \frac{1}{2}\left[\ln|u|\right]_2^{10}$$

$$= \frac{1}{2}(\ln 10 - \ln 2) = \frac{1}{2}\ln 5$$

정리 7.3.2 [대칭함수의 정적분]

함수 f가 폐구간 $[-a, a]$에서 연속이라고 하자. 단, $a > 0$

(1) 만일 f가 우함수이면, $\int_{-a}^{a} f(x)dx = 2\int_{0}^{a} f(x)dx$이다.

(2) 만일 f가 기함수이면, $\int_{-a}^{a} f(x)dx = 0$이다.

예제 3 다음 정적분을 구하여라.

(1) $\int_{-1}^{1} (x^6 + 1)\,dx$　　(2) $\int_{-1}^{1} \dfrac{x^3}{1 + x^2 + x^4}\,dx$

풀이 (1) $f(x) = x^6 + 1$이라 두면 $f(-x) = (-x)^6 + 1 = x^6 + 1 = f(x)$를 만족하므로 f는 우함수이다. 정리 8.3.2의 (1)에 의하여 다음을 얻을 수 있다.

$$\int_{-1}^{1} f(x)dx = 2\int_{0}^{1}(x^6 + 1)dx = 2\left[\frac{1}{7}x^7 + x\right]_0^1 = \frac{16}{7}$$

(2) $f(x) = \dfrac{x^3}{1 + x^2 + x^4}$이라 두면

$$f(-x) = \frac{(-x)^3}{1 + (-x)^2 + (-x)^4} = -\frac{x^3}{1 + x^2 + x^4} = -f(x)$$

이므로 f는 기함수이다. 정리 8.3.2의 (2)에 의하여 다음을 얻을 수 있다.

$$\int_{-1}^{1} f(x)dx = 0$$

곱의 미분법으로부터 다음의 부분적분법을 생각할 수 있다.

정리 7.3.3 [부분적분법]

두 함수 $f(x)$, $g(x)$가 미분가능이면 다음이 성립한다.

$$\int f(x)g'(x)dx = f(x)g(x) - \int f'(x)g(x)dx$$

이를 **부분적분법**(Integration by parts)이라 한다. 또한 다음도 성립한다.

$$\int_a^b f(x)g'(x)dx = [f(x)g(x)]_a^b - \int_a^b f'(x)g(x)dx$$

예제 4 다음 부정적분을 구하여라.

(1) $\int xe^x dx$ (2) $\int x^2e^x dx$

(3) $\int \ln x dx$

풀이 (1) $f(x) = x$와 $g'(x) = e^x$로 두면 $f'(x) = 1$이고 $g(t) = e^x$이다. 부분적분법에 의하여 다음을 얻을 수 있다.

$$\int xe^x dx = xe^x - \int e^x dx = xe^x - e^x + C$$

(2) $f(x) = x^2$와 $g'(x) = e^x$로 두면 $f'(x) = 2x$이고 $g(t) = e^x$이다. 부분적분법에 의하여 다음을 얻을 수 있다.

$$\int x^2e^x dx = x^2e^x - 2\int xe^x dx$$

여기서 (1)에 의하여 다음이 성립한다.

$$\int x^2e^x dx = x^2e^x - 2\int xe^x dx = x^2e^x - 2xe^x + 2e^x + C$$

(3) $f(x) = \ln x$와 $g'(x) = 1$로 두면 $f'(x) = \frac{1}{x}$이고 $g(x) = x$이다.

부분적분법에 의해서 다음을 얻을 수 있다.

$$\int \ln x dx = x\ln x - \int x\frac{1}{x}dx = x\ln x - x + C$$

예제 5 다음 정적분을 구하여라.

(1) $\int_1^2 x\ln x\,dx$　　　　(2) $\int_0^1 2xe^x\,dx$

풀이 (1) $f(x)=\ln x$, $g'(x)=x$로 두면 $f'(x)=\frac{1}{x}$, $g(x)=\frac{1}{2}x^2$이다. 부분적분법에 의해 다음을 얻을 수 있다.

$$\int_1^2 x\ln x\,dx = \left[(\ln x)\cdot\frac{x^2}{2}\right]_1^2 - \int_1^2\left(\frac{1}{x}\cdot\frac{x^2}{2}\right)dx$$

$$= 2\ln 2 - \left[\frac{x^2}{4}\right]_1^2 = 2\ln 2 - \frac{3}{4}$$

(2) $f(x)=2x$, $g'(x)=e^x$로 두면 $f'(x)=2$, $g(x)=e^x$이다. 부분적분법에 의해 다음을 얻을 수 있다.

$$\int_0^1 2xe^x\,dx = \left[2xe^x\right]_0^1 - \int_0^1 2e^x\,dx$$

$$= 2e - \left[2e^x\right]_0^1 = 2e - (2e-2) = 2$$

7.3 연습문제

※ 다음 부정적분을 구하여라. (1~6)

1. $\displaystyle\int \frac{x}{(4x^2-3)^2}dx$

2. $\displaystyle\int \frac{x}{\sqrt{1+x^2}}dx$

3. $\displaystyle\int \frac{2e^{2/x}}{x^2}dx$

4. $\displaystyle\int 3xe^{-x}dx$

5. $\displaystyle\int x^2 \ln x\, dx$

6. $\displaystyle\int \log_3 x\, dx$

※ 다음 정적분을 구하여라. (7~10)

7. $\displaystyle\int_0^2 \frac{2x}{1+x^2}dx$

8. $\displaystyle\int_0^1 (3t-1)^{50}dt$

9. $\displaystyle\int_1^2 x^2 \ln 3x\, dx$

10. $\displaystyle\int_0^1 (x+1)e^x dx$

7.4 정적분의 응용

7.2절에서 정적분을 이용하여 x축과 함수의 그래프 사이의 면적을 구할 수 있었다. 이제 두 곡선 사이의 면적도 정적분을 이용하여 구해보자. 앞에서 배운 것을 요약하면 아래의 정리와 같다.

정리 7.4.1 [영역의 넓이 1]

구간 $[a, b]$에서 연속함수 $f(x)$가 양의 함숫값을 가진다면 곡선 $y = f(x)$과 직선 $x = a$와 $x = b$ 그리고 x축으로 둘러싸인 영역의 넓이는 다음과 같이 얻을 수 있다.

$$A = \int_a^b f(x)dx$$

구간 $[a, b]$에서 연속함수 $f(x)$가 음의 함숫값을 가진다면 곡선 $y = f(x)$과 직선 $x = a$와 $x = b$ 그리고 x축으로 둘러싸인 영역의 넓이는

$$A = -\int_a^b f(x)dx$$

임을 쉽게 알 수 있다. 따라서 일반적으로 구간 $[a, b]$에서 연속함수 $f(x)$가 정의되어 있다면 곡선 $y = f(x)$과 직선 $x = a$와 $x = b$ 그리고 x축으로 둘러싸인 영역의 넓이는 다음과 같다.

$$A = \int_a^b |f(x)|dx$$

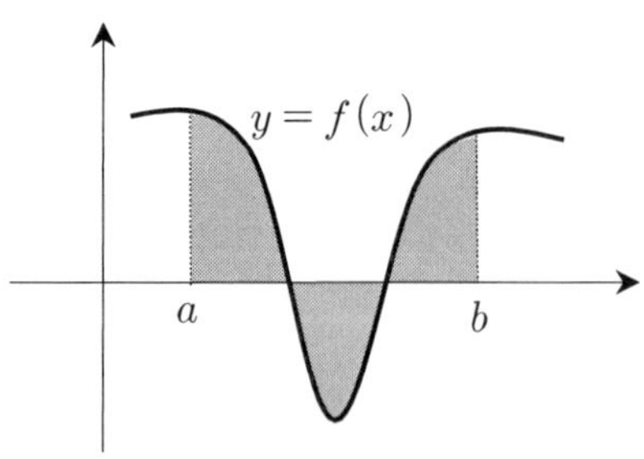

[그림 4]

정리 7.4.2 [영역의 넓이 2]

구간 $[a, b]$에서 연속인 두 함수 f와 g가 주어져 있을 때 곡선 $y=f(x)$, $y=g(x)$와 직선 $x=a$, $x=b$로 둘러싸인 영역의 넓이는 다음과 같이 얻을 수 있다.

$$A=\int_a^b |f(x)-g(x)|dx$$

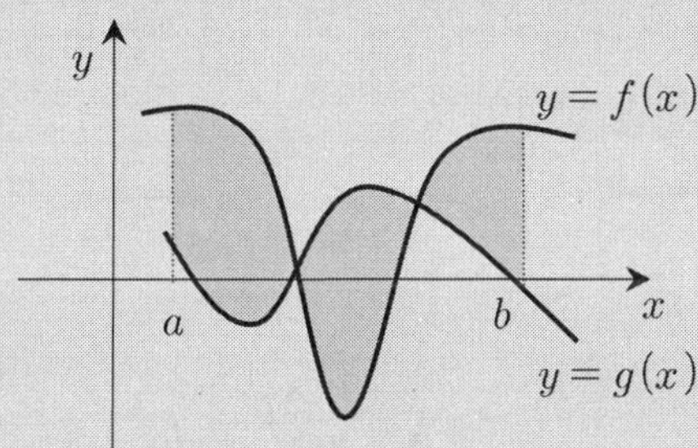

[그림 5]

예제 1 곡선 $y=e^x$과 세 직선 $y=x+1$, $x=0$, $x=1$에 의하여 둘러싸인 영역의 넓이를 구하여라.

풀이 주어진 문제에서 구해야 할 넓이는 그림 6의 빗금 친 부분으로 나타난다.

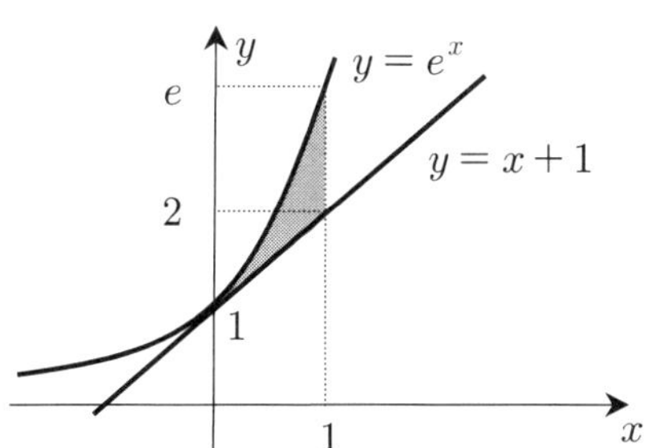

[그림 6]

$f(x)=e^x-(x+1)$라고 두자.

이때 $0 \le x \le 1$에서 $f'(x) = e^x - 1 \ge 0$이다. $0 \le x \le 1$에서 $f(x)$는 증가함수이고 $f(0) = 0$이므로 $f(x) \ge 0$이다. 따라서 구하고자 하는 영역의 넓이 A는 다음과 같다.

$$A = \int_0^1 (e^x - (x+1))dx = \left[e^x - \frac{1}{2}x^2 - x\right]_0^1 = e - \frac{5}{2}$$

예제 2 두 곡선 $y = 3x^2$, $y = 1 - x^2$과 직선 $x = 0, x = 1$에 의해 둘러싸인 영역의 넓이를 구하여라.

풀이

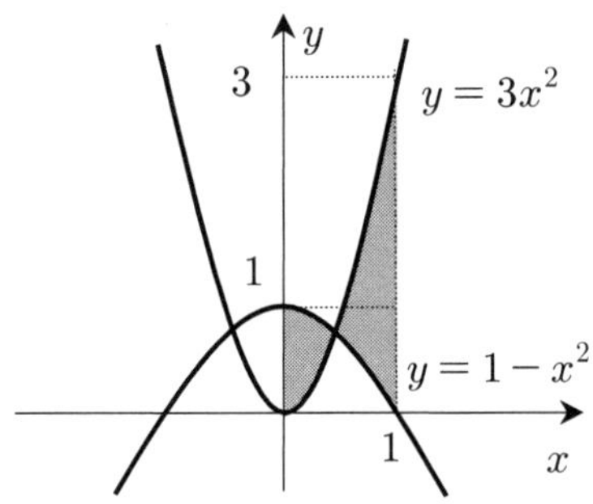

[그림 6]

두 곡선의 교점의 x좌표를 구하면 다음과 같다.

$$3x^2 = 1 - x^2$$

$$x = \pm \frac{1}{2}$$

구간 $[0, 1]$에서 교점의 좌표는 $x = \frac{1}{2}$이다. $0 \le x \le \frac{1}{2}$일 때는 $1 - x^2 \ge 3x^2$이고 $\frac{1}{2} \le x \le 1$일 때는 $3x^2 \ge 1 - x^2$이다. 따라서

$$A = \int_0^{\frac{1}{2}} ((1 - x^2) - 3x^2)dx + \int_{\frac{1}{2}}^1 (3x^2 - (1 - x^2))dx$$

$$= \int_0^{\frac{1}{2}} (1-4x^2)dx + \int_{\frac{1}{2}}^1 (4x^2-1)dx = 1$$

기둥의 부피는 밑면적과 높이의 곱이다. 이를 이용하여 정적분의 정의를 사용하면 부피는 다음과 같이 정의할 수 있다.

정의 7.4.1 [입체의 부피]

S는 두 평면 $x=a$와 $x=b$로 절단한 입체라고 하자. 만약 이 입체를 평면 $x=t$로 절단한 단면의 넓이를 $A(t)$라고 하고, $A(t)$가 구간 $[a, b]$에서 연속이면 입체 S의 **부피**(volume) V는 다음과 같이 정의 한다.

$$V = \int_a^b A(t)dt$$

예제 3 밑면의 반지름이 a인 직원기둥을 밑면의 지름을 지나고 밑면과 $\frac{\pi}{4}$의 각도를 이루는 평면으로 잘라서 생기는 입체의 부피를 구하여라.

풀이 x축의 한 점 $x(-a \le x \le a)$에서 입체의 단면인 직각 삼각형의 넓이를 $A(x)$라 하면

$$A(x) = \frac{1}{2}\sqrt{a^2-x^2}\sqrt{a^2-x^2}\tan\frac{\pi}{4} = \frac{1}{2}(a^2-x^2)$$

이다. 이 때 구하고자 하는 입체의 부피 V는 다음과 같다.

$$V = \int_{-a}^a A(x)dx = \int_{-a}^a \frac{1}{2}(a^2-x^2)dx = \frac{2}{3}a^3$$

이제 회전체의 부피에 대하여 생각해보자.

정리 7.4.3 [회전체의 부피]

구간 $[a,b]$에서 연속함수 $y=f(x)$와 직선 $x=a$, $x=b$ 및 x축으로 둘러싸인 영역을 x축 둘레로 회전한 입체의 부피 V는 다음과 같다.

$$V=\pi\int_a^b y^2\,dx=\pi\int_a^b [f(x)]^2\,dx$$

예제 4 반지름이 r인 구의 부피가 $V=\frac{4}{3}\pi r^3$임을 보여라.

풀이 중심이 원점이고 반지름이 r인 원의 방정식 $x^2+y^2=r^2$을 생각하자. 이 때, 구하고자 하는 구의 부피는 곡선

$$f(x)=\sqrt{r^2-x^2},\ -r\le x\le r$$

을 x축 둘레로 회전하여 얻은 회전체의 부피와 같다. 따라서 구하고자 하는 부피는 다음과 같다.

$$V=\int_{-r}^{r}\pi[f(x)]^2dx=\pi\int_{-r}^{r}(r^2-x^2)\,dx$$

$$=\pi\left[r^2x-\frac{x^2}{3}\right]_{-r}^{r}=\frac{4}{3}\pi r^3$$

예제 5 곡선 $y=\sqrt{x}$와 직선 $x=0$, $x=1$ 및 x축으로 둘러싸인 영역을 x축 둘레로 회전하여 생기는 입체의 부피를 구하여라.

풀이 구하고자 하는 입체의 부피는 다음과 같다.

$$\int_0^1\pi(\sqrt{x})^2dx=\pi\int_0^1 x\,dx=\pi\left[\frac{1}{2}x^2\right]_0^1=\frac{\pi}{2}$$

7.4 연습문제

※ 다음 곡선으로 둘러싸인 영역의 넓이를 구하여라. (1~5)

1. $y = x^2$, $y = 1$, $x = -1$, $x = 1$

2. $y = x$, $y = x^2$

3. $y = e^x$, $x = 0$, $x = 1$, $y = 0$

4. $y = e^x - 1$, $y = x^2 - 1$, $x = 1$

5. $y = 5\ln x$, $y = x\ln x$

※ 다음 곡선으로 둘러싸인 영역을 x축 둘레로 회전할 때 생기는 회전체의 부피를 구하여라. (6~8)

6. $y = x$, $y = x^2$

7. $y = e^x$, $x = 0$, $x = 1$, $y = 0$

8. $y = x^3 - 2x^2 + x$, $y = 0$

9. DVD를 팔 때 매일 수입함수가 $R(t) = 100 + 10t \ (0 \le t \le 5)$이고 또한 매일 비용함수는 $C(t) = 90 + 5t \ (0 \le t \le 5)$이라고 한다. $t = 0$은 월요일을 나타낸다.

(1) $0 \le t \le 5$에서 $R(t)$와 $C(t)$의 그래프 사이의 면적을 구하여라.

(2) 이 면적이 의미하는 바가 무엇인지를 설명하여라.

10. 어느 직장의 신입사원의 수입은 매년 $I(t)=50000+2000t \ (0 \le t \le 3)$이고 반면 지출은 매년 $E(t)=45000+1500t \ (0 \le t \le 3)$이라고 하자. $t=0$은 취직한 첫 해를 나타낸다.

(1) $0 \le t \le 3$에서 $I(t)$와 $E(t)$의 그래프 사이의 면적을 구하여라.

(2) 이 면적이 의미하는 바가 무엇인지를 설명하여라.

제 8 장

다변수 함수

8.1 다변수 함수

지금까지 일변수 함수에 대해서만 생각하였다. 그러나 대부분의 유용한 함수는 일변수 함수인 경우 보다는 다변수 함수인 경우가 많다. 예를 들어 온라인 서점을 운영한다면 수입은 다른 여러 경쟁사의 수입에 따라 영향을 받게 될 것이다. 가령 경쟁사가 세 곳이라면 다음과 같은 함수로 모델링될 수 있다.

$$R(x, y, z) = 10{,}000 - 0.01x - 0.02y - 0.01z + 0.00001yz$$

여기서 x, y, z는 다른 경쟁사의 수입이다. 여기서 R의 값은 변수 x, y, z에 따라서 결정되므로 삼변수 함수라고 한다. 일변수 함수의 미적분의 기법은 다변수함수의 미적분학으로 확장할 수 있다.

정의 8.1.1 [이변수 함수]

D를 공집합이 아닌 평면 $\mathbb{R}^2$의 부분집합이라고 하자. 집합 D의 각 점 (x,y)에 대응하는 실수 z가 유일하게 정해질 때 이 대응을

$$f : D \to \mathbb{R}\,,\ z = f(x,y)$$

로 표시하고 f를 두 변수 x, y에 대한 **이변수 함수**(function of two variables)라 한다. 이때 집합 D를 f의 **정의역**(domain)이라 하고 **치역**(range)은 정의역 안의 모든 순서쌍 (x,y)에 대한 함숫값들의 집합

$$\{z \in \mathbb{R} \mid z = f(x,y),\ (x,y) \in D\}$$

을 의미한다.

주의 D를 공집합이 아닌 평면 $\mathbb{R}^n$의 부분집합이라고 하자. 집합 D의 각 점 $(x_1, x_2, \cdots, x_n)$에 대응하는 실수 z가 유일하게 정해질 때 이 대응을

$$f : D \to \mathbb{R}\,,\ z = f(x_1, x_2, \cdots, x_n)$$

로 표시하고 f를 변수 $x_1, x_2, \cdots, x_n$에 대한 n**변수 함수**(function of

n-variables)라 한다. 이변수 함수에서처럼 정의역, 치역을 정의할 수 있다.

예제 1 어떤 회사에서 소형과 대형, 두 가지 형태의 제품을 생산하고 있다고 하고, 소형 제품 x개와 대형 제품 y개를 만드는데 들어가는 총 비용(단위 만원)이 매 달 다음과 같이 주어진다고 하자.

$$C(x, y) = 1000 + 2x + 4y$$

이 식에서 각 항이 의미하는 것을 무엇일까?

풀이 각 항들은 일변수의 선형비용함수에서의 각 항들이 가졌던 의미와 유사한 의미를 가진다.

상수항(1,000) : 제품을 전혀 생산하지 않았다고 생각해 보자. $(x=0,\ y=0)$ 이때

$$C(0, 0) = 1000$$

따라서 상수항을 **고정비용**(fixed cost)라고 하고 제품을 전혀 생산하지 않더라도 매달 지불되는 비용을 나타낸다.

x와 y의 계수 : 매달 일정한 양을 생산해 오다가 소형 제품만을 하나 더 생산하였다고 하자. 그러면 비용은

$$C(x+1, y) = 1000 + 2(x+1) + 4y$$

$$= 1000 + 2x + 4y + 2 = C(x, y) + 2$$

따라서 소형 제품을 하나 더 생산할 때마다 총 비용에 2만원씩 비용이 더 들게 된다. 이 비용을 소형 제품의 **한계비용**(marginal cost)라 한다. 마찬가지로 대형 제품의 **한계비용**(marginal cost)은 4이다.

주의 예제 1은 이변수의 선형함수의 예제이다. 이 함수에서 x와 y의 계수는 직선의 기울기가 가지는 의미와 유사하다. 각 변수의 계수의 의미는 한 변수는 변화를 주지 않고 다른 변수를 증가시켰을 때 변화율이 일정하다는 것이다.

정의 8.1.2 [다변수의 선형함수]

다음과 같은 형태의 함수를 변수를 $x_1, x_2, \cdots, x_n$로 가지는 **선형함수**(linear function of the variable $x_1, x_2, \cdots, x_n$)라고 한다.

$$f(x_1, x_2, \cdots, x_n) = a_0 + a_1x_1 + a_2x_2 + \cdots + a_nx_n$$

정의 8.1.3 [이변수 함수의 그래프]

f가 정의역이 D인 이변수 함수이면, f의 **그래프**(graph)는 $\mathbb{R}^3$에서 $(x,y) \in D$이고 $z = f(x,y)$인 모든 점 (x,y,z)의 집합이다. 즉,

$$G = \{(x, y, z) \mid z = f(x, y), (x,y) \in D\}$$

이며 그래프는 공간 위의 곡면으로 나타난다.

1장에서 다루었던 일변수 함수 $y = f(x)$에 대한 그래프는 $xy-$평면상의 점 $(x, f(x))$들로 구성되며 $xy-$평면상에서의 직선 또는 곡선으로 표현되어진다. 마찬가지로 이변수 함수 $z = f(x, y)$의 그래프는 x축, y축, z축을 가지는 **3차원 공간**(three-dimensional space)(또는 간단히 **공간**(space))에서 점 $(x, y, f(x, y))$들로 구성되어지므로 일반적으로 3차원 공간의 곡면으로 나타난다. 한편, 3차원 공간은 그림 1의 (1)처럼 그림으로 나타내고 3차원 공간상의 한 점 $P(a, b, c)$는 그림 1의 (2)처럼 그림으로 나타낸다.

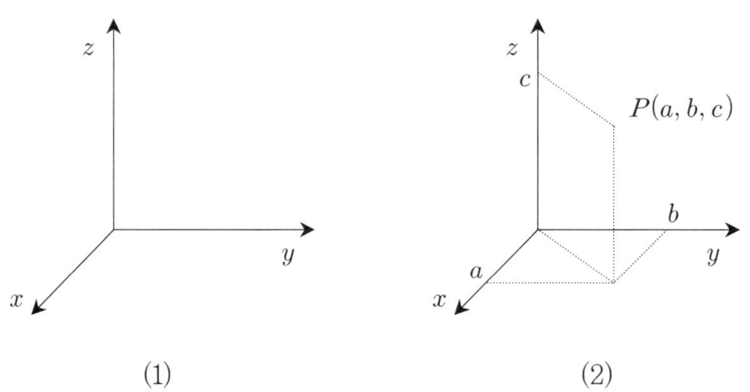

[그림 1]

예제 2 함수 $f(x,y)=6-3x-2y$의 그래프를 그려라.

풀이 $z=6-3x-2y$의 그래프를 그리기 위해서 축과 만나는 점을 구해보자.

$$f(2,0)=0, f(0,3)=0, f(0,0)=6$$

을 만족하므로 $f(x,y)=6-3x-2y$의 그래프는 세 점 $(2,0,0)$, $(0,3,0)$ 그리고 $(0,0,6)$을 지나는 평면으로 표현된다. 3차원 공간에서 $x \geq 0$, $y \geq 0$, $z \geq 0$인 부분을 **제1 팔분면**이라고 한다. 함수 $f(x,y)=6-3x-2y$의 그래프의 제1 팔분면 상에 나타나는 부분은 다음 그림 2와 같이 표현할 수 있다.

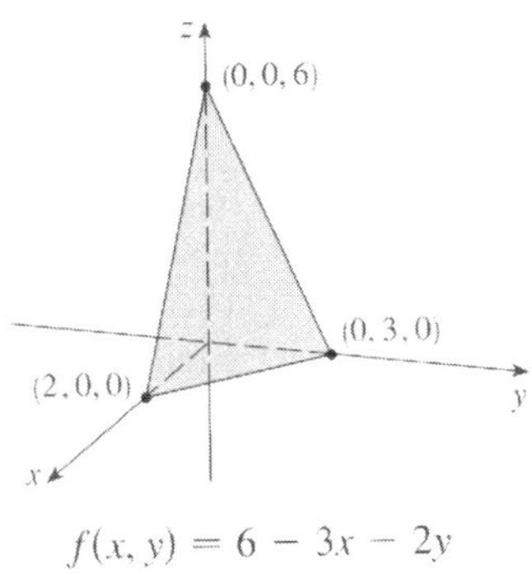

[그림 2]

예제 3 함수 $f(x,y)=\sqrt{9-x^2-y^2}$의 정의역과 치역을 구하고 그래프를 그려라.

풀이 $0 \leq 9-x^2-y^2$이어야 하므로 $x^2+y^2 \leq 9$이고 $0 \leq f(x,y) \leq 3$이다. 따라서 함수 $f(x,y)$의 정의역은 $\{(x,y) \mid x^2+y^2 \leq 9\}$이고 치역은 $\{z \mid 0 \leq z \leq 3\}$이다.
또한 $z=f(x,y)$라고 두면 $x^2+y^2+z^2=9$, $z \geq 0$에서 아래의 그림 3처럼 원점을 중심으로 하고 반지름이 3인 구면 중에서 $xy-$평면 위쪽의 반구면이 구하고자 하는 그래프임을 알 수 있다.

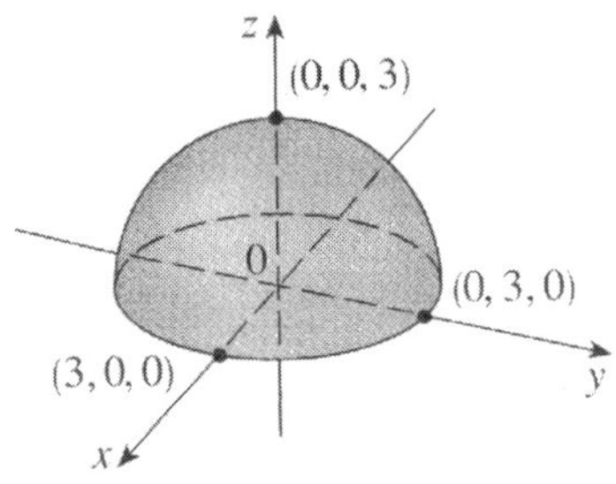

$f(x, y) = \sqrt{9 - x^2 - y^2}$

[그림 3]

a가 (f의 치역 안에 있는) 상수일 때, 방정식 $f(x,y) = a$를 만족하는 곡선을 이변수 함수 f의 **등위곡선**(level curve)이라 한다. 그림 4는 등위곡선과 수평자취 사이의 관계를 보여준다. 등위곡선 $f(x,y) = a$는 수평면 $z = a$에서 $f(x,y)$의 그래프를 $xy-$평면으로 정사영한 자취이다. 등위곡선에서 지시된 높이까지 들어 올리면 $z = f(x,y)$의 그래프를 얻을 수 있다. 특히, 지구상의 지형을 등위곡선을 이용하여 지도상에 나타낸 것이 등고선이다. 등위곡선은 3차원 입체를 시뮬레이션을 통해 입체 영상으로 만들어 내는 작업에도 활용되고 있다.

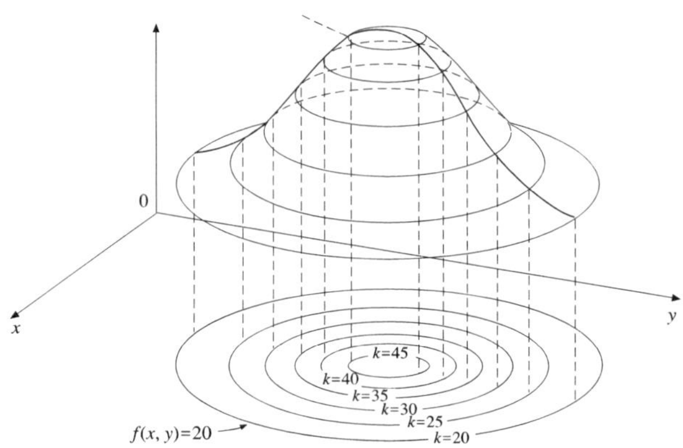

[그림 4]

예제 4 함수 $f(x,y) = x^2 + y^2$의 등위곡선을 그리고 이것을 이용하여 $z = f(x,y)$의 그래프를 그려라.

풀이 $z = f(x,y) = x^2 + y^2$에서 모든 실수 x, y에 대해서 $z \geq 0$이다. 따라서 $z = 0$, $\frac{1}{4}$, $1, 4$, 9등의 값을 대입하여 등위곡선의 그래프를 살펴보자. $z = 0$이면 $x^2 + y^2 = 0$이므로 원점 $(0,0)$이다.

$$z = \frac{1}{4}\text{이면 } x^2 + y^2 = \left(\frac{1}{2}\right)^2$$

$$z = 1\text{이면 } x^2 + y^2 = 1$$

$$z = 4\text{이면 } x^2 + y^2 = 2^2$$

$$z = 9\text{이면 } x^2 + y^2 = 3^2$$

등의 관계식을 얻는다. 이로부터 등위곡선의 그래프는 다음과 같이 나타난다.

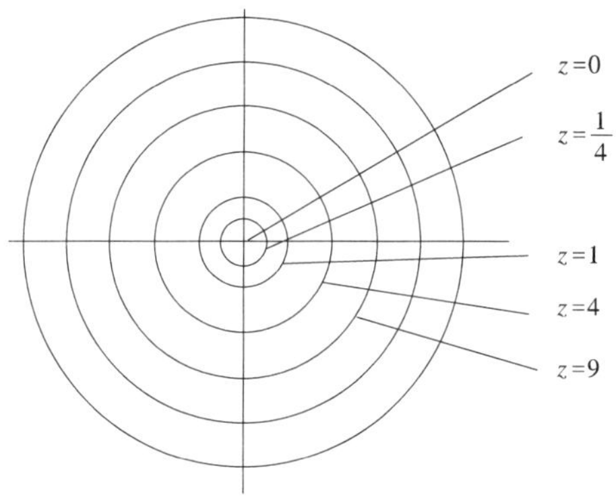

[그림 5]

등위곡선으로부터 $f(x,y) = x^2 + y^2$의 그래프를 그리면 다음 그림 6과 같다. 함수 $f(x,y) = x^2 + y^2$의 그래프가 나타내는 곡면을 **포물면**(paraboloid)이라 한다.

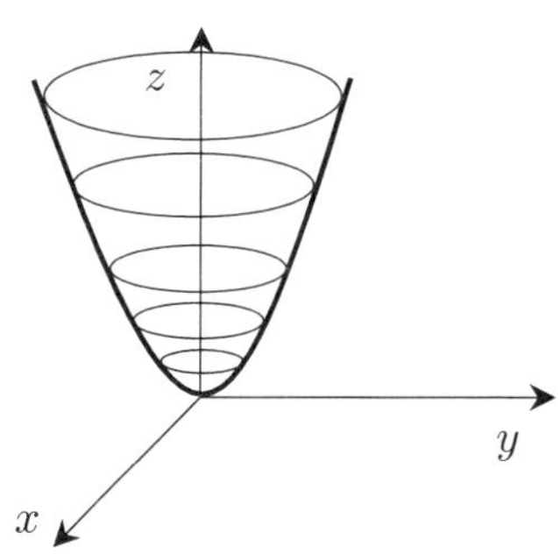

[그림 6]

8.1 연습문제

1. 다음 이변수 함수의 정의역을 각각 구하여라.

(1) $f(x,y) = \sqrt{x} + \sqrt{y}$ (2) $f(x,y) = x^2 + 4y^2$

(3) $f(x,y) = \sqrt{x+y}$ (4) $f(x,y) = |xy|$

(5) $f(x,y) = \sqrt{1-y^2} - \sqrt{1-x^2}$ (6) $f(x,y) = \dfrac{\sqrt{y-x^2}}{1-x^2}$

※ 다음 각 함수에 대하여 다음을 계산하여라. (2~5)

(1) $f(0,0)$ (2) $f(1,0)$ (3) $f(0,-1)$

(4) $f(0,2)$ (5) $f(y,x)$ (6) $f(x+h, y+h)$

2. $f(x,y) = x^2 + y^2 - x + 1$

3. $f(x,y) = x^2 - y - xy + 1$

4. $f(x,y) = 0.2x + 0.1y - 0.01xy$

5. $f(x,y) = 0.4x - 0.5y - 0.05xy$

6. x대의 승합차와 y대의 트럭을 생산하는데 드는 비용함수가

$$C(x,y) = 240000 + 6000x + 4000y \text{ (단위:달러)}$$

라 하자. 승합차의 한계비용과 트럭의 한계비용은 각각 얼마인가?

※ 다음 평면의 그래프를 그려라. (7~8)

7. $z=-2$

8. $y=2$

※ 다음 함수의 등위곡선을 그리고 이것을 이용하여 각 함수의 그래프를 완성하여라. (9~10)

9. $f(x,y)=x^2+4y^2$

10. $f(x,y)=x^2-y^2$

8.2 편도함수

f가 x의 함수일 때, f의 도함수 $\dfrac{df}{dx}$는 x가 증가할 때 f의 변화율을 나타낸다. 이 절에서는 f가 이변수 또는 다변수 함수일 때, 한 변수만 증가하고 나머지 변수는 고정될 때 f의 변화율을 알고자 한다. 이 변화율을 함수 f의 편도함수라고 한다.

정의 8.2.1 [편도함수]

이변수 함수 $z = f(x, y)$가 주어져 있다고 하자.

(1) y를 상수로 생각하고 x에 대한 f의 도함수를 x에 대한 f의 **편도함수**(partial derivative of f with respect to x)라고 하고 다음과 같이 나타낸다.

$$z_x = f_x(x, y) = \frac{\partial f}{\partial x} = \frac{\partial z}{\partial x}$$

(2) x를 상수로 생각하고 y에 대한 f의 도함수를 y에 대한 f의 **편도함수**(partial derivative of f with respect to y)라고 하고 다음과 같이 나타낸다.

$$z_y = f_y(x, y) = \frac{\partial f}{\partial y} = \frac{\partial z}{\partial y}$$

주의 여러 변수들 중에 다른 변수는 고정하고 한 변수에 대해 도함수를 구하는 것을 표시하기 위해 도함수의 d 대신 편도함수의 기호 ∂을 사용한다.

예제 1 8.1 절의 예제 1에서처럼, 어떤 회사의 두 제품에 대한 비용함수가 다음과 같이 주어진다고 하자.

$$C(x, y) = 1000 + 2x + 4y \text{(단위: 만원)}$$

이 식에서 $\dfrac{\partial C}{\partial x}$와 $\dfrac{\partial C}{\partial y}$가 의미하는 것은 무엇일까?

풀이 비용함수의 편도함수를 구하면 다음과 같다.

$$\frac{\partial C}{\partial x}=2, \quad \frac{\partial C}{\partial y}=4$$

$\frac{\partial C}{\partial x}=2$라는 것의 의미는 대형제품의 생산은 변함없고 소형제품만 하나 더 생산할 때 드는 비용 즉 소형제품에 대한 한계비용이 2만원이라는 것이다. 마찬가지로 $\frac{\partial C}{\partial y}=4$는 대형제품의 한계비용이 4만원임을 뜻한다.

예제 2 비용함수가 다음과 같이 나타났다고 가정하자.

$$C(x, y)=1000+2x+4y+0.01xy(\text{단위: 만원})$$

여기서 x는 소형 제품의 생산 개수이고 y는 대형 제품의 생산개수이다.

(1) 두 제품에 대한 한계비용을 구하여라.

(2) 매 달 소형 제품을 100개, 대형 제품을 50개 생산한다고 할 때, 대형 제품을 만드는 것의 한계비용을 구하여라.

풀이 (1) 두 제품에 대한 한계비용은 각각의 편도함수이므로 편도함수를 구하면 다음과 같다.

$$\frac{\partial C}{\partial x}=2+0.01y, \quad \frac{\partial C}{\partial y}=4+0.01x$$

(2) $x=100$, $y=50$일 때의 대형 제품을 만드는 것의 한계비용은 다음과 같다.

$$\left.\frac{\partial C}{\partial y}\right|_{x=100, y=50}=4+0.01(100)=5$$

즉, 소형제품 100개와 대형제품 50개를 생산하는 상황에서 대형제품 1개를 더 만드는데 드는 비용은 5(만원)이다.

주의 $\left.\frac{\partial C}{\partial y}\right|_{x=100, y=50}$을 $\left.\frac{\partial C}{\partial y}\right|_{(100, 50)}$로 쓰기도 한다.

예제 3 $f(x, y)=x^2+x^2y^2$일 때, $\frac{\partial f}{\partial x}$와 $\frac{\partial f}{\partial y}$를 구하여라.

풀이 각각의 편도함수를 구하면 다음과 같다.

$$\frac{\partial f}{\partial x} = 2x + (2x)y^2 = 2x + 2xy^2,\quad \frac{\partial f}{\partial y} = x^2(2y) = 2x^2y$$

예제 4 $f(x, y) = x^2y + xy^2 - xy + y$일 때, $\frac{\partial f}{\partial x}$와 $\frac{\partial f}{\partial y}$를 구하여라.

풀이 각각의 편도함수를 구하면 다음과 같다.

$$\frac{\partial f}{\partial x} = 2xy + y^2 - y,\quad \frac{\partial f}{\partial y} = x^2 + 2xy - x + 1$$

[편도함수의 기하학적 의미]

이변수 함수 $z = f(x, y)$가 주어져 있다고 하자.

(1) $f_x(a, b)$는 곡면 $z = f(x, y)$ 위의 점 $P(a, b, f(a, b))$에서 $xz-$평면과 평행인 평면과 곡면 $z = f(x, y)$의 교점들이 나타내는 곡선의 점 P에서의 접선의 기울기를 나타낸다.

(2) $f_y(a, b)$는 곡면 $z = f(x, y)$ 위의 점 $P(a, b, f(a, b))$에서 $yz-$평면과 평행인 평면과 곡면 $z = f(x, y)$의 교점들이 나타내는 곡선의 점 P에서의 접선의 기울기를 나타낸다.

주의 $f(a, b) = c$라고 할 때, 편도함수의 기하학적 의미를 그림으로 나타내면 그림 6과 같이 표현된다.

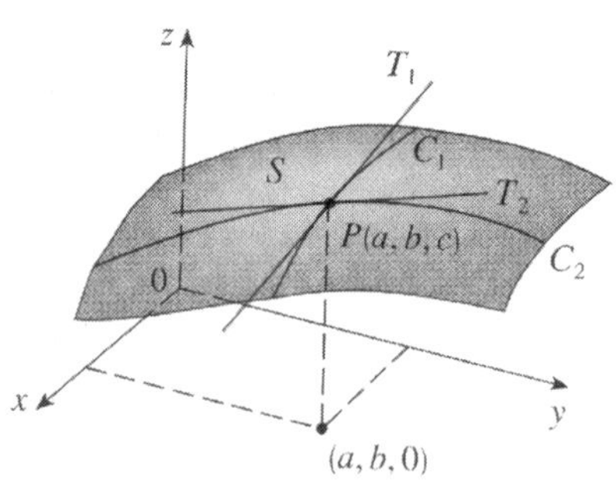

[그림 7]

이변수 함수 $z=f(x,y)$에 대한 편도함수 $\dfrac{\partial f}{\partial x}$와 $\dfrac{\partial f}{\partial y}$도 역시 이변수 함수이다. 따라서 두 편도함수에 대해 한 번 더 편도함수를 구할 수 있다. 이와 같이 편도함수의 편도함수를 2계 편도함수라고 한다. 같은 방법으로 n계 편도함수도 생각할 수 있다.

[2계 편도함수(second partial derivatives)]

이변수 함수 $z=f(x,y)$가 주어져 있다고 하자.

(1) $\dfrac{\partial}{\partial x}\left(\dfrac{\partial f}{\partial x}\right)$는 편도함수 $\dfrac{\partial f}{\partial x}$의 x에 대한 편도함수를 의미하고 다음과 같이 나타낸다.

$$\frac{\partial}{\partial x}\left(\frac{\partial f}{\partial x}\right)=\frac{\partial^2 f}{\partial x^2}=\frac{\partial^2 z}{\partial x^2}=z_{xx}=f_{xx}(x,y)$$

(2) $\dfrac{\partial}{\partial y}\left(\dfrac{\partial f}{\partial x}\right)$는 편도함수 $\dfrac{\partial f}{\partial x}$의 y에 대한 편도함수를 의미하고 다음과 같이 나타낸다.

$$\frac{\partial}{\partial y}\left(\frac{\partial f}{\partial x}\right)=\frac{\partial^2 f}{\partial y\,\partial x}=\frac{\partial^2 z}{\partial y\,\partial x}=z_{xy}=f_{xy}(x,y)$$

(3) $\dfrac{\partial}{\partial x}\left(\dfrac{\partial f}{\partial y}\right)$는 편도함수 $\dfrac{\partial f}{\partial y}$의 x에 대한 편도함수를 의미하고 다음과 같이 나타낸다.

$$\frac{\partial}{\partial x}\left(\frac{\partial f}{\partial y}\right)=\frac{\partial^2 f}{\partial x\,\partial y}=\frac{\partial^2 z}{\partial x\,\partial y}=z_{yx}=f_{yx}(x,y)$$

(4) $\dfrac{\partial}{\partial y}\left(\dfrac{\partial f}{\partial y}\right)$는 편도함수 $\dfrac{\partial f}{\partial y}$의 y에 대한 편도함수를 의미하고 다음과 같이 나타낸다.

$$\frac{\partial}{\partial y}\left(\frac{\partial f}{\partial y}\right)=\frac{\partial^2 f}{\partial y^2}=\frac{\partial^2 z}{\partial y^2}=z_{yy}=f_{yy}(x,y)$$

예제 5 $f(x,y)=x^2+x^2y^2$일 때, $\frac{\partial^2 f}{\partial x^2}$, $\frac{\partial^2 f}{\partial x \partial y}$, $\frac{\partial^2 f}{\partial y \partial x}$와 $\frac{\partial^2 f}{\partial y^2}$를 구하여라.

풀이 각각의 편도함수를 구하면 다음과 같다.

$$\frac{\partial f}{\partial x}=2x+(2x)y^2=2x+2xy^2, \quad \frac{\partial f}{\partial y}=x^2(2y)=2x^2y$$

그리고 각각의 2계 편도함수를 구하면 다음과 같다.

$$\frac{\partial^2 f}{\partial x^2}=2+2y^2, \quad \frac{\partial^2 f}{\partial y \partial x}=4xy$$

$$\frac{\partial^2 f}{\partial x \partial y}=4xy, \quad \frac{\partial^2 f}{\partial y^2}=2x^2$$

8.2 연습문제

※ 다음 이변수 함수의 편도함수 $f_x(x,y)$와 $f_y(x,y)$을 구하여라. (1~5)

1. $f(x,y)=x^2y^3+2$

2. $f(x,y)=9-x^2-y^2$

3. $f(x,y)=x\ln(x^2+xy^{-2})$

4. $f(x,y)=\dfrac{1}{x+y}$

5. $f(x,y)=\sqrt{9-x^2-y^2}$

※ 다음 이변수 함수 $f(x,y)$에 대하여 2차 편도함수 f_{xx}, f_{yy}, f_{xy}, f_{yx}을 각각 구하여라. (6~7)

6. $f(x,y)=x^4y^2-x$

7. $f(x,y)=\ln(x^2+y^2)$

8. x대의 승합차와 y대의 트럭을 생산하는데 드는 비용함수가

$$C(x,y)=240000+6000x+4000y \text{ (단위:달러)}$$

라 할 때, $\dfrac{\partial C}{\partial x}$와 $\dfrac{\partial C}{\partial y}$를 구하고 이것의 의미를 설명하여라.

9. x대의 승합차와 y대의 트럭을 생산하는데 드는 비용함수가

$$C(x,y) = 240000 + 6000x + 4000y - 20xy \text{ (단위:달러)}$$

라 하자. 10대의 승합차와 20대의 트럭을 생산하는 수준에서 승합차의 한계비용을 구하여라.

10. $f_x(1,1) = -2$이고 $f_y(1,1) = 3$이 되는 함수 $f(x,y)$의 예를 하나만 제시하여라.

8.3 최댓값과 최솟값 문제

6장에서 미분을 이용하여 일변수 함수의 극댓값과 극솟값을 구하였다. 이 절에서는 이와 유사한 방법으로 이변수 함수에 대해서 극값을 구할 수 있다.

먼저, 이변수 함수 $z=x^2+y^2$의 정의역에 속하는 $(0,0)$의 근처에서 함숫값을 생각해 보자. $(0,0)$을 제외한 $(0,0)$의 근처에서의 함숫값은 항상 0보다 크다. $f(0,0)=0$이므로 $(0,0)$의 근처에서 $(0,0)$의 함숫값이 가장 작다. 일변수 함수에서와 같이, 이변수 함수 $z=x^2+y^2$는 $(0,0)$에서 극소(local minimum)를 갖는다 라고 말하고 $f(0,0)=0$를 극솟값(local minimum value)이라고 한다. 같은 방식으로 극대와 극댓값도 생각할 수 있다.

한편으로, 이변수 함수 $z=x^2-y^2$에 대해 $(0,0)$의 근처에서 함숫값을 생각해 보자. $x=0$으로 고정시키면 $z=0-y^2=-y^2$이 되고 $(0,0)$에서 극대의 형태를 보이고 있고 $y=0$으로 고정시키면 $z=x^2-0=x^2$이 되고 $(0,0)$에서 극소의 형태를 보이고 있다. 따라서 $z=x^2-y^2$는 $(0,0)$에서 극대도 극소도 아니다. 하지만 $z=x^2-y^2$의 그래프의 점 $(0,0,0)$에서 특이한 모양을 보이고 있는데, 이러한 점을 안장점(saddle point)이라고 한다.

정의 8.3.1 [극대와 극소]

이변수 함수 $z = f(x, y)$가 주어져 있다고 하고, 점 (a, b)를 정의역에 속한다고 하자.

(1) 점 (a, b)의 근처의 임의의 점 (x, y)에 대하여

$$f(a, b) \geq f(x, y)$$

을 만족할 때, 함수 f는 (a, b)에서 **극대(local maximum)**를 갖는다고 하고 $f(a, b)$를 **극댓값(local maximum value)**이라고 한다.

(2) 점 (a, b)의 근처의 임의의 점 (x, y)에 대하여

$$f(a, b) \leq f(x, y)$$

을 만족할 때, 함수 f는 (a, b)에서 **극소(local minimum)**를 갖는다고 하고 $f(a, b)$를 **극솟값(local minimum value)**이라고 한다.

정의 8.3.2 [안장점]

이변수 함수 $z = f(x, y)$가 주어져 있다고 하고, 점 (a, b)를 정의역에 속한다고 하자.

함수 f가 점 (a, b)을 지나는 한 직선을 따라서는 극소이고 다른 직선을 따라서는 극대일 때, f는 점 (a, b)에서 **안장점(saddle point)**을 가진다고 하고 $f(a, b, (a, b))$를 **안장점(saddle point)**이라고 한다.

보기 1 $f(x, y) = x^2 - y^2$는 $(0, 0)$에서 안장점을 가진다.

정리 8.3.1

이변수 함수 $z = f(x, y)$가 (a, b)에서 극대 또는 극소 또는 안장점을 가지며 1차 편도함수가 (a, b)에서 존재하면 다음이 성립한다.

$$f_x(a, b) = 0 \text{ 그리고 } f_y(a, b) = 0$$

정의 8.3.3 [임계점]

이변수 함수 $z = f(x, y)$에 대하여 $f_x(a, b) = 0$이고 $f_y(a, b) = 0$일 때, 또는 $f_x(a, b)$나 $f_y(a, b)$가 존재하지 않을 때, (a, b)를 함수 f의 **임계점**(critical point)이라 한다.

예제 1 함수 $f(x, y) = x^3 + (y-1)^2$의 임계점을 구하여라.

풀이 우선 편도함수를 구하면

$$f_x = 3x^2, \quad f_y = 2(y-1)$$

임계점을 구하기 위하여 다음 연립방정식을 풀면 된다.

$$3x^2 = 0, \quad 2(y-1) = 0$$

따라서 임계점은 $(0, 1)$이다.

예제 2 함수 $f(x, y) = x^2 y - x^2 - 2y^2$의 임계점을 구하여라.

풀이 함수 f의 편도함수를 구하면

$$f_x = 2xy - 2x, \quad f_y = x^2 - 4y$$

임계점을 구하기 위하여 다음 연립방정식을 풀면 된다.

$$2xy - 2x = 2x(y-1) = 0, \quad x^2 - 4y = 0$$

먼저 첫 번째 식으로부터 다음을 얻을 수 있다.

$$x = 0 \text{ 또는 } y = 1$$

$x = 0$일 때, 두 번째 식에서

$$y = 0$$

$y = 1$일 때, 두 번째 식에서

$$x=2 \text{ 또는 } x=-2$$

따라서 함수 f의 임계점은 다음의 세 점이다.

$$(0,0),\ (2,1),\ (-2,1)$$

정리 8.3.2 [이계도함수 판정]

이변수 함수 $z=f(x,y)$의 2차 편도함수가 점 (a,b)의 근방에서 연속이라고 하자. 점 (a,b)가 함수 f의 임계점일 때,

$$D=f_{xx}(a,b)f_{yy}(a,b)-[f_{xy}(a,b)]^2$$

라고 두면 다음이 성립한다.

(1) $D>0$이고 $f_{xx}(a,b)>0$이면, f는 (a,b)에서 극소이다.

(2) $D>0$이고 $f_{xx}(a,b)<0$이면, f는 (a,b)에서 극대이다.

(3) $D<0$이면, f는 (a,b)에서 안장점을 가진다.

주의 정리 8.3.2 이계도함수 판정에서 D를 헤시안(Hessian)이라 부른다.

주의 $D=0$일 때는 이 판정법을 쓸 수가 없다.

예제 3 이변수 함수 $f(x,y)=y^2-x^2$의 극댓값, 극솟값 그리고 안장점을 구하여라.

풀이 함수 f의 편도함수를 구하면

$$f_x(x,y)=-2x,\ f_y(x,y)=2y$$

이고 이로부터 임계점 $(0,0)$을 쉽게 얻을 수 있다. 그리고 함수 f의 이계 편도함수를 구하면

$$f_{xx}(x,y)=-2,\ f_{yy}(x,y)=2,\ f_{xy}(x,y)=0$$

이다. 따라서

$$D(0,0) = -4 < 0$$

이므로 (0,0)는 함수 f의 안장점이 되고 f는 극대와 극소를 갖지 않는다.

예제 4 $f(x,y) = x^4 + y^4 - 4xy + 1$의 극댓값, 극솟값 그리고 안장점을 구하여라.

풀이 함수 f의 편도함수를 구하면

$$f_x(x,y) = 4x^3 - 4y, \ \ f_y(x,y) = 4y^3 - 4x$$

이다. 임계점을 찾기 위해서 $f_x(x,y) = 0 = f_y(x,y)$인 점 (x,y)를 찾아보면 아래의 연립방정식을 얻는다.

$$\begin{cases} 4(x^3 - y) = 0 \\ 4(y^3 - x) = 0 \end{cases}$$

이 두 식을 연립하면 $(x,y) = (0,0)$, $(1,1)$, $(-1,-1)$을 얻고 이 세 점이 임계점이다. 이제 2차 편도함수들을 구하면

$$f_{xx}(x,y) = 12x^2, \ \ f_{yy}(x,y) = 12y^2, \ \ f_{xy}(x,y) = -4$$

이므로

$$D(x,y) = f_{xx}(x,y) f_{yy}(x,y) - [f_{xy}(x,y)]^2 = 144x^2y^2 - 16$$

이다. 따라서

$$D(0,0) = -16 < 0$$

이므로 점 (0,0)은 안장점이고,

$$D(1,1) = 128 > 0 \text{이고 } f_{xx}(1,1) = 12 > 0$$

이므로 $f(1,1) = -1$은 극솟값이며,

$$D(-1,-1) = 128 > 0 \text{이고 } f_{xx}(-1,-1) = 12 > 0$$

이므로 $f(-1,-1)=-1$도 극솟값이다.

예제 5 뚜껑이 없는 직육면체 모양의 상자를 판지로 만들려고 한다. $4m^3$ 부피를 가지는 상자를 만들 때 필요한 판지의 최소 면적을 구하여라.

풀이 밑면의 가로와 세로를 각각 x, y라고 하고 높이는 z라고 하자. 그러면

$$x>0,\ y>0,\ z>0 \text{이고 부피 } V=xyz=4$$

이다. 이때 옆면의 넓이는 $z(2x+2y)=2z(x+y)$이고 밑면의 넓이는 xy이다. 그러므로

$$xyz=4\text{일 때, 면적 } S=xy+2xz+2yz\text{의 최솟값}$$

을 구하면 된다. 위 식으로부터

$$z=\frac{4}{xy}$$

가 성립하므로 면적

$$S=xy+2x\frac{4}{xy}+2y\frac{4}{xy}=xy+\frac{8}{y}+\frac{8}{x}$$

이다. 따라서 구하고자 하는 것은 $x>0,\ y>0$일 때,

$$f(x,y)=xy+\frac{8}{y}+\frac{8}{x}\text{의 최솟값}$$

을 구하는 것이다. 먼저 f의 편도함수를 구하면

$$f_x(x,y)=y-\frac{8}{x^2},\quad f_y(x,y)=x-\frac{8}{y^2}$$

이므로 임계점을 구하기 위하여 $f_x=0, f_y=0$로부터 다음의 연립방정식을 얻는다.

$$y=\frac{8}{x^2},\quad x=\frac{8}{y^2}$$

위 식에서 첫째 식을 둘째 식에 대입하면

$$x = \frac{x^4}{8}$$

이므로

$$0 = x^4 - 8x = x(x^3 - 8) = x(x-2)(x^2 + 2x + 4)$$

이고 $x > 0,\ y > 0$이므로 임계점 $(2, 2)$를 구할 수 있다. 이제 이계 편도함수를 구하면

$$f_{xx}(x, y) = \frac{16}{x^3},\ \ f_{xy}(x, y) = 1,\ \ f_{yy}(x, y) = \frac{16}{y^3}$$

이므로

$$D(x,y) = f_{xx}(x,y)f_{yy}(x,y) - [f_{xy}(x,y)]^2 = \frac{256}{x^3y^3} - 1$$

이다. 따라서

$$D(2,2) = \frac{256}{64} - 1 = 4 - 1 = 3 > 0$$

이고

$$f_{xx}(2, 2) = \frac{16}{8} = 2 > 0$$

이므로 f는 점 $(2,2)$에서 극솟값을 가짐을 알 수 있다. 따라서 판지의 최소 면적은 다음과 같이 얻을 수 있다.

$$S(2,2) = 4 + \frac{8}{2} + \frac{8}{2} = 12$$

정리 8.3.3 [이변수 함수의 최대·최소 정리]

이변수 함수 f가 $\mathbb{R}^2$상의 유계인 폐집합 D에서 연속이면 f는 D내에서 최댓값과 최솟값을 갖는다.

[최댓값과 최솟값 구하기]

유계인 폐집합 D에서 연속함수 f의 최댓값과 최솟값은 다음과 같은 방법으로 구한다.

1. D내의 f의 임계점에서 f의 함숫값을 구한다.
2. D의 경계 위에서 f의 함숫값을 구한다.
3. 1과 2에서 구한 값 중 가장 큰 값은 최댓값이고, 가장 작은 값은 최솟값이다.

예제 6 사각형 영역 $D=\{(x,y)|0 \le x \le 3, 0 \le y \le 2\}$에서 이변수 함수 $f(x,y)=x^2-2xy+2y^2$의 최댓값과 최솟값을 구하여라.

풀이 함수 f의 편도함수를 구하면

$$f_x(x,y)=2x-2y,\ \ f_y(x,y)=-2x+4y$$

에서 임계점은 $(0,0)$이다. 이 때, 점 $(0,0)$은 D에 포함되며,

$$f(0,0)=0$$

이다. 이제 영역 D의 경계선에서의 최댓값과 최솟값을 찾아보자.

(i) $x=0$, $0 \le y \le 2$일 때, $f(0,y)=2y^2$이므로 $0 \le f(0,y) \le 8$이다. 즉,

$$(0,2)\text{에서 함수 } f\text{는 최댓값 } 8$$

$$(0,0)\text{에서 함수 } f\text{는 최솟값 } 0$$

(ii) $x=3$, $0 \le y \le 2$일 때,

$f(3,y) = 9 - 6y + 2y^2 = 2\left(y - \frac{3}{2}\right)^2 + \frac{9}{2}$이므로

함수 f는 $(3,0)$에서 최댓값 9

함수 f는 $\left(3, \frac{3}{2}\right)$에서 최솟값 $\frac{9}{2}$

(iii) $y = 0,\ 0 \le x \le 3$일 때, $f(x,0) = x^2 \le 9$이므로

함수 f는 $(3,0)$에서 최댓값 9

함수 f는 $(0,0)$에서 최솟값 0

(iv) $y = 2,\ 0 \le x \le 3$일 때, $f(x,2) = x^2 - 4x + 8 = (x-2)^2 + 4$ 이므로

함수 f는 $(0,2)$에서 최댓값 8

함수 f는 $(2,2)$에서 최솟값 4

따라서 $(3,0)$에서 함수 f는 최댓값 9를 가지고 $(0,0)$에서 최솟값 0을 가진다.

제약조건을 가지는 이변수 함수의 최댓값과 최솟값을 구할 때 아래의 라그랑주 승수법을 사용할 수 있다.

정리 8.3.4 [라그랑주 승수(Lagrange multiplier)]

제약조건 $g(x,y) = 0$하에서 이변수 함수 $z = f(x,y)$의 극댓값이나 극솟값을 구하는 문제에서 x, y, λ에 대한 다음에 주어진 연립방정식의 해들이 주어진 제약조건하에서 함수 f의 극댓값과 극솟값을 가질 가능성을 가진 점들이다.

$$f_x(x,y) = \lambda g_x(x,y)$$

$$f_y(x,y) = \lambda g_y(x,y)$$

$$g(x,y) = 0$$

이때, λ를 라그랑주 승수(Lagrange multiplier)라고 한다.

주의 다변수 함수에서도 제약조건하에서 극댓값과 극솟값을 구하는 문제는 라그랑주 승수를 이용한 해법을 적용할 수 있다. 즉, 제약조건 $g(x, y, z)=0$하에서 삼변수 함수 $w=f(x, y, z)$의 극댓값이나 극솟값을 구하는 문제에서도 다음에 주어진 연립방정식의 해를 구하여 답을 얻을 수 있다.

$$f_x(x, y, z)=\lambda g_x(x, y, z)$$

$$f_y(x, y, z)=\lambda g_y(x, y, z)$$

$$f_z(x, y, z)=\lambda g_z(x, y, z)$$

$$g(x, y, z)=0$$

예제 7 라그랑주 승수를 이용한 해법을 사용하여 $x^2+4y^2=32$을 만족하는 (x, y)에 대하여 함수 $f(x, y)=2xy$의 최댓값을 구하여라.

풀이 주어진 문제를 다시 적으면 다음과 같다.

$$\text{Maximize } f(x, y)=2xy$$

$$\text{subject to } x^2+4y^2-32=0$$

$g(x, y)=x^2+4y^2-32$라고 두고 다음 연립방정식의 해를 구해보자.

$$\begin{cases} f_x=\lambda g_x \\ f_y=\lambda g_y \\ g=0 \end{cases} \Rightarrow \begin{cases} 2y=2\lambda x \\ 2x=8\lambda y \\ x^2+4y^2-32=0 \end{cases}$$

우선 첫째 식$\left(\lambda=\dfrac{y}{x}\right)$을 둘째 식에 대입하면 다음 식을 얻는다.

$$x^2=4y^2$$

이렇게 얻어진 식을 셋째 식에 대입하면

$$8y^2 - 32 = 0$$

$$y^2 = 4$$

$$y = \pm 2$$

이것을 $x^2 = 4y^2$에 대입하여 $x = \pm 4$를 얻고 이로부터 최댓값을 가질 수 있는 점을 구하면 다음과 같다.

$$(-4, -2),\ (-4, 2),\ (4, -2),\ (4, 2)$$

각 점에서 함숫값을 구하면

$$f(-4, -2) = 16,\ f(-4, 2) = -16$$

$$f(4, -2) = -16,\ f(4, 2) = 16$$

따라서 함수 $f(x, y) = 2xy$는 점 $(-4, -2)$와 $(4, 2)$에서 최댓값 16을 가진다.

예제 8 예제 5의 문제를 라그랑주 승수를 이용하여 구하여라.

풀이 문제 "뚜껑이 없는 직육면체 모양의 상자를 판지로 만들려고 한다. $4m^3$ 부피를 가지는 상자를 만들 때 필요한 판지의 최소 면적을 구하여라." 에서 밑면의 가로와 세로를 각각 x, y라고 하고 높이는 z라고 하면 다음과 같은 문제로 바꿀 수 있다.

$$\text{Minimize}\ \ f(x, y, z) = xy + 2xz + 2yz$$

$$\text{subject to}\ \ xyz = 4$$

$g(x, y, z) = xyz - 4$라고 두고 다음 연립방정식의 해를 구해보자.

$$\begin{cases} f_x = \lambda g_x \\ f_y = \lambda g_y \\ f_z = \lambda g_z \\ g = 0 \end{cases} \Rightarrow \begin{cases} y + 2z = \lambda yz \\ x + 2z = \lambda xz \\ 2x + 2y = \lambda xy \\ xyz - 4 = 0 \end{cases} \Rightarrow \begin{cases} xy + 2xz = \lambda xyz \\ xy + 2yz = \lambda xyz \\ 2xz + 2yz = \lambda xyz \\ xyz - 4 = 0 \end{cases}$$

여기에서 $\lambda = 0$이면 $x = y = z = 0$이므로 $\lambda \neq 0$이다. 위의 두 식 $xy + 2xz = \lambda xyz$, $xy + 2yz = \lambda xyz$에서 $xy + 2xz = xy + 2yz$이므로 $xz = yz$이고 $z \neq 0$이므로 다음이 성립한다.

$$x = y$$

위의 연립방정식의 두 식 $xy + 2yz = \lambda xyz$, $2xz + 2yz = \lambda xyz$에서 $xy = 2xz$이고 $x \neq 0$이므로 다음이 성립한다.

$$y = 2z$$

즉,

$$x = y = 2z$$

이 성립한다. 이 식을 $xyz = 4$에 대입하면

$$(2z)(2z)z = 4z^3 = 4$$

$$z^3 = 1$$

$$z = 1$$

따라서 $x = 2, y = 2, z = 1$일 때 최댓값이나 최솟값을 갖지만 적당한 값의 대입을 통해 최솟값을 가진다는 것을 알 수 있다. 실제로 함수 $f(x, y, z) = xy + 2xz + 2yz$의 최솟값은 다음과 같다.

$$f(2, 2, 1) = 4 + 4 + 4 = 12$$

8.3 연습문제

※ 다음 이변수 함수의 극댓값 또는 극솟값과 안장점이 있으면 모두 구하여라. (1~4)

1. $f(x,y) = x^2 - 2y^2 - 6x - 7y + 2$

2. $f(x,y) = x^3 - 6x^2 - 3y^2 + 1$

3. $f(x,y) = \dfrac{1}{x} + \dfrac{1}{y} + 2xy$

4. $f(x,y) = 3x^2 - 2xy + y^2 - 8y$

※ 다음 이변수 함수의 주어진 영역 D에서 함수의 최댓값과 최솟값을 구하여라. (5~8)

5. $f(x,y) = x^2 - y^2$, $D = \{(x,y) \mid x^2 + y^2 \le 4\}$

6. $f(x,y) = 1 - 4x + 5y$, D는 (0,0), (2,0), (0,3)을 잇는 폐삼각형 영역

7. $f(x,y) = x^2 + y^2 + xy^2 + 1$, $D = \{(x,y) \mid |x| \le 1, |y| \le 1\}$

8. $f(x,y) = xy - 2x$, D는 (0,0), (2,0), (0,2), (2,2)을 잇는 폐사각형 영역

9. $x^2 + y^2 = 8$을 만족하는 (x,y)에 대하여 함수 $f(x,y) = 4xy$의 최댓값을 구하여라.

10. $xy^2 = 16$을 만족하는 (x,y)에 대하여 함수 $f(x,y) = x^2 + y^2$의 최솟값을 구하여라.

8.4 이중적분

일변수 함수의 정적분으로 면적을 계산하는 것처럼 이변수 함수의 그래프 아래 부분의 부피는 이중적분으로 구할 수 있다.

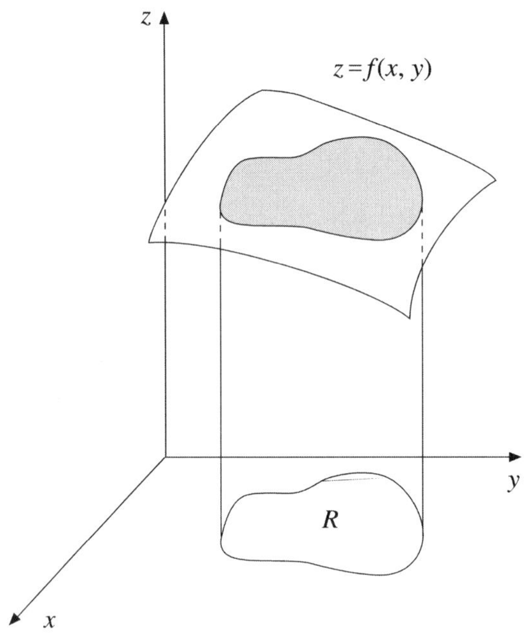

[그림 8]

일변수 함수의 정적분의 경우와 마찬가지로 폐영역에서 연속인 이변수 함수의 정적분을 정의 할 수 있다. 우선 가장 쉬운 경우에서 생각하기 위하여 $a \le x \le b$ 그리고 $c \le y \le d$인 직사각형 R을 생각한다. 이 직사각형을 축에 평행인 가로 세로선으로 세분하고 작은 직사각형을

$$A_1, A_2, \cdots, A_n$$

이라 하고, 그것의 넓이를

$$\Delta A_1, \Delta A_2, \cdots, \Delta A_n$$

으로 나타낸다. 이 분할된 작은 직사각형 내에서 임의로 한 점을 각각 택하여

$$\left(x_1^*, y_1^*\right),\ \left(x_2^*, y_2^*\right),\ \cdots,\ \left(x_n^*, y_n^*\right)$$

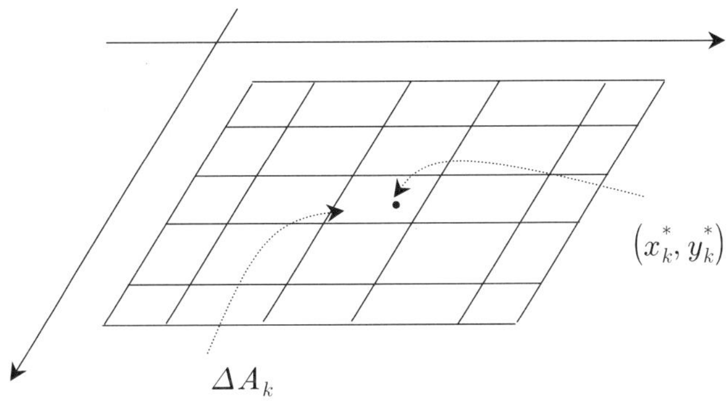

[그림 9]

으로 나타낸다. 그리고 연속함수 $z = f(x,y)$에 대하여 Riemann 합

$$S_n = \sum_{k=1}^{n} f\left(x_k^*, y_k^*\right) \Delta A_k$$

를 그림 10처럼 생각하면 이것은 밑면이 R이고 윗면이 $z = f(x,y)$인 도형의 부피의 근삿값이 됨을 알 수 있다. 이것을 수학적으로 아래와 같이 정의한다.

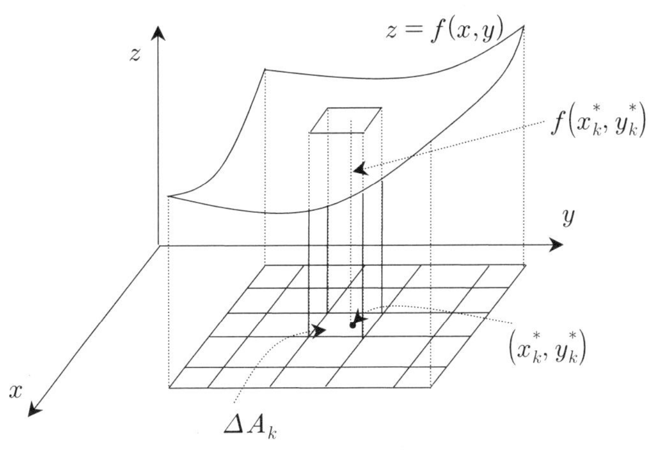

[그림 10]

정의 8.4.1 [이중적분]

직사각형 R에서 연속함수 $z=f(x,y)$에 대하여 극한값

$$\lim_{n\to\infty} S_n = \lim_{\max \Delta A_k \to 0} \sum_{k=1}^{n} f(x_k^*, y_k^*) \Delta A_k$$

은 항상 존재하고 이 값을 $z=f(x,y)$의 R상에서의 **이중적분**(double integral)이라고 하고 기호로 다음과 같이 쓴다.

$$\iint_R f(x,y)dA,\ \iint_R f(x,y)dx\,dy,\ \iint_R f(x,y)dy\,dx$$

[이중적분의 기하학적 의미]

직사각형 R상에서 $f(x,y)$의 값을 양이라고 가정하면

$$f(x_k^*, y_k^*)\Delta A_k$$

는 ΔA_k를 밑넓이로 하고 높이를 $f(x_k^*, y_k^*)$로 갖는 수직기둥의 부피이므로 이변수 함수의 정적분의 정의로부터

$$\iint_R f(x,y)dA$$

는 밑면이 R이고 윗면이 $z=f(x,y)$인 수직기둥의 부피가 된다.

이변수 함수 $f(x,y)$를 적분할 때 x를 고정하고 y의 함수로만 생각하고 적분하는 것을 y에 대한 편적분

$$\int_c^d f(x,y)dy$$

이라 한다. 비슷하게 x에 대한 편적분

$$\int_a^b f(x,y)dx$$

도 가능하다.

$$\int_a^b \int_c^d f(x,y)\,dydx\text{는 } \int_a^b \left[\int_c^d f(x,y)dy\right]dx$$

를 의미하고, 이를 **반복적분**(iterated integration)이라 한다.

예제 1 다음을 계산하여라.

(1) $\int_0^3 \int_1^2 (1+8xy^2)dydx$ (2) $\int_0^1 \int_0^1 x^2 y\,dxdy$

풀이 (1) $\int_0^3 \int_1^2 (1+8xy^2)dydx = \int_0^3 \left[y+\frac{8}{3}xy^3\right]_{y=1}^2 dx$

$$= \int_0^3 \left(1+\frac{56}{3}x\right)dx = \left[x+\frac{28}{3}x^2\right]_0^3 = 87$$

(2) $\int_0^1 \int_0^1 x^2 y\,dxdy = \int_0^1 \left[\frac{1}{3}x^3 y\right]_{x=0}^1 dy$

$$= \int_0^1 \frac{1}{3}y\,dy = \left[\frac{1}{6}y^2\right]_0^1 = \frac{1}{6}$$

정리 8.4.1 [Fubini의 정리]

이변수 함수 $f(x,y)$가 직사각형 $R=\{(x,y)\mid a\le x\le b,\ c\le y\le d\}$에서 연속이면 다음이 성립한다.

$$\iint_R f(x,y)dA = \int_a^b \int_c^d f(x,y)dydx = \int_c^d \int_a^b f(x,y)dxdy$$

한편, $f(x,y)=g(x)h(y)$일 때, 다음이 성립한다.

$$\iint_R f(x,y)dA = \int_a^b g(x)dx \int_c^d h(y)dy$$

예제 2 $R=[1,2]\times[0,1]$일 때 $\iint_R (xy^2+7)dA$을 구하여라.

풀이 $\int_1^2\int_0^1 (xy^2+7)dydx = \int_1^2 \left[\frac{1}{3}xy^3+7y\right]_{y=0}^1 dx$

$$= \int_1^2 \left(\frac{1}{3}x+7\right)dx = \left[\frac{1}{6}x^2+7x\right]_1^2 = \frac{15}{2}$$

일반적으로 이변수함수 $f(x,y)$의 정의역은 직사각형이 아닌 경우가 더 많이 있다. 영역이 직사각형이 아닌 경우는 영역을 다음의 두 가지 경우로 생각할 수 있다.

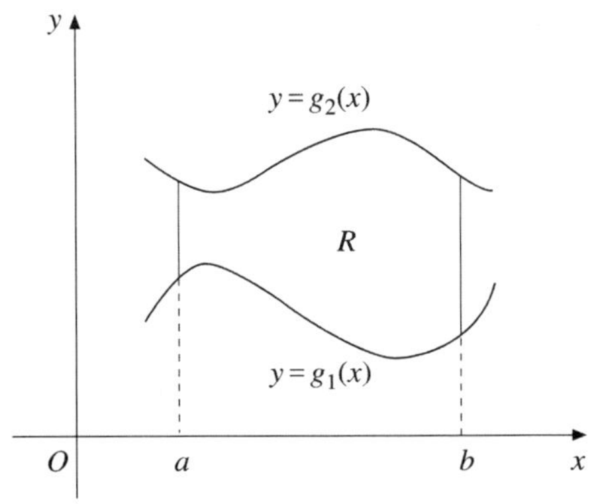

[그림 11]

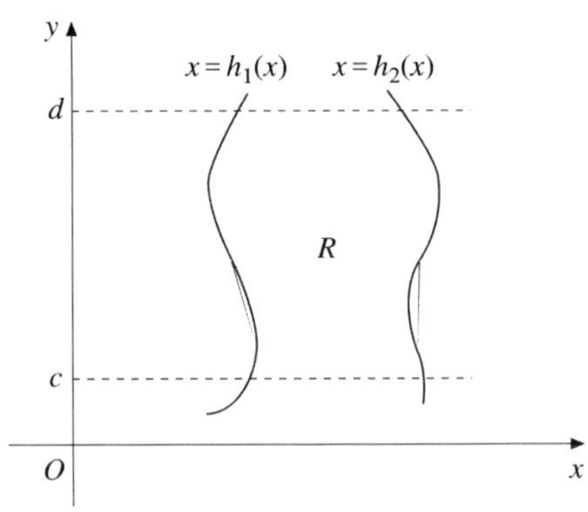

[그림 12]

영역이 직사각형이 아닌 경우는 아래의 정리를 이용하여 이중적분을 구할 수 있다.

정리 8.4.2

(1) 두 함수 $y=g_1(x)$, $y=g_2(x)$가 연속이고 $f(x,y)$가 폐영역

$$R=\{(x,y)\mid a \le x \le b,\ g_1(x)\le y \le g_2(x)\}$$

에서 연속이면 다음이 성립한다.

$$\iint_R f(x,y)dA=\int_a^b\int_{g_1(x)}^{g_2(x)} f(x,y)dydx$$

(2) 두 함수 $x=h_1(y)$, $x=h_2(y)$가 연속이고 $f(x,y)$가 폐영역

$$R=\{(x,y)\mid h_1(y)\le x \le h_2(y),\ c\le y \le d\}$$

에서 연속이면 다음이 성립한다.

$$\iint_R f(x,y)dA=\int_c^d\int_{h_1(y)}^{h_2(y)} f(x,y)dxdy$$

예제 3 다음 이중적분을 구하여라. 또 적분 순서를 바꾸어 그 값을 비교하여라.

(1) $\displaystyle\int_0^1\int_0^x (1-x-y)dydx$ (2) $\displaystyle\int_0^1\int_{1-x}^{\sqrt{1-x^2}} xydydx$

풀이 (1) 먼저 주어진 이중적분을 계산하면 다음과 같다.

$$\int_0^1\int_0^x (1-x-y)dydx = \int_0^1\left[y-xy-\frac{1}{2}y^2\right]_{y=0}^{x}dx$$

$$=\int_0^1 (x-x^2-\frac{1}{2}x^2)dx=\int_0^1 (x-\frac{3}{2}x^2)dx$$

$$=\left[\frac{1}{2}x^2-\frac{1}{2}x^3\right]_0^1=0$$

문제에서 주어진 적분영역은

$$R = \{(x,y) | 0 \le x \le 1,\ 0 \le y \le x\}$$
$$= \{(x,y) | 0 \le y \le 1,\ y \le x \le 1\}$$

이므로 적분순서를 바꾸면 아래를 얻는다.

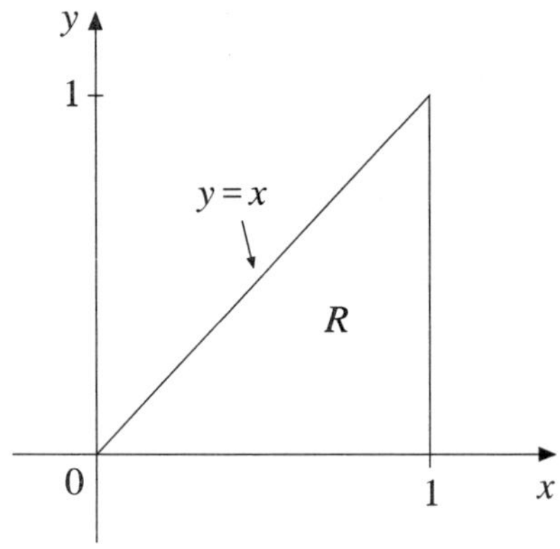

[그림 13]

$$\int_0^1 \int_y^1 (1-x-y)dxdy = \int_0^1 \left[x - \frac{1}{2}x^2 - xy\right]_{x=y}^1 dy$$

$$= \int_0^1 (1 - \frac{1}{2} - y - y + \frac{1}{2}y^2 + y^2)dy$$

$$= \int_0^1 (\frac{1}{2} - 2y + \frac{3}{2}y^2)dy$$

$$= \left[\frac{1}{2}y - y^2 + \frac{1}{2}y^3\right]_0^1 = 0$$

(2) 먼저 주어진 이중적분을 계산하면 다음과 같다.

$$\int_0^1 \int_{1-x}^{\sqrt{1-x^2}} xydydx = \int_0^1 \left[\frac{1}{2}xy^2\right]_{y=1-x}^{y=\sqrt{1-x^2}} dx$$

$$= \int_0^1 \left(\frac{1}{2}x(1-x^2) - \frac{1}{2}x(1-x)^2\right)dx$$

$$= \int_0^1 (-x^3 + x^2) dx = \left[-\frac{1}{4}x^4 + \frac{1}{3}x^3 \right]_0^1 = \frac{1}{12}$$

주어진 적분영역은

$$R = \left\{ (x,y) \mid 0 \le x \le 1,\ 1 - x \le y \le \sqrt{1 - x^2} \right\}$$

을 그림으로 표현하면 다음 그림 7과 같고, 다시 적으면

$$R = \left\{ (x,y) \mid 0 \le y \le 1,\ 1 - y \le x \le \sqrt{1 - y^2} \right\}$$

이므로 적분순서를 바꾸어 적분하면 아래를 얻는다.

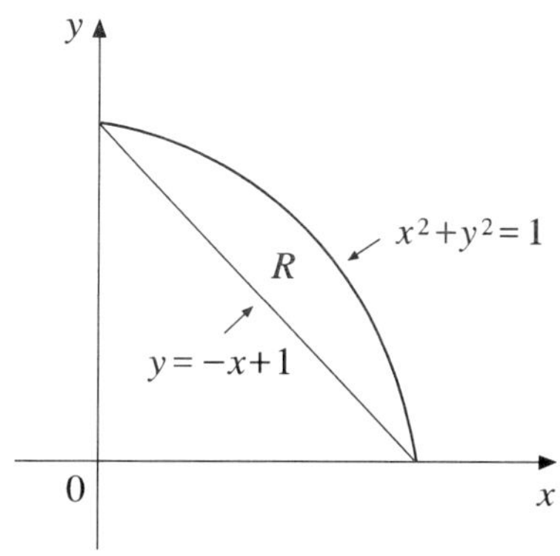

[그림 14]

$$\int_0^1 \int_{1-y}^{\sqrt{1-y^2}} xy dx dy = \int_0^1 \left[\frac{1}{2}x^2 y \right]_{x=1-y}^{y=\sqrt{1-y^2}} dy$$

$$= \int_0^1 \left(\frac{1}{2} y (1 - y^{2)} - \frac{1}{2} y (1 - y)^2 \right) dy$$

$$= \int_0^1 (-y^3 + y^2) dy$$

$$= \left[-\frac{1}{4}y^4 + \frac{1}{3}y^3 \right]_0^1 = \frac{1}{12}$$

예제 4 (1) $y=\frac{1}{2}x$, $y=\sqrt{x}$ 로 둘러싸인 영역 R의 면적을 구하여라.

(2) $\iint_R xydA$를 구하여라.

풀이 (1) 우선 적분영역을 살펴보면 다음 그림 10와 같다.

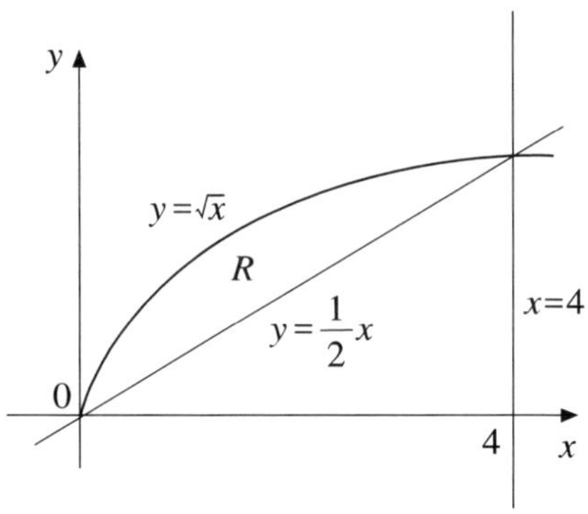

[그림 15]

이 적분영역 R은

$$R=\left\{(x,y)\mid 0\le x\le 4,\ \frac{1}{2}x\le y\le \sqrt{x}\right\}$$

로 표현되므로 R의 면적은 다음과 같다.

$$A=\iint_R dA=\int_0^4\int_{\frac{1}{2}x}^{\sqrt{x}}dydx$$

$$=\int_0^4\left(\sqrt{x}-\frac{1}{2}x\right)dx=\left[\frac{2}{3}x^{\frac{3}{2}}-\frac{1}{4}x^2\right]_0^4=\frac{4}{3}$$

(2) 적분영역 R은 (1)에서와 같이 표현되므로 주어진 적분은

$$\iint_R xydA=\int_0^4\int_{\frac{1}{2}x}^{\sqrt{x}}xydydx=\int_0^4\left[\frac{1}{2}xy^2\right]_{y=\frac{1}{2}x}^{\sqrt{x}}dx$$

$$= \int_0^4 \left(\frac{1}{2}x^2 - \frac{1}{8}x^3\right)dx = \left[\frac{1}{6}x^3 - \frac{1}{32}x^4\right]_0^4 = \frac{8}{3}$$

예제 5 $\iint_R xydA$를 구하여라.

단, $R = \{(x,y) \mid x^2 + y^2 \le 1,\ x \ge 0,\ y \ge 0\}$.

풀이 적분영역 R을 그림으로 나타내면 다음 그림 11과 같다.

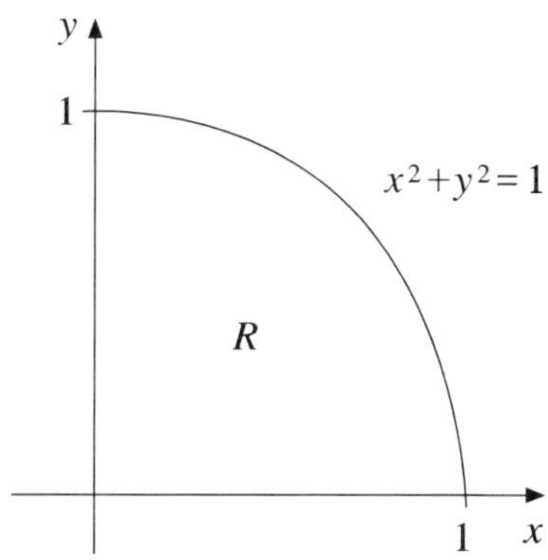

[그림 16]

그러므로 R을 다시 쓰면

$$R = \left\{(x,y) \mid 0 \le x \le 1, 0 \le y \le \sqrt{1-x^2}\right\}$$

이고 이 적분영역 상에서 주어진 적분을 계산하면

$$\iint_R xydA = \int_0^1 \int_0^{\sqrt{1-x^2}} xydydx = \int_0^1 \left[\frac{1}{2}xy^2\right]_{y=0}^{\sqrt{1-x^2}} dx$$

$$= \int_0^1 \frac{1}{2}x(1-x^2)dx = \left[\frac{1}{4}x - \frac{1}{8}x^4\right]_0^1 = \frac{1}{8}$$

예제 6 $\int_0^2 \int_{\frac{y}{2}}^1 e^{x^2} dxdy$를 구하여라.

풀이 주어진 적분영역 R을 그림으로 나타내면 다음 그림 17와 같다.

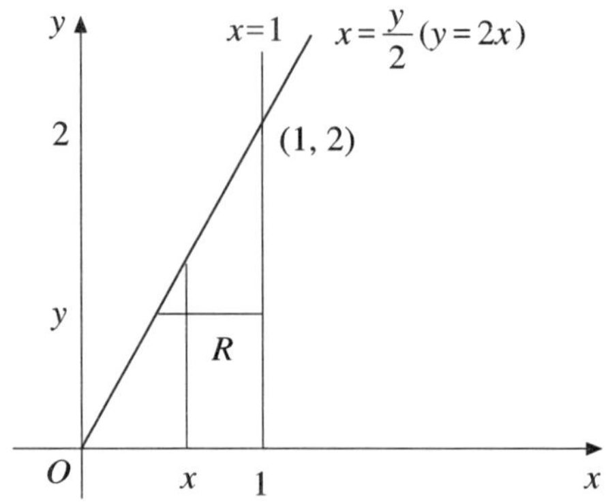

[그림 17]

적분의 순서를 바꿔서 생각해보자. 즉 적분영역 R을

$$R = \{(x,y) \mid 0 \le x \le 1, 0 \le y \le 2x\}$$

로 표현하고 주어진 이중적분을 계산하면 다음을 얻는다.

$$\int_0^2 \int_{\frac{y}{2}}^1 e^{x^2} dx dy = \iint_R e^{x^2} dA = \int_0^1 \int_0^{2x} e^{x^2} dy dx$$

$$= \int_0^1 \left[y e^{x^2} \right]_{y=0}^{2x} dx = \int_0^1 2x e^{x^2} dx = \left[e^{x^2} \right]_0^1 = e - 1$$

예제 7 세 평면 $x + 2y + z = 2$, $x = 2y$, $x = 0$, $z = 0$에 의해 둘러싸인 사면체의 부피를 구하여라.

풀이 우선 다음의 두 그림을 생각해보자.

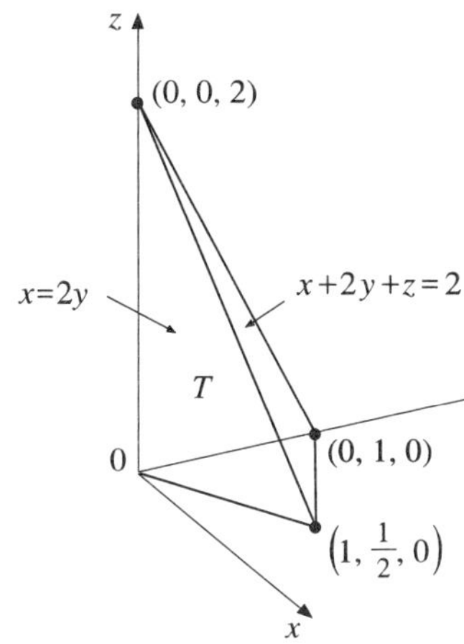

[그림 18]

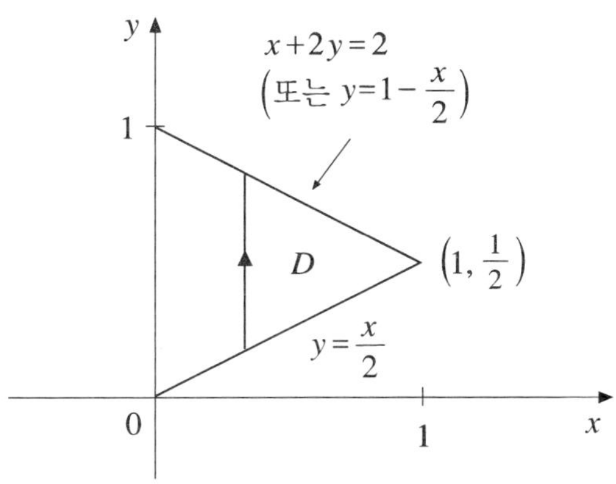

[그림 19]

그림 13에서 사면체의 부피는 D상에서 평면 $z=-x-2y+2$ 아래에 놓인 부분의 부피이다. 그리고 D는

$$D=\left\{(x,y) \mid 0 \le x \le 1,\ \frac{1}{2}x \le y \le 1-\frac{1}{2}x\right\}$$

로 표현되므로 사면체의 부피는 다음과 같다.

$$V=\iint_D(-x-2y+2)dA=\int_0^1\int_{\frac{1}{2}x}^{1-\frac{1}{2}x}(-x-2y+2)dydx$$

$$=\int_0^1\left[-xy-y^2+2y\right]_{y=\frac{1}{2}x}^{1-\frac{1}{2}x}dx$$

$$=\int_0^1(x^2-2x+1)dx$$

$$=\left[\frac{1}{3}x^3-x^2+x\right]_0^1=\frac{1}{3}$$

8.4 연습문제

※ 이중적분의 정의를 이용하여 다음을 구하여라. (1~2)

1. $\iint_R \sqrt{1-x^2}\, dA$, 단 $R=\{(x, y)|-1 \le x \le 1, -2 \le y \le 2\}$

2. $\iint_R \sqrt{9-x^2}\, dA$, 단 $R=[0, 4]\times[0, 2]$

※ 다음 이중적분을 구하여라. (3~8)

3. $\int_1^4 \int_0^2 (6x^2y-2x)dy\,dx$

4. $\int_1^4 \int_1^2 \left(\frac{x}{y}+\frac{y}{x}\right)dy\,dx$

5. $\iint_R \frac{xy^2}{x^2+1} dA$, 단 $R=\{(x, y)|0 \le x \le 1, -3 \le y \le 3\}$

6. $\int_0^1 \int_{-x^2}^{x^2} x\,dy\,dx$

7. $\int_{-1}^1 \int_{y-1}^{y+1} e^{x+y} dx\,dy$

8. $\int_0^1 \int_{4x}^4 e^{-y^2} dy\,dx$

9. 영역 $D=\{(x, y)|0 \le x \le 1, 0 \le y \le 2\}$위에서 그래프 $z=1-x^2$의 아랫부분의 부피를 구하여라.

찾아보기

(ㅇ)

(ㅈ)

(ㅊ)

수리 강의록 시리즈 3

경영 · 경제학도를 위한

선형계획법과 미분적분학

지은이 경북대학교 기초교육원
펴낸이 조경희
펴낸곳 경문사
펴낸날 2025년 1월 20일 1판 5쇄
등 록 1979년 11월 9일 제1979-000023호
주 소 04057, 서울특별시 마포구 와우산로 174
전 화 (02)332-2004 팩스 (02)336-5193
이메일 kyungmoon@kyungmoon.com

값 24,000원

ISBN 978-89-6105-892-6